見てわかる

Unreal Engine 5
超入門

Tuyano SYODA
掌田津耶乃 著

はじめに

あのUnreal Engineがパワーアップして帰ってきた！

　Unreal Engineは、第一線のリアルタイムゲーム開発に採用されている3Dゲームエンジンです。これは現在、おそらくもっとも高度な表現が可能な3Dゲームエンジンでしょう。2022年春、このUnreal Engineが、ver. 5としてアップデートされました。Unreal Engineのメジャーバージョンアップはなんと10年ぶりのことで、内容的にも大幅な改良が加えられています。

　ユーザーの間では期待とともに不安も広がっているようです。新しくなったver. 5がそれまでのver. 4とあまりに違っていて使い方がわからない、という人も多いのです。が、これは「いつか自分でゲームを作ってみたい」と思っている者にとってはチャンスかも知れません。

　全く新しくなったver. 5では、誰もがみんな初心者です。プロでもアマチュアでもみんな同じスタートラインに並んでいるのです。新たにこの世界に入っていこうという人にとって、これはチャンスといっていいでしょう。今なら、頑張ればver. 5の使い手になれるのですから。

　ただし、このUnreal Engine 5というやつはかなりの難敵です。何しろプロ向けの仕様ですから、「ビギナーでも使いやすいように親切丁寧に」なんて作られていません。プロがきびきび開発できるように設計されているのですから。

　ツールのポテンシャルはものすごく高い。でも、使いこなすのはかなり大変。どうやってこのUnreal Engine 5とつきあっていけばいいのだろう。そう考え込んでしまっているビギナーの方。難しくてわからないなら、わかる範囲内に絞って確実に使えるようにすればいいです。とにかく「これなら使える」という範囲の機能をしっかり覚えれば、それだけで簡単なゲームぐらいは作れるはず。そうして小さなゲームから少しずつ作っていけば、ゆっくりと自分のペースでUnreal Engine 5を攻略できるはずです。

　本書は、2015年8月に出版された「見てわかるUnreal Engine 4 ゲーム制作超入門 第2版」を、ver. 5に合わせ大幅に修正加筆したものです。本書では、「とりあえず、これらが使えればゲームに必要な最小限のものは用意できる」というものに絞り、使い方と手順を詳しく掲載しました。細かな手順まで説明しているため、網羅している機能はそれほど多くはありません。が、「とにかく、今すぐゲームを作りたい！」という夢は、きっとかなうはずですよ。

2022. 9 掌田津耶乃

Contents 目 次

① Unreal Engineとは？

Chapter 2 レベルとアクタの基本

Chapter 3 マテリアルの基本

Chapter 4 ビジュアルエフェクトとランドスケープ

4-1 Niagaraシステムの利用 192

4-2 Niagaraを使いこなそう 221

4-3 ランドスケープを作ろう 242

⑤ アニメーションで動かそう

5-1 シーケンサーで動かそう 262

5-2 シーケンサーの応用 281

ブループリントを使う

Unreal Engineとは？

Unreal Engineは、「ランチャー」と「エディタ」の２つのプログラムで構成されます。
まずはUnreal Engineをセットアップし、
この２つのツールの基本的な使い方を覚えましょう。
そしてプロジェクトを作り、自由に３D空間を動き回れるようになりましょう！

Section 1-1 Unreal Engine を使おう

ⓤ Unreal Engine ってなに？

　「Unreal Engine」。3Dゲームを開発する人たちの間で、現在もっともパワフルでクールなグラフィックを作成できるものとして認知されている開発環境です。その名前を聞いたことがあって、「なんだかよくわからないけど、すっごいゲームができるらしい」ぐらいの知識がある人も中にはいるかもしれませんね。でも、「Unreal Engine って、なに？」と思っている人もきっと多いことでしょう。

Unreal Engineは「3Dゲームエンジン」

　このUnreal Engineというものは、「3Dゲームエンジン」と呼ばれるものです。──この数年、特にスマートフォンやタブレットの性能が劇的に向上したこともあって、それまで家庭用ゲーム機などの専用機器でなければ遊べなかったような本格的な3Dゲームがプレイできるようになってきました。こんな本格的な3Dゲーム、一体どうやって作っているんだろう？ と不思議に思った人も多いはずです。その答えが「ゲームエンジン」なのです。

　ゲームエンジンとは、ゲームに必要な機能を提供するソフトウェアです。自動車のエンジンのように、ゲームエンジンにはゲームを動かすためのあらゆる機能が用意されています。例えば3Dゲームエンジンなら、3Dデータを計算して画面の表示を作成（「レンダリング」といいます）して画面に表示するための機能はもちろん、キーやマウス、ジョイパッドなどの入力やアニメーションのための機能などすべて持っています。

　ゲームの開発者は、3Dモデルのデータやアニメーションのデータを作り、ゲームエンジンにある機能を呼び出してそれらを画面に表示し動かしていくのです。一からすべてのプログラムを書くのに比べ、格段に開発の効率はアップします。

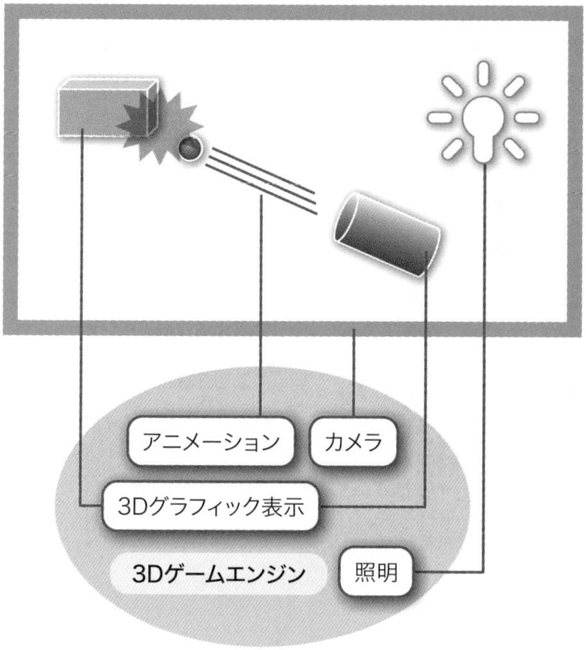

図1-1 ゲームエンジンは、3Dゲームで必要となるさまざまな機能を提供するソフトウェアだ。

Unreal Engine vs. Unity?

　このゲームエンジンにはさまざまなものがあります。3Dゲームに関していえば、その双璧ともいえるのが、「Unity」と、そして本書で解説する「Unreal Engine」でしょう。皆さんの中で3Dゲーム作りに興味を持って少し調べてみた人がいたなら、この2つのソフトの名前はきっとどこかで目にしているはずですね。

　この2つのゲームエンジンについて、簡単にまとめてみましょう。

すぐに使える「Unity」

　Unityは、特に開発経験のないビギナーに根強い人気があります。Unityは非常に使いやすくわかりやすい作りになっており、アマチュアでもけっこう簡単に使えるようになります。3Dゲームの世界では圧倒的なシェアを持っており、日本語の情報も豊富です。「3Dゲームを作りたい」と思ったら、まず候補にあがるのがこのソフトでしょう。

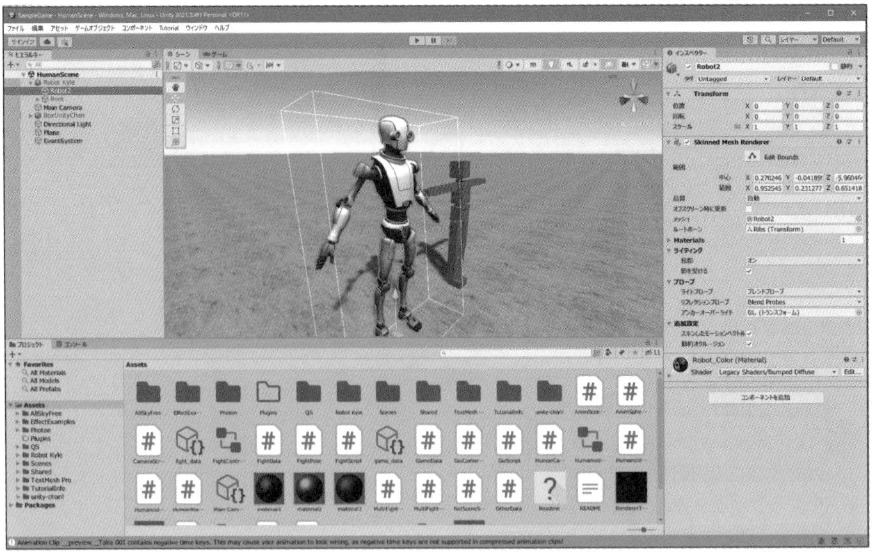

図1-2 Unity。3Dゲームエンジンとしては比較的シンプルで使いやすい。

プロユースの「Unreal Engine」

Unreal Engineは、その高機能さで有名なゲームエンジンです。商品パッケージとして販売されている本格3Dゲームでも多く採用されており、パワフルな機能で超美麗なグラフィックを作成できます。標準で高度にデザインされ洗練されたパーツ類が多数用意されており、それらを簡単に利用できるのも大きな特徴です。ゲーム以外にも、3Dのムービー作成などにも広く使われています。

図1-3 Unreal Engine。高機能で超美麗な3Dが作れる。

本気でやるならUnreal Engine！

どちらも、使うだけなら無料で始めることができます。タダで使い、開発したゲームが一定金額以上の売上になったらギャランティを支払う、という方式なので、費用の心配をする必要はありません。

両者の違いは、「手軽さのUnity、本気のUnreal」といってよいでしょう。とにかく未経験だし、できるかどうか不安だし、とりあえず試してみたい……と思ったなら、Unityは非常にいい選択です。

逆に、「これから本腰を入れて3Dゲーム作りに挑戦していくぞ！」と思うなら、Unreal Engineがベストでしょう。エンジンの優秀さは、これで作られた多くの市販ゲームが証明しています。

3Dゲームエンジンでは非常に高度で複雑な機能がたくさん盛り込まれていますから、途中で乗り換えるのはなかなかに大変です。本気で取り組みたいなら、最初から超本格的なUnreal Engineをじっくりマスターしていこう、というのは、なかなかよい選択でしょう。

Unreal Engine 5 が出たばかり！

Unreal Engineの学習を始めるには、実は今はもっとも適した時期なのです。2022年春に、Unreal Engineは新しいバージョン「5」をリリースしました。これは、それまでのver.4から劇的に変わっています。画面の基本的なUIからエフェクトなどの重要な機能まで多くの機能が一新されており、より高度な機能の実装にも柔軟に対応できるように進化しました。

これまでのver.4とはかなりの部分が変更されているため、以前のバージョンをちょっと触ったことがある人も「一体、どうなってるんだ？」と混乱するかもしれません。が、これは逆にいえば、「初めての人が参入しやすいとき」でもあります。みんながver.5の初心者なんですから。

このver 5は、これから先、当分の間、改良されながら使われていくことになります。この前のver.4がリリースされたのは2012年。なんと10年前です。10年の間、ver.4は改良されながら使われてきたのです。Unreal Engineを開発するEpic Gamesは、長期的な視野に立ってUnreal Engineの改良を進めています。最新のver.5も、おそらくこれから先、かなり長い間使われることになるでしょう。ver.5が出たばかりの今は、学び始めるベストタイミングなんですよ！

Unreal Engine ってどんなもの？

では、このUnreal Engineというのは、どんなものなんでしょうか。といっても、「具体的にどんな機能がある」といった話ではありません。いくらするのか、他にどんなものが必要なのか、どんなものが揃っていて何ができるのか、そういった基本的なことです。

すべて無料で公開！

　Unreal Engineは、無料で配布されています。無料配布されているアプリケーションというのは他にもたくさんありますが、Unreal Engineは「すべてが無料」という点に特徴があります。

　Unreal Engineには、「高機能な有料版」といったものはありません。あるのは、無料公開されているもの1つだけ。多くの無料公開ソフトが「有料版のデモバージョン」的なものであるのに対し、Unreal Engineのソフトウェアは「すべてが揃った無料版」が1つあるだけなのです。

　また、この「無料で使える」というのは、ソフトだけではありません。Unreal Engineのラーニングシステム（学習ドキュメントやビデオなど）、各種のデータ類を購入する専用マーケットなどまですべて使うことができます。

　では、どうやって収益を得てるんだろう？と不思議に思うかもしれませんが、それはこういうわけです。Unreal Engineで作ったゲームを有料で販売したときに、決まった割合（売上の5%）だけ利用料を支払う、というシステムになっているのです。

　「じゃあ、有料アプリを作ってちょっと売れたら支払いが発生するのか」と思った人。利用料が発生するのは、売上が100万米ドルを超えてからです。それまではアプリを有料で販売しても利用料は発生しません。

　というわけで、ビギナーのうちは、何も考えず「全部タダ！」と考えておいて間違いありません。

図1-4 Unreal Engineは、Webサイトで無料公開されている。

使えるのはWindows 10またはmacOS Monterey

　Unreal Engineは、Windows用とMac用が用意されています。Windowsの場合は、Windows 10以降、Macの場合は、macOS Monterey以降が必要です。またハードウェア要件として8GB以上のメモリと、DirectX 12以降が実行可能な環境が必要です。利用の前に、自分の環境を確認しておきましょう。

必要なものはすべてある！

　Unreal Engineに含まれてるのは、実にいろいろです。プロジェクト（ゲームを作るためのデータファイル類をまとめたもの）やライブラリなどを管理し実行するランチャープログラム。3Dゲームの編集を行うエディタ（これがUnreal Engineの本体）。作成されたゲームで使われるエンジンプログラム。これらがすべて用意されており、プロジェクトの作成から開発、各種プラットフォームのアプリケーションのビルドまですべて行えます。

　唯一、標準で用意されていないのは「サポート」です。これは、本格的に開発を開始しサポートが必要となった人のために、サポートまで含めた有料契約のライセンスが用意されています。

コンテンツはマーケットプレイスで！

　Unreal Engineでは、基本的な図形のモデルなどは作成できますが、例えば人間などを一から作成していくための本格的なモデリングツールは付属していません。こうしたものを作るためには、別途専用ツールが必要となるでしょう。

　しかし、おそらくビギナーの間はこうしたツールは必要ありません。なぜなら、そうしたコンテンツのほとんどが「マーケットプレイス」で手に入るからです。

　マーケットプレイスは、Unreal Engineで利用できる各種のデータや、完成したプロジェクトなどを販売するところです。これはUnreal Engineから簡単にアクセスできます。このマーケットプレイスでは、無料のコンテンツもたくさん配布されています。ですから、慣れない内はこうしたものをダウンロードして利用することで、簡単にゲームを作っていくことができる、というわけです。

図1-5 マーケットプレイスでは、さまざまなコンテンツが販売されている。無料のものも多くある。

最初は「捨てる技術」が大切！

さて、それではさっそくUnreal Engineをインストールして……といいたいところですが、始めるその前に、1つだけ頭に入れておいてほしいことがあります。それは、

「すべてを理解しようと思わないこと！」

……です。

Unreal Engineは、プロフェッショナル・ユースでもフル活用されている、非常に高度なツールです。プロが使うUnreal Engineも、私たちが使うUnreal Engineも、まったく同じものなのです。ということは、プロがあらゆる機能を駆使して表現している機能のすべてが、私たちが使うソフトにも揃っている、ということです。

例えていえば、「買い物に行こうと軽自動車に乗り込んだら、運転席はジャンボジェットのコックピットだった」みたいな状況になっているわけですね。あらゆる機能がすべてある、それはつまり、「ビギナーは当分使うこともないだろう」と思うような高度な機能まで全部揃っている、ということなのです。

これを、「1つ1つすべて理解してから使っていこう」などと考えたら、ゲーム開発をスタートするのは十年後、なんてことになりかねません。ですから、ビギナーのうちは、「捨てる」ことを考えないといけません。

これはすぐに必要な機能か？ そうでないなら、捨てる（つまり、とりあえず忘れる）。本当に「これだけは覚えておかないと作れない」という機能に絞ってしっかりとマスターして

いく、そう考えましょう。Unreal Engineには膨大な機能がありますが、そのほとんどは
「プロがこだわるような表現」のために必要なものです。「ただ、3Dグラフィックを表示して
動かせればOK」というなら、全体の9割の機能は知らなくてもゲームは作れるのです。

まずは動かそう！

　これだけのソフトを利用するのですから、どうしても「とにかく使い方を覚えないと
……」と焦ってしまいがちです。が、ゲームを作るのに必要なものは、実はそこじゃありま
せん。それ以上に大切なのは「体験すること」なのです。

　知っていますか？ 高度で複雑な機能を覚えるときは、詳しく説明された文書を何度も読
むよりも、実際にソフトを使って「あっ、できた！」と体験するほうがはるかにすんなりと
覚えられる、ってことを。

　ゲーム作りや開発といった技術の最先端の世界というのを、私たちは「頭のいい人間がも
のすごいスピードで知識や技術を理解し使っているような世界」と思いがちです。が、実は
開発の基本は「経験がすべて」だったりします。

　学校で3Dやプログラミングの知識をたくさん詰め込んでも、実際の経験が皆無なら何も
作れません。が、そうした経験がまったくなくても、1つ1つ「あ、これはこうやればできる
んだ」という小さな体験を積み上げていけば、ちゃんとゲームは作れるようになるんです。

　知識より、体験。頭を使うより、手を使う。これは、開発の基本中の基本です。使えるよう
になれば、知識は後からついてきます。「覚える」ことをやめて、1つ1つの機能を「使える」
ようになりましょう。

🎮 アカウントを登録しよう

　では、Unreal Engineの準備をしていきましょう。まずは、アカウント登録からです。
Unreal Engineを利用するには、Epic Game（Unreal Engineの開発元）のアカウント登
録を行っておく必要があります。

　これは、Unreal Engineのサイトから行えます。以下のアドレスにアクセスをしてくださ
い。そして右上にある「サインイン」をクリックしてください。そして以下の説明に沿って
登録作業をしてください。

https://www.unrealengine.com/ja/

図1-6 Unreal Engineのサイトにアクセスし、「サインイン」をクリックする。

1. サインイン方法の選択

「Epic Gameアカウントのサインイン方法を選択します」という画面が現れます。ここで、どのようにしてサインインするかを選択します。Epic Gameでは、GoogleやAppleなどのソーシャル認証機能を使ってサインインすることができます。

皆さんは、まだアカウントを作成していませんから、一番下にある「サインアップ」というリンクをクリックしましょう。

図1-7 サインインの方法を選択。ここで「サインアップ」を選ぶ。

2. サインアップ方法の選択

「サインアップする方法を選びます」という表示になります。ここでも、やはりソーシャル認証などの認証方法がずらっと表示されます。Epic Gameのアカウントを作成したい人は、「Eメールでサインアップする」を選び、4に進んでください。

図1-8 どの方法でサインアップするかを選ぶ。

3. Googleアカウントでサインアップする

例えばGoogleのアカウントで登録したい場合は、「Googleでサインアップする」を選択します。すると利用するGoogleのアカウントを選択する画面が現れるので、ここでアカウントを選択します。

図1-9 Googleを選ぶと、Googleのアカウントを選択するウィンドウが現れる。

4. サインアップを行う

サインアップの画面が現れます。ここで名前、メールアドレス、ディスプレイネーム（画面に表示される名前）、パスワードなどを入力します。なおソーシャル認証でサインアップする場合は、メールアドレスは自動設定されるため変更はできません。

図1-10 サインアップする情報を入力する。

5. セキュリティチェック

　場合によっては、ここでセキュリティチェックの
ための表示が現れることがあります（表示されない
場合もあります）。同じ種類のイメージをクリック
して選ぶというものです。これはその時々で内容が
変わるので、表示内容をよく見て質問に答えてくだ
さい。

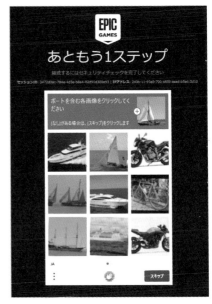

図1-11 セキュリティチェックの表示が現
れることがある。

6. セキュリティコードの入力

　登録するメールアドレスに、登録に必要なセキュ
リティコードが送られてきます。その番号を入力し、
メールアドレスを認証してください。これで登録は
完了です。

図1-12 メールで送られてくるセキュリ
ティコードを入力する。

ⓤ Unreal Engineをダウンロード

アカウント登録したら、Unreal Engineのソフトウェアをダウンロードしましょう。右上にある「ダウンロード」をクリックすると、ダウンロードに関する説明画面が表示されます。

図1-13 ダウンロードの画面。

このページを下にスクロールしていくと、「Epic Games Launcherを開く」という表示があります。ここに「ランチャーダウンロード」というボタンがあるので、これをクリックしましょう。これでEpic Gamesランチャーというプログラムのインストーラがダウンロードされます。

図1-14 「ランチャーダウンロード」ボタンでランチャーのインストーラをダウンロードする。

Windows版のインストール

ダウンロードされたインストーラを起動するとウィンドウが開き、インストール先フォルダーの指定を行う表示が現れます。ここでインストールする場所を選び、「インストール」ボタンを押せばインストールを開始します。後は、ひたすら待つだけです。

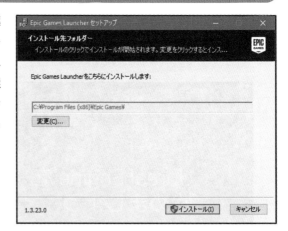

図1-15 Windowsのインストーラ。インストールする場所を指定する。

macOS版のインストール

macOSの場合、ダウンロードしたファイルをダブルクリックして開くと、ボリュームがマウントされます。その中に「Epic Games Launcher」というアプリが入っているので、そのまま「Applications」フォルダーにドラッグしてコピーしてください。インストールはこれで完了です。

図1-16 Epic Games Launcherを「Applications」フォルダーにドラッグ＆ドロップする。

ランチャーを起動しよう

では、インストールしたEpic Games Launcherを起動しましょう。Windowsの場合は、インストール後に既に起動しているかもしれません。Macの場合、あるいはWindowsでも起動していない場合は、インストールしたEpic Games Launcherをダブルクリックして起動しましょう（Windowsの場合はデスクトップに作成されるEpic Games Launcherのショートカットアイコンをダブルクリックして起動してください）。

起動すると、Epic Gamesアカウントにサインインするための画面が現れます。ここで、先ほど登録したアカウントの方式でサインインしましょう。

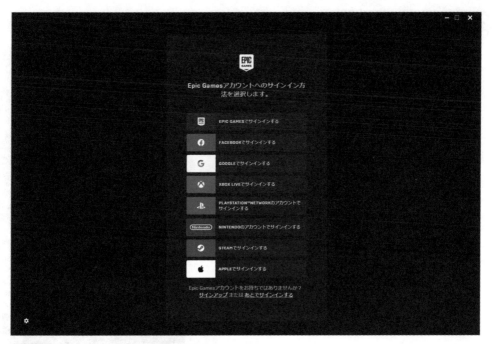

図1-17 サインインのための表示が現れる。

Epic Gamesアカウントでサインイン

Epic Gamesのアカウントをメールアドレスで登録した人は、メールアドレスとパスワードを入力してください。これでそのままサインインされます。

図1-18 アカウントのメールアドレスとパスワードを入力する。

ソーシャル認証でサインイン

ソーシャル認証を使った場合は「既存のアカウントにリンクする」という表示が現れます。メールアドレスは既に入力されているのでパスワードだけを入力してサインインします。

これは、ソーシャル認証で使ったアカウントとEpic Gamesのアカウントをリンクするためのものです。メールアドレスにはソーシャル認証で使ったメールアドレスが設定されています。後はパスワードだけ入力しサインインすればいいのです。

サインインすると、またセキュリティチェックの表示が現れる場合があります。質問に答えると、サインインできます。

図1-19 ソーシャル認証の場合、パスワードだけ入力する。

⚙ Epic Games Launcherについて

サインインすると、Epic Games Launcherの画面が現れます。このプログラムは、Epic Gamesが提供する各種サービスをまとめて利用できるようにしたものです。この中に、Unreal Engineのプログラムも含まれているのです。

ウィンドウの左側にはいくつかのメニュー項目があり、ここで項目を選ぶとその内容がウィンドウ内に表示されるようになっています。用意されている項目には以下のようなものがあります。

ストア	「Epic Games Store」というオンラインストアです。
ライブラリ	購入したゲームやMOD（3Dデータ）などを管理するところです。
Unreal Engine	Unreal Engineのプログラム関係の管理を行います。

基本的に「さまざまなデータやソフトウェアを購入したり、購入したものを管理するためのもの」と「Unreal Engineのプログラムを管理するためのもの」が用意されていると考えていいでしょう。

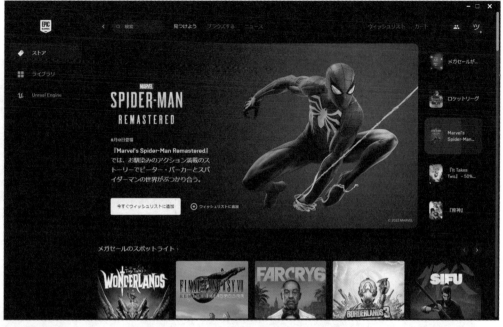

図1-20 起動したEpic Games Launcherの画面。

「Unreal Engine」について

　では、左側のメニューから「Unreal Engine」をクリックして選択してください。画面に
Unreal Engineに関する表示が現れます。

　上部には、表示を切り替えるためのリンクがいくつか用意されています。これらはそれぞ
れ以下のようなものです。

ニュース	Unreal Engineのニュースリリースが表示されます。
サンプル	サンプルデータがまとめられています。
マーケットプレイス	プログラムやデータを購入するところです。
ライブラリ	インストールされているUnreal Engineのプログラムやプロジェクトなどがまとめられています。
Twinmotion	Unreal Engineの新機能に関するものです。

　これらの内、もっともよく使うのは「ライブラリ」です。ここでUnreal Engineのプログ
ラムや作成しているプロジェクトなどを管理します。また「マーケットプレイス」も、使い
たいデータを検索してインストールするのによく利用するところでしょう。

　なお、ランチャーの表示は、アップデートによりけっこう頻繁に変わります。しかし基本

的な表示内容はほぼ同じですので、表示が多少変わっても、慌てずに画面をよく見て操作しましょう。

図1-21 「Unreal Engine」の表示。上部にいくつかのリンクが並ぶ。

Unreal Engineの作業の流れ

Unreal Engineでは、まずランチャーを起動します。ここで、必要なエンジンやライブラリなどをインストールしたり削除したりすることができます。そしてゲームを作成するときは、このランチャーでプロジェクト（ゲームを作るときに作成するファイル類）を作ったり、編集するプロジェクトを開いたりします。

ゲームの作成は、ランチャーからプロジェクトを起動します。するとランチャーは、Unreal Engineのエディタを起動し、あらかじめ指定したエンジンとプロジェクトを開いて編集できるようにします。

整理すると、Unreal Engineで開発を行うには、次のような流れで作業を行っていくことになります。

- ①使用するエンジンを用意する。
- ②新しいプロジェクトを作る。
- ③作ったプロジェクトをエディタで開く。

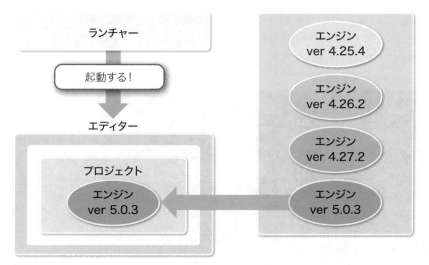

図1-22 Unreal Engine では、ランチャーからエンジンをインストールし、それを利用するプロジェクトをエディタで開いて編集するようになっている。

Column
「プロジェクト」ってなに？

　ここまで、何回か「プロジェクト」という単語が登場しましたね。これは開発の基本となるものなので、ここでどういうものかよく理解しておきましょう。

　プロジェクトというのは、ゲームの作成に必要となる各種のファイルや設定情報などをまとめて管理するものです。ゲームというのは、1つや2つのファイルでできているわけではありません。たくさんのデータを保存したファイルや設定の情報などが集まって作られているのです。ですから、ゲームの開発には、それら多数のファイルなどを作って組み込んだり利用したりしないといけません。

　そのためには、ゲームに必要なものをまとめて管理できる仕組みが必要です。それが「プロジェクト」です。Unreal Engine でゲームを作る場合は、必ずこのプロジェクトというものを作成します。そして、作ったプロジェクトを編集してゲームを組み立てていくのです。

「ライブラリ」を表示しよう

　では、左側の「Unreal Engine」を選択した画面で、上部にある「ライブラリ」をクリックしてください。これでUnreal Engine に関する表示が現れます。ここには、3つの表示があります。

Engineバージョン	Unreal Engineのエンジンプログラムを管理するところです。
マイプロジェクト	ゲーム開発のために作る「プロジェクト」を管理するところです。
マイダウンロード	マーケットプレイスから購入したソフトウェアなどを管理するところです。

　まだ初期状態では、どれも何もないことでしょう。あるいは、環境によっては、エンジンの最新バージョンのダウンロードが自動的に開始されている人もいるかもしれませんが、今はそのあたりの違いは気にしないでください。

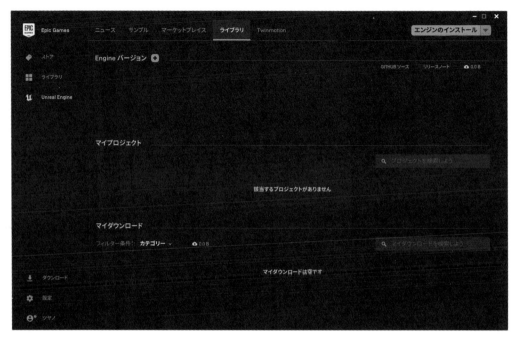

図1-23 ライブラリの表示。まだ何もない。

エンジンをインストールしよう

　では、開発に必要なエンジンプログラムをインストールしましょう。ゲームの開発には、Unreal Engineのエンジンプログラムが必要です。

　このEngineバージョンのところに、既にカードのようなものが作成されている場合は、ここでは何もする必要はありません。エンジンのところがまったく空白の人は、ウィンドウの右上にある「エンジンのインストール」というボタンをクリックしてください。あるいは、Engineバージョンのところにある「＋」をクリックしてもインストールできます。

図1-24 「エンジンのインストール」あるいは「＋」の部分をクリックする。

エンジンをインストールする

「エンジンのインストール」（または「＋」マーク）をクリックすると、エンジンの部分に四角いカードのようなデザインの表示が現れます。これは「スロット」というもので、インストールされているエンジンを示します。

このスロットには「5.0.2」というようにバージョンが表示されています。これは、スロットに用意するエンジンのバージョンです。バージョン表示の右側の▼をクリックすると、利用可能なバージョンがポップアップして表示され、変更できるようになっています。

とりあえず、デフォルトでは最新バージョンが選択されているはずですので、そのまま「インストール」ボタンをクリックして下さい。

図1-25 スロットの「インストール」ボタンをクリックする。

最新バージョンのエンジンが「Engineバージョン」のところに追加されると、「Unreal Engine End User License Agreement」という表示が現れます。これは利用許諾契約の表示です。下部にある「エンドユーザーライセンス契約書に同意します」のチェックをONにして「同意」ボタンを押してください。

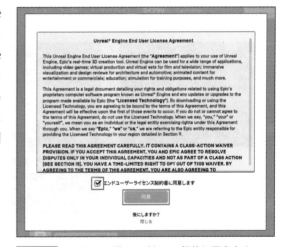

図1-26 エンドユーザーライセンス契約に同意する。

画面に、エンジンプログラムをインストールする場所を指定する表示が現れます。ここで保存先を指定して「インストール」ボタンを押すと、インストールを開始します。これはけっこう時間がかかります。気長に待ちましょう！

図1-27 インストールする場所を指定してインストールする。

ⓤ Unreal Editorを起動する

　インストールが完了すると、Engineバージョンに追加されたカードのボタンが「起動する」に変わります。このボタンをクリックしてみましょう。しばらくすると、「Unreal Editor」というスプラッシュ画面（アプリケーションの起動中に表示されるウィンドウ）が表示されます。初回は、起動するまで少し時間がかかるのでしばらく待ちましょう。

　起動している「Unreal Editor」というのは、Unreal Engineのプロジェクトを編集するためのエディタプログラムです。「なんだ、まだUnreal Engineじゃないのか」と思った人。いえいえ、これこそがUnreal Engineの本体ともいえるものなんですよ。このUnreal Editorを使って、ゲームの編集作業を行っていくのです。

図1-28 「起動する」ボタンを押すとUnreal Editorが起動し、「Unreal Editor」というスプラッシュ画面が現れる。初回はけっこう時間がかかる。

プロジェクトブラウザについて

　しばらくすると、「プロジェクトブラウザ」というタイトルが表示されたウィンドウが現れます。これがUnreal Engineの開発画面か？と思った人。いえいえ、これはプロジェクトを管理するためのウィンドウなのです。

　今回は初めてエンジンプログラムを起動したところですから、まだ何もゲームは作っていません。ですから、最初に「プロジェクト」を作ってそれを開いて編集しないといけません。そのためにこのプロジェクトブラウザが現れたのです。

　プロジェクトを作成した後は、ランチャーから直接プロジェクトを開けますので、このプロジェクトブラウザを見ることはあまりなくなるでしょう。

　このプロジェクトブラウザの左側にはいくつかのボタンが表示されています。それぞれ以下のような表示がされます。

最近使用したプロジェクト	既に使っているプロジェクトを表示し開くためのものです。
ゲーム	新たにゲームのプロジェクトを作るためのものです。
映画、テレビ、ライブイベント	3Dのムービーを作成するためのプロジェクトを作ります。
建築	建築関係のプロジェクトを作ります。
自動車、プロダクトデザイン、製造	自動車などの3Dデザインプロジェクトを作ります。

図1-29 プロジェクトブラウザのウィンドウ。いくつかのボタンから作成したい種類を選ぶ。

新しいゲームプロジェクトを作ろう

　では、新しいゲームプロジェクトを作りましょう。プロジェクトブラウザでは、おそらく「ゲーム」ボタンが選択選択されているでしょう（もし別のものが選択されていたら「ゲーム」をクリックしてください）。この状態で、右側にゲームプロジェクトに用意されている以下のようなテンプレートが表示されます。

Blank	何もないからのプロジェクト
ファーストパーソン	一人称視点でのゲーム
サードパーソン	第三者視点でのゲーム
トップダウン	上からプレイ画面を見下ろす形のゲーム
ビークル応用	ビークル(乗り物)を使ったゲーム
携帯AR	モバイルのAR用ゲーム
バーチャルリアリティ	VR端末を利用するゲーム

　この中から使いたいテンプレートを選択します。今回は、デフォルトで何も用意されていない「Blank」を選択しておきましょう。
　その右側には、選択したテンプレートのプレビューの下に「プロジェクトデフォルト」というプロジェクトの設定が表示されます。これらは以下のようなものです。

ブループリント/ C++	開発に使う言語の指定です。デフォルトの「ブループリント」を選択したままにしておきます
ターゲットプラットフォーム	ゲームを動かすプラットフォームの指定です。今回はパソコンで動かすゲームということで「Desktop」を選んでおきます。
品質プリセット	グラフィックのクオリティに関するものです。「Maximum」で最高品質にしておきます。
プロジェクトの場所	デフォルトでプロジェクトが保存される場所を指定します。デフォルトで「ドキュメント」フォルダー内の「Unreal Projects」が指定されています
プロジェクト名	プロジェクトの名前です。デフォルトで「MyProject」になっています。今回はそのままでいいでしょう。

　これらを設定し、「作成」ボタンを押すとプロジェクトが作成されます。作成には少し時間がかかります。

図1-30 プロジェクトの設定と名前を入力し作成する。

Section
1-2 Unreal Editorを使おう!

𝕦 Unreal Editorが起動!

さあ、いよいよ本当にUnreal Editorが起動しました! リアルな3Dグラフィックと、複雑そうな設定などがウィンドウ内にまとめられていますね。これがUnreal Editorのウィンドウです。ここで、ゲームの作成を行っていくのです。

Unreal Engineでは、ゲームで利用するそれぞれの3次元空間を「レベル」といいます。ゲームでは、いくつもの3次元の世界をそれぞれレベルとして作成し、それらを組み合わせていくことになります。

このUnreal Editorは、用意したレベルを開いて編集するものです。ですから、Unreal Editorは「レベルエディタ」とも呼ばれます。

図1-31 Unreal Editorを起動したところ。

プロジェクトのアップデートについて

Unreal Engineのバージョンによっては、画面の右下に「プロジェクトファイルが古くなっています」といったアラートが表示されることがあります。これは、作成したプロジェクトが現在使っているUnreal Engineのバージョンよりも古い場合に表示されます。新しくプロジェクトを作ったときであっても、テンプレートのプロジェクトが古いとこのようなアラートが現れます。

これは特に理由がなければ、そのまま「アップデート」ボタンを押してアップデートしてください。次回からは表示されなくなります。

図1-32 プロジェクトが古いという警告。そのままアップデートしておこう。

ⓤ ウィンドウの基本構成について

画面に表示されているUnreal Editorのウィンドウは、たくさんの要素がぎっしり詰まっています。パッと見た第一印象では、あまり複雑そうに見えないかもしれません。しかし、実はデフォルトで表示されていないだけで多数の部品が用意されており、それらが組み合わせられていることが次第にわかってくるでしょう。まずは、これらの構成部品の役割についてざっと頭に入れておきましょう。

ツールバー

ウィンドウの上部にあるメニューバーの下にあるアイコンが横一列に並んだものです。これは、主にビューポートに表示されている内容や、ビューポートの操作に関する機能がまとめられています。編集作業をするときは、このツールバーから操作のためのアイコンを選んでいきます。

アイコンは、ただクリックするだけでなく、メニューなどが組み込まれたものもありますので、ツールバーに用意されている機能は見た目以上にたくさんあります。なお表示されるアイコンは、Unreal Engineのバージョンによって多少異なることがありますが、主要機能はほぼ同じです。

また、Unreal Engineは頻繁にバージョンアップしますが、これによりアイコンのデザインや日本語名などが変わることがあります。が、基本的な機能は同じなので、多少表示が違っていても「これは、このアイコンと同じものだな」と判断しながら使ってください。

図1-33 ツールバー。バージョンによりアイコンのデザインや日本語名が変わることもあるので注意しよう。

アウトライナー

ウィンドウの右側にあるものです。これは、現在編集中のレベルに配置されているコンテンツ類を階層的に表示します。配置した部品を編集するときは、ここから部品を選択して編集することができます。

図1-34 アウトライナー。配置した部品を整理する。

詳細パネル

アウトライナーの下にあるものです。どちらも背景が同じように黒いので慣れないうちは区別しにくいかもしれません。配置されている部品を選択すると表示されます。

これは、アウトライナーなどで選択した部品の細かな設定を行うためのものです。初期状態で何も選択されていないと何も表示されていません。何かを選択すると現れます。

実際のゲーム作りでは、「部品を配置しては詳細パネルで設定を行う」といった作業が非常に多くなります。用意されているパネル類の中でもビューポートと並んでもっとも使用頻度の高いものの1つでしょう。

図1-35 詳細パネル。選択した部品の設定情報が表示される。

ビューポート

　画面の中央に大きく広がる領域です。デフォルトでは、テーブルと椅子が表示されている部分のことです。

　ビューポートは、3D空間の入り口となるものです。ゲームで使う3次元空間（レベル）を編集する際には、このビューポートにその空間を表示し、ここに3次元の部品を配置したり、配置した3D部品を動かしたりします。

　デフォルトでは、椅子や机が配置され、やや斜め上あたりからそれを見ている感じで表示がされているはずです。3Dグラフィックは、3次元の物体のデータを元に、それが「ここからだとどう見えるか」を計算して表示を描いていきます。これを「レンダリング」といいます。このビューポートは、作成された3Dデータをリアルタイムにレンダリングして表示することができます。作成している3次元空間がどのようなものかをリアルタイムに確認しながら編集していけるのです。

　このビューポートは、単なるレベルのプレビュー表示ではありません。配置されている部品をクリックするとそれが選択され、その場で位置や方向、大きさなどを変更することができます。また詳細パネルを使って、選択した部品の設定を変更することもできます。

図1-36 ビューポート。ここで3次元空間を編集する。

コンテンツドロワー

モードパネルの一番下には、いくつかのボタンのようなものが横一列に並んでいますね。ここにある「コンテンツドロワー」をクリックすると、ウィンドウ下部にパネルがポップアップ表示されます。

これは、プロジェクトで利用するさまざまなコンテンツを管理する「コンテンツブラウザ」というパネルで
す。3Dゲームでは、グラフィック、サウンド、3D関係のデータ類など多くのデータを使います。これが「コンテンツ」です。

それらのコンテンツをここで管理し、必要な物を探して配置したりします。

図1-37 コンテンツブラウザ。プロジェクトで使うコンテンツを管理する。

ビューポートとツールバー

それぞれの役割がわかったところで、ゲーム作りに必要となる最低限の機能の使い方を覚えていきましょう。まずはビューポートの基本的な操作からです。

ビューポートは、レベル（作成する3次元空間）を表示する「窓」のようなものです。ここで3次元空間を表示するだけでなく、そこに部品を配置したり、配置したものを動かしたり回転したり拡大縮小したりします。更には、レベルを実際のプレイ時と同じように動かして動作を確認したりすることもあります。3次元空間に関する基本的な作業はすべてビューポートで行うのです。

このビューポートをよく見ると、一番上に小さなマークのようなものが一列に並んでいるのがわかります。これらは、ビューポートの操作に関する設定のためのもので、「ビューポートツールバー」と呼ばれます。ここから項目を選ぶことで、ビューポートの操作の仕方が変わります。

これらのマークの多くは、クリックするとメニューが現れ、細かな設定が表示されます。が、とりあえず今の段階では、「それらの内容をすべて覚えよう」なんて思わないこと！ とにかくたくさんの項目がありますから、すべて理解しようと思っていたら、いつまでたっても次に進めなくなってしまいます。

「これだけ覚えておけば十分！」という必要最小限のことだけ説明しますから、それ以外はすべて「今は知らなくていいもの」と考えましょう。

図1-38 ビューポートの上部に並ぶマーク。これらをクリックしてビューポートの操作の設定を行う。

ビューポートのオプションメニュー

一番左端の「≡」マークをクリックすると、メ
ニューがプルダウンして現れます。これらは、
ビューポートオプションというものです。デフォル
トでは以下の項目だけONになっています。

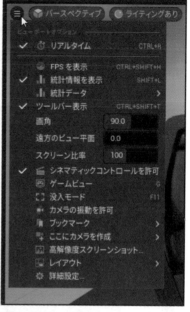

リアルタイム	これがONだと、リアルタイムに表示をレンダリングします。つまり、これがONだと、ビューポートでリアルタイムに表示を更新しながら作業できる、というわけです。
統計情報を表示	画面に統計情報のテキストを必要に応じて表示します。
ツールバー表示	ツールバーの表示をON/OFFするものです。
シネマティックコントロールを許可	シネマティックプレビューという表示が行われるようにするためのものです。

図1-39 ビューポートオプションのメ
ニュー。リアルタイムレンダリングのON/
OFFぐらいは覚えておこう。

「レイアウト」機能について

これらのメニューの中で、1つだけ覚えてお
きたいのが「レイアウト」です。これは、ビュー
ポートの表示を分割して、さまざまな方向から
の表示を同時に行えるようにするものです。

プルダウンするメニューの「レイアウト」を選
ぶと、更にビューポートのレイアウト方式がサ
ブメニューにずらっと現れます。ここでレイア
ウトを変更できるのです。

試しに、「3画面」というところの右端のレイ
アウト（「円」という形でレイアウトしているも
の）を選んでみましょう。

図1-40 「レイアウト」メニューの「3画面」の一
番右端のレイアウトを選ぶ。

　画面の表示が切り替わり、上から見た表示と横から見た表示が追加で表示されるようになります。同時に複数の場所から見て操作できるようになるのです。これは便利ですね！

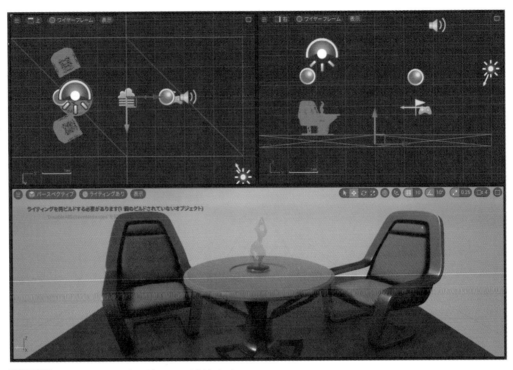

図1-41 ビューポートの表示が3つに分割される。

　元に戻すには、「レイアウト」メニューの「1画面」にあるレイアウトを選択します。これで元の表示に戻ります。こんな具合に、ビューポートのレイアウトは、いつでも自由に変更できるのです。

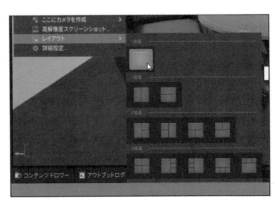

図1-42 「レイアウト」メニューの「1画面」にあるレイアウトを選べば元の表示に戻る。

ⓤ パースペクティブのメニュー

　これは、表示の切り替えに関するものです。先ほど、「レイアウト」メニューで表示を切り替えてみましたが、これは現在の表示を変更するためのものです。

　デフォルトでは、「パースペクティブ」メニューが選択されていますね。これが、3次元の好きな方向から見た表示をするためのものです。この表示が3次元の編集の基本となるでしょう。これらの表示を理解し、必要に応じて素早く切り替えながら作業できるようになりましょう。

　なお、いろいろ切り替えて試したら、「パースペクティブ」メニューを選んで表示を元に戻しておきましょう。

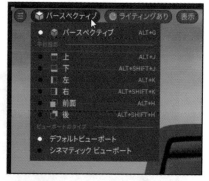

図1-43 「パースペクティブ」メニューの表示。デフォルトはこれになっている。

「上」「下」メニュー

　3次元空間を上から見た表示になります。デフォルトではワイヤーフレーム（3次元の部品を線だけで表示したもの）になっています。四角い床のような部品の上にテーブルと椅子が配置されているのがよくわかります。

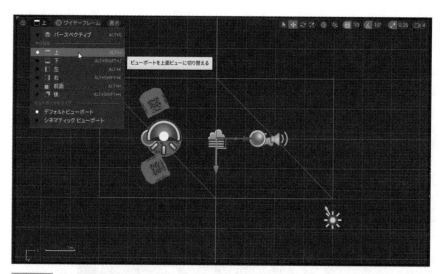

図1-44 上から見た表示。

「左」「右」メニュー

3次元空間を横から見た表示になります。これもやはりワイヤーフレームです。床の部品が細長い棒のように表示されており、その上に椅子とテーブルが乗っているのがわかるでしょう。

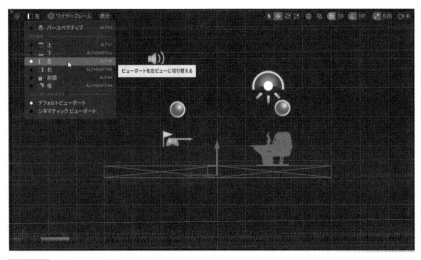

図1-45 横から見た表示。

「前面」「後」メニュー

3次元空間を前後から見た表示になります。ワイヤーフレームです。側面と似た感じですが、90度見る方向が違っています。

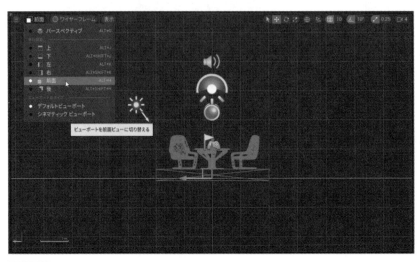

図1-46 前から見た表示。

ⓤ 「ライティングあり」のメニュー

　その隣にある、「ライティングあり」と表示されている項目は、ビューモードに関連するさまざまな機能をまとめたメニューが用意されています。これは、ビューポートの表示に関する設定で、「どのような形で3次元のデータをレンダリングするか」を指定するものです。

　ここにある項目も、全部覚える必要は全然ありません。重要なものだけ覚えておけば十分でしょう。まず、必ず覚えておきたいのは「ライティングあり」メニューです。パースペクティブで表示しているとき、デフォルトで選択されているものです。

　「ライティング」メニューは、ライトによる表示（陰影、光が当たるところは明るく、当たらないところは暗く表示する）を行うようにした、簡易レンダリングの表示です。細かなところまで厳密に再現はしていませんが、これで十分、どんな表示かは確認できるでしょう。

図1-47 ビューモードに関するメニューがひと通り用意されている。デフォルトは「ライティング」になっている。

「ライティングなし」メニュー

　これは、ライトの陰影などの描画を省略したレンダリングです。一応、表面の色や模様などは再現しますので、これでも「だいたいどんな感じか」は十分確認できます。「ライティングあり」より計算量も少ないのでパワーのあまりないマシンでも十分なスピードで表示されるでしょう。

図1-48 「ライティングなし」メニューだと、ライトの陰影などが省略される。

「ワイヤーフレーム」メニュー

先に、上面や側面、前面の表示に切り替えたとき、ワイヤーフレームで表示されましたね。あれは、ビューモードを「ワイヤーフレーム」に切り替えていただけだったのですね。部品の形状だけが線で表示されますから具体的な表示はわかりませんが、形や配置を確認するだけなら処理も軽くテキパキ作業できます。

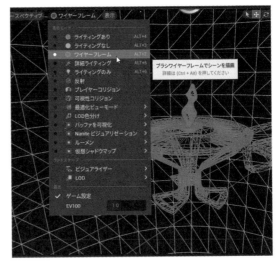

図1-49 「ワイヤーフレーム」メニューの表示。

「詳細ライティング」メニュー

「ライティング」は、単純にライトの陰影までレンダリングするものでしたが、例えば部品の表面などが微妙な色合いだったりすると、ライティングの変化がよくわかりません。

こうした場合に用いられるのが「詳細ライティング」です。これは「法線マップ」というものを使ってより厳密なレンダリングを行います。複雑な図形の微妙な色合いの変化などまで再現されます。ただし部品の色などは無視され、純粋にライティングによる陰影のみで描かれます。

厳密なライティングではなく、通常のライティングだけで表示するときは「ライティングのみ」メニューというメニューも用意されています。

図1-50 「詳細ライティング」メニューだと、より厳密なレンダリングが得られる。

「反射」メニュー

　ライティングによる光の反射の状態を確認するためのものです。これを選ぶと光の反射の状態だけが描画されます。すべての部品が透明化半透明、あるいは鏡のようなものに変わったような表示になります。光の反射状態を確認するのに使います。

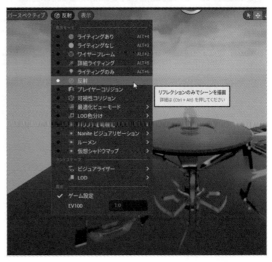

図1-51 「反射」メニューでは光の反射状態が確認できる。

「プレイヤーコリジョン」メニュー

　コリジョンというのは、物理エンジンというものを使ったときに「モノの物理的な形状」として設定されるのがコリジョンです。このコリジョンの形状を確認するためのものが「プレイヤーコリジョン」です。これは、物理エンジンを使うようになるとその意味がわかってくるでしょう。

図1-52 「プレイヤーコリジョン」メニューでは物理的な形状がチェックできる。

「表示」メニューについて

「表示」メニューは、レンダリング表示の詳細な設定を行うためのものです。ここで項目をON/OFFすることで、不要なものを表示しないようにしたりできます。

ただし、今の段階でその詳細を理解するのはちょっと難しいでしょう。とりあえず、「そういう機能がここにまとめてある」ということだけ覚えておけば今は十分です。いつか3Dのレンダリングについて詳しい知識が身についてきたら使ってみるもの、と考えておきましょう。

図1-53 「表示」メニューには、レンダリング表示する詳細な項目が用意されている。

トランスフォームツールについて

「表示」メニューの右側には、3つの小さなアイコンが横につながったようなものが表示されていますね。これらは「トランスフォームツール」と呼ばれるものです。これはビューポートに配置した部品を操作するためのもので、クリックして3種類のいずれかを選択して使います。

図1-54 変形ツールのためのアイコン。これらをクリックして切り替える。

移動ツール

変形ツールアイコンの一番左側は、部品を移動するためのものです。これを選択した状態でビューポートに配置した部品をクリックして選択すると3方向に矢印が表示されます。これは「移動ツール」と呼ばれるもので、この矢印をドラッグして上下左右前後に部品の位置を移動させることができます。

図1-55 移動ツールを選択すると、選択した部品に移動のための矢印が表示される。

回転ツール

変形ツールアイコンの右から2番目は、部品の向きを回転させるためのものです。これを選択してビューポートに配置した部品を選択すると、3方向に円弧のような回転ツールが表示されます。これをドラッグすることで、部品を回転させることができます。

図1-56 回転ツールを使うと、選択した部品に回転する円弧のような表示が現れる。

スケールツール

変形ツールの右側にあるものは、部品を拡大縮小するためのものです。これを選び、ビューポートにある部品をクリックすると、先端に小さな立方体がついたような形の図形（スケールツール）が表示されます。これをマウスでドラッグすることで、その部品を拡大縮小できるのです。

図1-57 スケールツールを使うと、部品を拡大縮小するための線分が表示される。

🎮 トランスフォームツールの座標システム

トランスフォームツール関係のアイコンの右側には、地球のようなアイコンが表示されています（ビューポートの設定状態によっては、立方体図形のようなアイコンになっている場合もあります）。

このアイコンは、クリックするごとに地球アイコンと立方体アイコンを交互に切り替えま

す。これは、トランスフォームツール（移動、回転、スケールの各ツール）による操作を行うときの座標システムを切り替えるためのものです。

座標システムというのは、3次元空間の座標を管理する方式のことで、ワールド座標（3次元空間全体の座標）とローカル座標（選択された内部の相対的な座標）があります。これらを切り替えるのがこのアイコンです。これにより、レベルの絶対座標軸を元に移動や回転をするのか、選択された部品の相対位置として操作をするのかを選べます。

まぁ、これは実際に使ってみないとどういうことかよくわからないでしょう。複雑な部品を作成するようになるまでは使うことはあまりないので、今すぐ理解する必要はありません。「そういう機能がある」ということだけ頭に入れておけば十分です。

図1-58 座標システムの切り替えアイコン。

11 ビューポートのスナップ機能

座標システムのアイコンの右側には、「スナップ」関連のツールが並びます。スナップというのは、配置した部品を動かしたり変形したりする際、一定間隔ごとに強制的に揃える機能です。

これは全部で3種類が用意されています。それぞれのスナップ機能を使うことで、複数の部品の位置や向きなどを揃えたりするのが容易になります。

図1-59 スナップ関連のツール。3種類のものが用意されている。

スナップ機能のON/OFF

スナップ機能の一番左端にあるアイコンは、クリックするとメニューがプルダウンして現れます。これは、スナップ全般に関するもので、ここにある「サーフェスをスナップする」メニューをONにすることで、スナップ機能が使えるようになります。

図1-60 メニューから「サーフェスをスナップする」を選ぶことでスナップをON/OFFできる。

移動スナップ

その右隣にあるアイコン（縦横のマス目が並んだアイコン）は、部品の移動のスナップをON/OFFするものです。これをクリックして反転させると、スナップ機能がONになります。

その更に右側にあるボタンをクリックするとメニューがプルダウンし、スナップの間隔を選択することができます。

図1-61 マス目のアイコンを選択すると移動のスナップがONになる。その右側のアイコンで表示されるメニューを使い、スナップのサイズを調整できる。

回転スナップ

移動スナップの右側にある、2つのアイコンが1つにまとまったものは、回転のスナップ機能に関するものです。左側のアイコンをクリックすることで、スナップをON/OFFします。また右側のアイコンをクリックするとメニューがポップアップして現れ、スナップの間隔（角度）を設定できます。

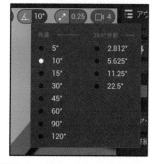

図1-62 回転スナップのツール。左側のアイコンをクリックしてON/OFFする。右側のアイコンでスナップの角度を設定する。

スケールスナップ

回転スナップの右側にあるのが「スケールスナップ」です。これは拡大縮小する際、一定の倍率ごとにスナップするものです。左側のアイコンをクリックすることでスナップをON/OFFし、右側のアイコンをクリックして現れるメニューでスナップの倍率を指定します。

図1-63 スケールスナップのツール。一定の倍率ごとにスナップすることができる。

カメラの移動速度

　ビューポートツールバーの一番右側にあるアイコンは、カメラの移動速度に関するものです。ビューポートではマウスやキーボードなどで表示する視点となるもの（これがカメラです）を動かせますが、この動くスピードを設定するのがこのツールです。

　これをクリックするとメニューがプルダウンし、そこにあるスライダーを動かすことでスピードを速くしたり遅くしたりできます。

図1-64 スライダーを動かしてカメラの移動スピードを調整できる。

⑪ ビューポートのカメラの移動

　ビューポートは、ある視点からレベルを撮影しているような形で表示されています。レベルの3D世界の中にプレイヤーのためのカメラがあり、そのカメラを通して世界を見ている、と考えるのです。

　実際に編集作業を行う場合、このカメラを自由に操作できるようにならないといけません。そうすることで、必要な場所に移動したり部品を配置したりしていくのです。ビューポートのカメラの操作は、マウスを使って行うのが基本です。その操作だけはしっかり覚えておきましょう。

前後の移動（拡大縮小）

　マウスホイールを回転させると、カメラを前後に移動させることができます。これにより、中央にあるものをズームして表示したり、ズームアウトして全体を表示したりできます。

図1-65 マウスホイールで拡大縮小できる。

向きの移動（回転）

マウスボタンを押して動かすことで向きを変えることができます。左ボタンでは、前後の移動と左右の回転が、右ボタンでは上下と左右の回転がそれぞれ行えます。

図1-66 マウスボタンを押してドラッグするとカメラを回転して向きを変えられる。

平行移動

左右のマウスボタンを同時に押して動かすと、表示を上下左右に平行移動することができます。進む方向などが決まっていて、そのまま左右に移動したいときに便利です。

図1-67 左右のボタンを同時押ししてドラッグすると平行移動する。

（Ｕ） キーボードによる操作

マウスは、感覚的にカメラを動かしていくのに向いています。が、実際にやってみると、思ってもみない方にどんどん動いていったりして頭を抱える人も多いでしょう。マウスの操作は、慣れないとなかなか難しいものです。「マウスの操作は難しい」と思ったなら、キーボードを使って操作するとよいでしょう。

キーボードによる操作は、マウスと比べると非常にわかりやすい動きをします。何かのキーを押して「間違えた！」と思っても、その逆方向のキーを押せば必ず元の位置に戻ります。

キーボード操作は、ただキーを押しただけではうまく行えません。ビューポート内のどこ

かでマウスボタンをプレスした状態でキーを操作します。では、キー操作の基本をまとめて
おきましょう。

前後左右の移動

前に移動	「W」キー、テンキーの「8」、「↑」キー
後ろに移動	「S」キー、テンキーの「2」、「↓」キー
右に移動	「D」キー、テンキーの「6」、「→」キー
左に移動	「A」キー、テンキーの「4」、「←」キー

上下の移動

上に移動	「E」キー、テンキーの「9」、「Page Up」キー
下に移動	「Q」キー、テンキーの「7」、「Page Down」キー

カメラのズーム

ズームアップ（拡大）	「C」キー、テンキーの「3」
ズームアウト（縮小）	「Z」キー、テンキーの「1」

　これらの操作は、マウスボタンを押した状態で行うので必ずしも操作しやすいものばかり
ではありません。「基本はマウス操作」とし、「マウス操作を補助するもの」と考えておくと
よいでしょう。

🎮 ツールバーについて

　最後に、ビューポートの上に並んでいるアイコンについて簡単に整理しておきましょう。
これは「ツールバー」と呼ばれるものですね。ここに並んでいるアイコンで、現在編集して
いるレベルの操作などを行います。

　このツールバーにあるアイコンは、他のパネルにあるアイコン等よりも大きくて目立って
いますが、それは、それだけツールバーのアイコンが重要である、ということなのです。です
から、その簡単な役割ぐらいはわかっているとこれからの学習もスムーズに行えるでしょう。

図1-68 ツールバーのアイコン。けっこうな数のアイコンが並ぶ。

「保存」アイコン

一番左端は、プロジェクトやレベルを保存するためのものです。これをクリックすると、変更をすべて保存します。レベルをまだ保存していない場合は、保存のためのダイアログが現れます。

図1-69 保存アイコン。変更をすべて保存する。

編集モードの切り替えボタン

Unreal Editorでは、さまざまな編集モードが用意されています。例えばランドスケープ（風景）を作成したり、モデルの作成をしたり、アニメーションを設定したり、ですね。こうしたものは、そのための専用のモードに切り替えて行います。そのために用意されているのがこのボタンです。デフォルトでは「選択モード」と表示されています。

このボタンをクリックすると、用意されている編集モードがプルダウンメニューで現れます。デフォルトの「選択モード」は、配置されている部品を選択し、移動や回転を行うためのものです。それ以外の編集モードは、ここからメニューを選んで切り替えて行います。

これらは、そうした編集が必要になったらその時点で説明することになるでしょう。今は「そういう編集モードの切り替え機能がある」ということだけ覚えておいてください。

図1-70 選択モードのボタンをクリックするとメニューがプルダウンして現れる。

「追加」アイコン

立方体に「＋」とつけられたようなアイコンは、さまざまな部品をレベルに追加するためのものです。これをクリックするとメニューが現れ、ここから部品を追加するための機能を選びます。

Unreal Editorでは、基本的な図形のモデルから製品レベルの部品までさまざまなものをレベルに組み込んで利用できます。これは、そのために用意されているものです。実際に部品をレベルに追加して作成するようになったらこのメニューのお世話になるでしょう。

図1-71 追加アイコンには、部品を追加するためのメニューが用意されている。

「ブループリント」アイコン

これは、「ブループリント」という機能に関するものです。これをクリックすると、メニューがプルダウンして現れます。

ブループリントというのは、Unreal Engineでプログラミングするために用意されている機能です。パネルを並べて線で結ぶだけでプログラムを作ることができます。このアイコンからプルダウンするメニューを選ぶことで、このブループリントの画面を呼び出し編集することができます。

これらは、ブループリントを使うようになったら改めて説明します。

図1-72 ブループリントアイコン。ブループリントに関する機能がメニューにまとめてある。

「シーケンス」アイコン

アニメーションの作成を行うシーケンサーというものを利用するためのアイコンです。これをクリックすると、シーケンサーによるアニメーションを作成するためのメニューが現れます。これは、実際にアニメーションを使うようになるまでは利用することはないでしょう。

図1-73 「シーケンス」アイコン。

シミュレーションの再生

ツールバーには、DVDなどの再生や一時停止などで使われるアイコンが並んでいます。これらは、このレベルを実際にプレイするためのものです。これにより、プロジェクトを実際に実行しなくともレベルの動作を確認できます。

図1-74 レベルの再生・一時停止・停止といった操作のためのアイコン。

「プラットフォーム」ボタン

Unreal Engineはさまざまなプラットフォームに対応しています。これは、そうしたプラットフォームでプロジェクトを動かすためのものです。ボタンをクリックすると各プラットフォームの機能をまとめたメニューがプルダウンして現れます。

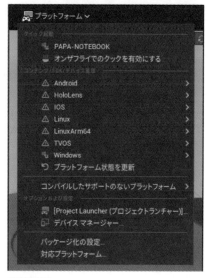

図1-75 「プラットフォーム」ボタンには各プラットフォームのためのメニューが用意されている。

「設定」ボタンについて

ツールバーの右端にあるのが「設定」ボタンです。これをクリックすると、Unrealのプログラムとプロジェクトに関する設定項目がメニューとして現れます。アプリの設定だけでなく、プロジェクトや編集中のレベルに関する設定も用意されており、これらをメニューから選択することで動作や表示の細かな調整が行えます。

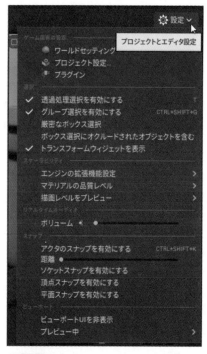

図1-76 「設定」ボタンをクリックするとメニューが現れる。

「ワールドセッティング」について

　「設定」アイコンのメニューの中に「ワールドセッティング」という項目があります。これは、現在編集している3D世界の基本的な挙動に関する設定を行うものです。このメニューを選ぶと画面の右側に「ワールドセッティング」パネルが表示されます。

　これについては、いずれ利用することになりますので、「このメニューで呼び出せる」ということだけ覚えておくとよいでしょう。具体的な内容は今は理解する必要はありません。

図1-77 「ワールドセッティング」メニューを選ぶと、詳細パネルのところに「ワールドセッティング」というパネルが現れる。

ⓤ ビューポートの操作だけはしっかりと！

　とりあえず、Unreal Editorのごく基本的な使い方について説明をしました。Unreal Editorには、この他にも多数の機能が用意されています。これらをすべて覚えようとしたら、いつまでたってもゲーム作成は始められません。「必要最小限の機能だけ覚えたら、実際に使ってみよう」と考えてください。少しずつ使っていくことで、はじめはよく理解できなかったことも次第に飲み込めるようになってきます。

　ここではいろいろな機能について説明しましたが、ビューポートの基本的な使い方（部品を選択したり、移動したり回転したりといったこと）だけは確実にできるようにしておきましょう。思ったように表示位置や部品を操作できるようにすることは、3D作成の基本中の基本です。自由にビューポートの表示を動かせるようになったら、次に進みましょう！

レベルとアクタの基本

Unreal Engineの基本は「レベル」と「アクタ」です。
レベルと呼ばれる3Dワールドの中に、
アクタと呼ばれるさまざまな部品を配置してゲームを作成していきます。
まずはレベルとアクタの基本について説明しましょう。

アクタを作る

レベルを構成する要素とは？

　では、いよいよ3次元の世界に入っていくことにしましょう。Unreal Engineでは、3次元の世界は「レベル」として用意されます。このレベルに必要なものを配置して3次元の世界を作っていくわけですね。

　でも、ちょっと待ってください。「必要なもの」って、なんでしょう？　3次元の世界を組み立てていくためには、何を用意しないといけないんでしょうか？　ちょっと考えてみましょう。

　Unreal Engineでは、レベルに配置される部品類は「アクタ」と呼ばれます。アクタには、さまざまな種類があります。いわゆる3Dモデルのようなものもアクタですし、目には見えないけれどレベルに配置されるもの（この次に触れますがライトやカメラといったもの）もアクタです。つまり「どのようなアクタを用意するか」が、レベルを作成していく上で最初に考えなければいけないことなのです。

　では、アクタにはどのような種類があるのでしょうか。簡単に整理してみましょう。

形状（スタティックメッシュ）

　まず思い浮かぶのは、3次元世界に表示される「物体」ですね。立体的な図形の形状データのことを「メッシュ」と呼びます。その中でも静的に変化しないメッシュを「スタティックメッシュ」といい、これを使って立体図形を表示するアクタを「スタティックメッシュアクタ」といいます。レベルで立体図形を表すのに最も一般的に使われるアクタです。

　「スタティックメッシュアクタ」だと長くてわかりにくいので、ここでは便宜的に「形状アクタ」と呼ぶことにします。

　Unreal Engineでは複雑なアクタも利用できますが、まずは基本である形状アクタの使い方から覚えていくようにしましょう。

ライト

　形状アクタを配置しても、それだけでは思ったようなシーンは作れません。レベルが見えるようにするためには「光」が必要です。3次元の世界では、ただ物があるだけでなく、それにどうやって光が当たるかによって表示の仕方が変わります。その光を与えるためのものが「ライト」です。

　デフォルトで作成されているレベル（テーブルと椅子がおかれているレベル）では、最初からライトが設置されています。それで、ちゃんとテーブルなどが見えたのですね。

カメラ

　ビューポートの表示は、カメラからの目線で表示されます。このカメラは、レベル内に複数配置して利用することができます。ただし、簡単なシーンを作るぐらいでは（わざわざカメラを追加することはないので）カメラを意識することはほとんどないでしょう。

その他の要素

　デフォルトで作成されているレベルをよく見てみると、他にもいろいろなものが配置されていることがわかります。それらは「プレイヤースタート」「スカイ」「フォグ」といったもので、プレイヤーのスタート地点や、背景となる部分の表示に関するものです。

　これらは、直接画面に「物」としては表示されませんが、その役割などについては頭に入れておきたいですね。

　ざっと、こうしたものが揃って、はじめてゲーム画面として見ることのできる3次元の世界が作れる、というわけです。これらすべての使い方を一度に覚えるのはちょっと難しいですが、「こうしたさまざまなアクタによってレベルで表示されるシーンが作られている」ということはよく頭に入れておきましょう。

ⓤ Cubeを配置しよう

　では、実際にレベルに部品を配置していきましょう。Unreal Engineでは高度なアクタも簡単にインポートして配置できますが、まずは基本ということで、ごく単純な図形のアクタから使っていきましょう。記念すべき初めてのアクタは「Cube」（立方体）の図形です。

　アクタの追加は、ツールバーの「追加」アイコン（立方体に「＋」がついたアイコン）で行えます。これをクリックして現れるメニューから、「形状」メニューを選んでください。そこに基本的な形状アクタのサブメニューが用意されています。

図2-1　「追加」アイコンから「形状」メニュー内の「Cube」をマウスでドラッグする。

　このサブメニューは、そのままドラッグ＆ドロップできるようになっています。ここにある「Cube」というサブメニューをマウスでプレスし、そのままドラッグしてビューポートの適当な場所にドロップしてください。グレーの立方体が作成されます。

　こんな具合に、基本図形のアクタは、「形状」メニューのサブメニューをドラッグ＆ドロップして作成できます。

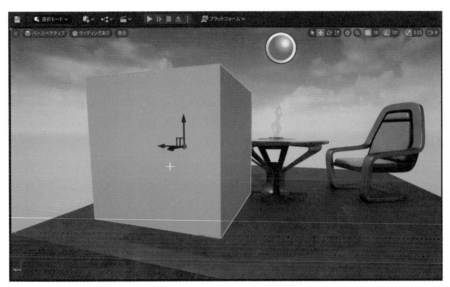

図2-2 ビューポート内にドラッグ＆ドロップするとCubeのアクタが作られる。

アクタを操作しよう

　配置されたボックスは、どのように表示されているでしょうか。中には「地面の四角いエリアの外にはみ出ちゃった」とか、「地面にめり込んでるぞ」なんて人もいるかもしれませんね。配置したアクタを操作して調整すれば、思った通りの場所に置くことができます。

　レベルに配置したアクタの操作は、ビューポートツールバーにある「変形ツール」のアイコンを使います。ここで操作のためのアイコンを選び、アクタを選択して動かすのです。

図2-3 配置したアクタの操作は、ビューポートにある変形ツールのアイコンを使って行う。

位置の平行移動

　配置したアクタの位置をそのまま動かすには、ビューポートツールバーから「平行移動ツール」のアイコンを選びます。おそらくデフォルトではこれが選択された状態になっているでしょう。

　配置したアクタ（ここでは、Cubeアクタ）をクリックして選択してみてください。すると、アクタの中心から3方向に、赤・緑・青の矢印のようなものが表示されます。

　これは「ギズモ」と呼ばれるものです。ギズモというのは、さまざまな操作を行うとき、それをガイドするために表示される図形です。ここで表示されているのは「平行移動ギズモ」というものです。3方向の矢印部分をマウスでドラッグすると、その矢印の方向にアクタが平行移動します。

　この平行移動ギズモを使って、アクタの位置を動かせば、思った場所に移動させることができます。

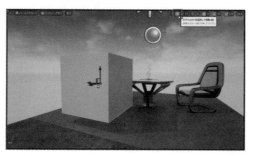

図2-4 平行移動ツールのアイコンを選び、平行移動ギズモの矢印部分をドラッグすると、その方向にアクタを動かせる。

アクタの回転

　回転は、ビューポートツールバーの平行移動ツールの右側にある「回転ツール」のアイコンを選択して行います。

　これを選択してアクタをクリックすると、3つの円弧のような図形がアクタの中心に表示されます。これが「回転ギズモ」と呼ばれるものです。この回転ギズモの円弧の部分をマウスでドラッグすると、その方向にアクタが回転します。

図2-5 回転ツールを選択してアクタをクリックすると、回転ギズモが表示される。これをドラッグして指定の方向に図形を回転する。

アクタの拡大縮小

　ビューポートツールバーの変形ツールの右端にあるのが、スケールツールです。これでアクタの拡大縮小を行います。

　このスケールツールを選択してアクタをクリックすると、小さな立方体が頭についたような形のギズモが表示されます。これがスケールギズモです。このギズモの赤・緑・青のバーの線分をドラッグすると、その方向に図形が拡大縮小します。

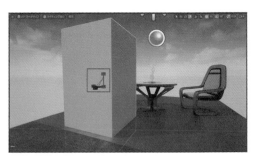

図2-6 アクタをクリックして現れるスケールギズモの線の部分をドラッグすると、その方向にアクタを拡大縮小できる。

　なお、3方向の線の中心部分をドラッグすると、図形全体を同じ縮尺で拡大縮小できるようになります。単純に「このアクタをデカくしたい」というようなときは、この方法で拡大縮小しましょう。

図2-7 スケールギズモの中心部分をドラッグすると図形全体をそのまま拡大縮小できる。

詳細パネルについて

　アクタを選択すると、右側のアウトライナーの下に「詳細パネル」が表示されます。ここに、選択したアクタに関する細かな情報が表示されます。この値を編集することで、アクタの基本的な性質などを設定することができます。

　といっても、詳細パネルにはたくさんの項目がありますから、いきなり全部覚えるのは大変でしょう。いくつか重要なものをピックアップして紹介しておきましょう。

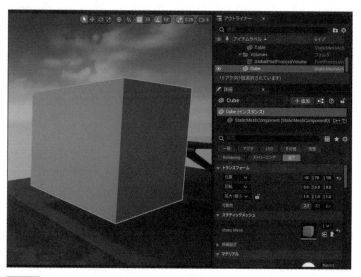

図2-8 配置したCubeを選択すると、詳細パネルにCubeの詳細設定が表示される。

Cube（インスタンス）

　「詳細」パネルの上部には、「Cube（インスタンス）」と表示された項目が見えます。これは、選択したアクタにどのようなコンポーネントが組み込まれているかを表示するものです。

　ここでは「Cube（インスタンス）」という項目があり、これが選択したCubeになります。そしてその中に、「StaticMeshComponent」という項目が組み込まれています。これは、図形の形を表すメッシュ（形状データ）のコンポーネントです。

　より複雑な部品になると、ここに多数の組み込まれた分類が表示されるようになります。

図2-9 詳細パネルの上部には、組み込まれているコンポーネントを階層的に表示する部分がある。

表示の切り替えボタン

その下には、「一般」「アクタ」といった切り替え式のボタンが表示されます。これは設定の内容をそのジャンルごとに分けて整理するものです。これをクリックすることにより、その下に表示される設定項目が変更されるようになっています。

用意されている項目には次のようなものがあります。

図2-10 詳細パネルの表示切り替えボタン。

一般	アクタの基本的な設定(一や大きさ、向きなど)
アクタ	アクタとしての挙動などの設定
LOD	レベルの詳細度(Level of Details)に関する設定
物理	物理エンジンに関する設定
Rendering	レンダリングに関する設定
ストリーミング	ストリーミングに関する設定
その他	上記に含まれないもの
全て	すべての設定をまとめて表示

非常に多くの項目がありますが、最初のうちは「一般」の設定しか使わないでしょう。それ以外のものはとりあえず忘れて構いません。もう少し学習が進むと「物理」や「Rendering」などの設定を使うこともあるでしょう。

トランスフォーム

「一般」ボタンが選択されていると、その下に「トランスフォーム」という項目が表示されます。そこに以下のような項目が用意されています。

図2-11 x, y, zの各項目は、アクタの大きさを示すもの。

位置	アクタの表示位置
回転	アクタの向き(角度)
拡大・縮小	アクタの大きさ(倍率)

　これらは、右側にそれぞれ3つの数値が表示されています。いずれも赤・緑・青の線が表示されていますね。これらは、移動・回転・ズームの各ツールを選んだときギズモに表示される3方向の線分の色を表します。その色の方向の値がそれぞれ表示されているのです。

　この数値の部分は、クリックして直接値を書き換えることもできますが、マウスで数値をプレスし左右にドラッグすることでなめらかに値を増減させることもできます。試しに数値をいろいろとを変更して、アクタの表示がどのように変換するか試してみるとよいでしょう。

図2-12 回転の値を左ドラッグすると図形が回転する。値に応じてリアルタイムに状態が変わる。

スタティックメッシュ

　「スタティックメッシュ」とは変化しない静的なメッシュ（形状データ）のことです。この設定をここで確認できます。またメッシュの形状を変更することもできます（スタティックメッシュについては後述します）。

図2-13 スタティックメッシュの設定。

マテリアル

　マテリアルは、アクタの表面の状態に関するものです。例えば図形表面に表示される色や模様、光の反射、質感などの情報はすべてマテリアルとして用意して設定されます。

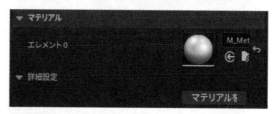

図2-14 マテリアルの設定。

図形を追加する

形状アクタの特徴は、「複数のアクタを重ねあわせて使える」という点にあります。複数の形状アクタを重ねるとどうなるのか、やってみましょう。

Cubeを選択し、詳細パネルの「Cube（インスタンス）」のところにある「追加」というボタンをクリックしてください。このアクタに追加する項目がプルダウンメニューで現れます。ここから「キューブ」を選択しましょう。

図2-15 「追加」ボタンを押し、メニューから「キューブ」を選ぶ。

ボックスが作成された！

2つ目のボックスが作成されます。1つ目のCubeと同じ場所に重なって作られるので「本当に作ったの？」と思うでしょうが、大丈夫、ちゃんと作られています。詳細パネルの「Cube（インスタンス）」のところを見てください。「StaticMeshComponent」の項目の下に、「Cube」という名前のコンポーネントが追加されています。これが新たに作ったCubeです。

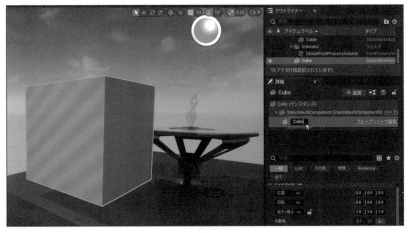

図2-16 2つ目のボックスが重なって作成される。

位置を調整して重ねてみる

　では、2つのCubeを少しずらしてみましょう。作成されたCube（ここでは「Cube1」という名前としておきます）を選択し、詳細パネルのトランスフォームにある「位置」の3つの値をすべて「50.0」に変更してください。これで、最初のCubeからちょうど半分だけ移動した場所に2つ目のCubeが表示されるようになります。

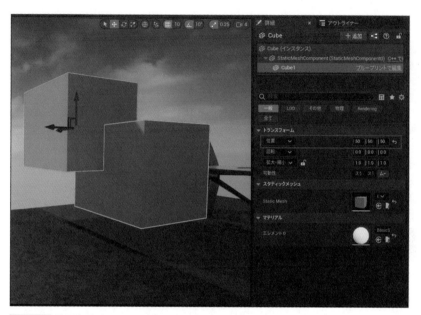

図2-17 位置を移動して一部が重なるようにする。

Cubeの組み込み状態

　この2つのCubeは、「Cube」というアクタの中に2つのアクタが追加された状態となっています。この組み込み状態は、詳細パネルの上部に見えるコンポーネント名のリスト部分を見ればわかるでしょう。「Cube（インスタンス）」という項目の内部にStaticMeshComponentというコンポーネントがあり、更にその中に追加した「Cube1」が組み込まれているのがわかります。

図2-18 コンポーネントの組み込み状態を確認する。

Cube全体を動かすと？

このように「形状アクタの中に複数の部品がある」という状態のものの操作は注意が必要です。ベースとなっている部品（ここでは「Cube（インスタンス）」）を選択すると、その内部に組み込まれているものもすべて一体化して1つのものとして操作できます。

試しに「Cube（インスタンス）」を選択して位置や向きを変えてみましょう。すると、組み込まれている2つのCubeが1つになった状態で動きます。

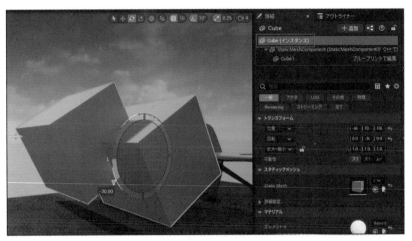

図2-19 「Cube（インスタンス）」を回転させると2つのCubeが一体化して回転する。

動きを確認したら、今度は追加した「Cube1」を選択して同じように移動や回転をしてみましょう。すると、選択したCube1だけが動き、前からあるCubeは動きません。このように複数の部品が組み合わされている場合、「全体を操作するか、組み込まれた部品だけを操作するか」を考えて扱うようにする必要があります。

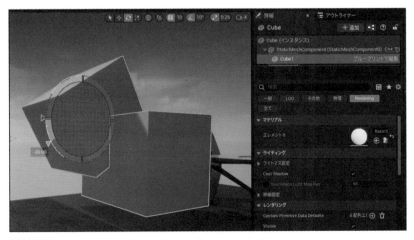

図2-20 Cube1だけを選択すると、この部品だけが操作できる。

スタティックメッシュについて

　ここで作成した部品（2つのCubeが組み合わせられたもの）は、1つ1つの部品を作って作成しました。では、この部品をたくさん作る必要が生じたとしましょう。そのとき、1つ1つの部品をすべて手作業で作成して組み合わせて作るのは大変です。こうしたとき、作成したアクタを部品として保存し、いつでも使えるようになっていると大変便利ですね。

　Unreal Engineにはそうした機能がちゃんと備わっています。それは「スタティックメッシュ」と呼ばれるものです。スタティックメッシュは、「アセット」と呼ばれるものの1つです。アセットは、プロジェクトで利用する部品をファイルとして保存したものです（スタティックメッシュアクタは、スタティックメッシュアセットを形状データとして設定されたアクタだったんですね）。

　作成した部品をスタティックメッシュとしてファイルに保存すれば、後はいつでも必要なときにそれをレベルに配置し利用できるようになります。

Cubeをスタティックメッシュへ変換

　では、Cubeを選択し、「アクタ」メニューから「Cubeをスタティックメッシュへ変換」メニューを選んでください。

図2-21「Cubeをスタティックメッシュに変換」メニューを選ぶ。

　画面にファイルを保存するためのダイアログが現れます。ここで保存場所とファイル名を入力します。

　保存する場所は、デフォルトで「コンテンツ」内の「Meshes」というフォルダーが選択されています。これはそのままにしておきましょう。そして下の「名前」のところにファイル名を入力しておきます。今回は「SampleCubeMesh」としておきます。名前を入力したら、「保存」ボタンを押して保存しましょう。

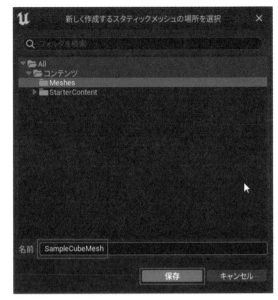

図2-22 「SampleCubeMesh」という名前で保存する。

コンテンツドロワーで確認

　ファイルに保存できたら、作ったファイルを確認しましょう。Unreal Editorの左下にある「コンテンツドロワー」というボタンをクリックしてください。ウィンドウ下部に細長いパネル（コンテンツブラウザ）がポップアップして現れます。これはプロジェクトで利用する各種アセット（ファイル）を管理するためのものです。

　この左側には、「MyProject」とプロジェクトの名前の項目があり、そこにプロジェクト内にあるフォルダーが階層的に表示されています。この中から、「コンテンツ」内にある「Meshes」フォルダーを選択してください。

　右側に、選択されたフォルダーの内部にあるファイル類が表示されます。先ほど保存した「SampleCubeMesh」というファイルがフォルダーの中にあるのが確認できるでしょう。

図2-23 「Meshes」フォルダー内に「SampleCubeMesh」ファイルが保存されている。

コンテンツドロワー？ コンテンツブラウザ？

「コンテンツドロワー」ボタンを押すと、コンテンツブラウザが開かれる――。一体、どっちが正しいの？ ドロワー？ ブラウザ？ と混乱している人もいるでしょう。

ドロワーというのは、クリックするとその場でパッと出てきて、すぐに消えるUIのことです。つまり「コンテンツドロワー」というのは、コンテンツブラウザのパネルをぱっと呼び出すドロワー、ということ。まぁ、どちらも同じものだ、と思っていいでしょう。

スタティックメッシュを利用しよう

では、作成したスタティックメッシュを利用してみましょう。先ほどと同じように、左下のコンテンツドロワーのボタンをクリックしてパネルを呼び出し、「Meshes」フォルダーにある「SampleCubeMesh」のアイコンをマウスでドラッグします。

図2-24 コンテンツドロワーから「SampleCubeMesh」のアイコンをドラッグする。

レベル上にドロップする

そのままアイコンをコンテンツドロワーからレベルのビューポートにドロップしましょう。これでSampleCubeMeshを形状データに設定したアクタ（スタティックメッシュアクタ）がレベルに作成されます。

同様にすれば、プロジェクト内のどのレベルにも、いくつでもスタティックメッシュが追加できることがわかるでしょう。

図2-25 そのままレベルの画面にドロップすれば配置される。

スタティックメッシュの編集

　作成したスタティックメッシュは、後でまた編集できるのでしょうか。これは、YESでもあるしNOでもあります。組み込み状態そのものは、後で再編集することはできません。例えば2つのCubeの向きや配置などを調整したり、別のCubeを追加したりということはもうできないのです。

　なお、Cubeに設定されるマテリアルなどは後で編集することができます。コンテンツドロワーから、「SampleCubeMesh」のアイコンをダブルクリックしてください。新たにエディタのウィンドウが開かれ、そこでSampleCubeMeshの設定画面が現れます。詳細設定にあるマテリアルなどを設定することで、スタティックメッシュの表示を再設定することができます。

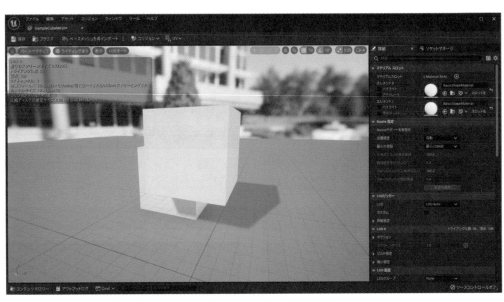

図2-26 スタティックメッシュを開いてエディタウィンドウを呼び出す。

既に配置したものも変更される

　ただし、スタティックメッシュの再編集は、意外なところに影響を与えます。編集用のエディタで表示内容を変更すると、既にレベルに配置されているスタティックメッシュもすべて表示が変わるのです。

　スタティックメッシュは、「すべて同じ」なのです。スタティックメッシュのファイルから作られた部品は、すべてファイルに保存されているスタティックメッシュと同じ表示になります。後で再編集した場合、レベルに配置してあるすべてのスタティックメッシュの表示も一斉に変わるのです。

🅤 マテリアルを設定する

では、実際にスタティックメッシュを変更してみましょう。SampleCubeMeshの編集エディタのウィンドウで、右側の詳細パネルを見てください。「マテリアルスロット」という項目があり、そこに「エレメント0」「エレメント1」という2つの項目が表示されています。

この2つの項目が、スタティックメッシュにある2つのCubeのマテリアルです。ここにある値を変更すれば、各Cubeの表示が変わります。

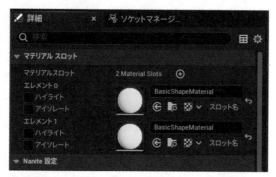

図2-27 「マテリアルスロット」にある2つの項目が各Cubeのマテリアル設定になる。

コンテンツドロワーからマテリアルを選ぶ

では、マテリアルを設定してみましょう。Unreal Engineのプロジェクトには、標準で多数のマテリアルが用意されています。エディタ左下の「コンテンツドロワー」をクリックし、コンテンツドロワーを呼び出してください。そして、「コンテンツ」内の「StarterContent」というフォルダーを開き、その中にある「Materials」というフォルダーを選択しましょう。この中に、多数のマテリアルが用意されています。

図2-28 「StarterContent」内の「Materials」フォルダーにマテリアルが多数揃っている。

マテリアルを設定する

では、「Materials」フォルダーにある
マテリアルの中から適当なものを選び、
ドラッグして詳細パネルの「マテリア
ルスロット」にある2つのエレメントの
どちらかにドロップしてください。これ
でそのマテリアルが設定されます。マテ
リアルは、こんな具合にマテリアルのア
セットファイルを詳細パネルの項目にド
ラッグ＆ドロップするだけで設定できま
す。

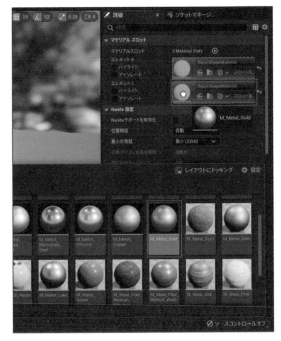

図2-29 マテリアルのファイルをマテリアルスロットに
ドラッグ＆ドロップする。

　マテリアルをドロップすると、そのマテリアルが設定され、スタティックメッシュの表示
がその場で変わります。マテリアルが設定されると雰囲気がぐっと良くなりますね！

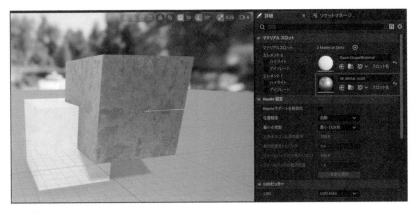

図2-30 マテリアルが設定されたところ。

　同様にして、もう1つのマテリアルスロットのエレメントにもマテリアルを設定しましょ
う。これで2つのCubeのそれぞれにマテリアルが表示されるようになります。

図2-31 2つのCubeそれぞれにマテリアルを設定する。

配置したスタティックメッシュを確認する

設定できたらスタティックメッシュのエディタウィンドウを閉じ、レベルの編集画面に戻りましょう。そして、レベルに配置したスタティックメッシュ（SampleCubeMesh）がどうなったか表示を確認してください。ちゃんと設定したマテリアルで表示されているのがわかるでしょう。

図2-32 レベルに配置したスタティックメッシュのマテリアルが変わっている。

ⓤ その他の形状アクタについて

スタティックメッシュについてはこれで一区切り
として、もう一度アクタに話を戻しましょう。

ここまでCubeを使ってレベルに物を配置しまし
たが、もちろんCube以外にもたくさんの部品が用
意されています。基本図形である形状アクタだけで
も、いろいろなものが揃っているのです。これらに
ついても一通り説明をしておきましょう。

形状アクタの作成は、ツールバーの「追加」アイコ
ンのプルダウンメニューにある「形状」メニューに
まとめられています。ここにある形状アクタの項目
を一通り使えるようになれば、それなりにレベルの
サンプルが作れるようになるでしょう。

図2-33 「追加」アイコンの「形状」メニュー
にあるアクタをマスターしよう。

ⓤ Planeの利用

まずは「Plane」からです。Planeは、平面のアクタです。これだけは、3Dではありませ
ん（厚さがゼロなので、「立体」とはいえません）。3D空間内に平面を配置したいような
ときに利用します。

では、「形状」メニューの「Plane」をドラッグし、ビューポートにドロップしてPlaneを
配置してください。四角いパネルのようなものが作られます。

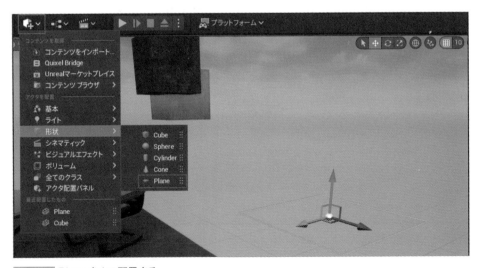

図2-34 Planeを1つ配置する。

位置と大きさの調整

　配置したら、位置と大きさを調整しておきましょう。そのままではちょっと小さすぎるので、もっと広くしてサンプルのアクタを配置できるようにしましょう。詳細パネルのトランスフォームを使い、以下のように値を設定しておきましょう。

位置	20	-750	50
拡大・縮小	10	10	0

　これで、デフォルトで用意されている椅子とテーブルの部品の横に広い平面が用意できました。Planeは、こんな具合に大きさを変更すれば広い地面などを簡単に作ることができます。

図2-35 Planeの位置と大きさを調整する。

マテリアルを設定する

　では、配置したPlaneにマテリアルを設定しましょう。左下の「コンテンツドロワー」をクリックし、現れたパネルで「StarterContent」内の「Materials」フォルダーから、適当なマテリアルをドラッグし、ビューポートのPlane上にドロップしてください。
　レベルに配置したアクタにマテリアルを設定するときは、このようにビューポートにあるアクタに直接ドロップすればマテリアルが設定されます。

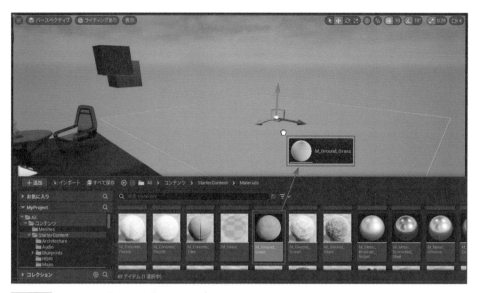

図2-36 マテリアルをドラッグ＆ドロップでPlaneに設定する。

これでマテリアルを使ってPlaneが表示されるようになりました。単純な平面でもだいぶ雰囲気は変わってくるでしょう。

図2-37 マテリアルをPlaneに設定したところ。

その他の形状アクタ

では、その他の基本的な図形の形状アクタについてまとめて紹介しましょう。用意されているのは「球」「円柱」「円錐」といったものです。いずれも「追加」アイコンの「形状」メニューに用意されています。

Sphereの利用

続いて、「Sphere」です。これは、球の形状アクタです。「追加」アイコンの「形状」メニューから「Sphere」をドラッグし、ビューポートの適当なところにドロップしてください。球のアクタが作成されます。

図2-38 「Sphere」をドラッグ＆ドロップし、球のアクタを作成する。

球は、真円の立体ですが、拡大・縮小を使うことで楕円の立体を作ることもできます。ただし、曲率（面の曲がり具合）などまで細かく調整できるわけではありません。

図2-39 横幅を広げれば楕円の立体も作れる。

Cylinderの利用

円柱の形状アクタが「Cylinder」です。これは縦横幅が円柱の太さを、高さが円柱の長さを示すことになります。円の半径を広げたり、円柱の長さを長くしたりすることでけっこう幅広い形状を作ることができるでしょう。

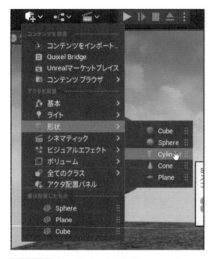 

図2-40 「Cylinder」は円柱のアクタ。

Coneの利用

円錐の形状アクタが「Cone」です。これは縦横幅が円錐の円の大きさを、高さが円錐の高さをそれぞれ指定します。これらを調整することで、鋭く尖った矢じりから開いた傘までさまざまな形状が作れるでしょう。

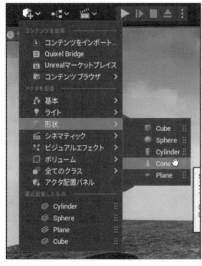 

図2-41 「Cone」は円錐のアクタ。

どの形も使い方は同じ！

いろいろな形状アクタが出てきて「全部覚えられない！」なんて思った人もいるかもしれませんね。けれど形状アクタは、形が違うだけで、基本的な使い方はすべて同じです。

実際にこれらの形状アクタを作成し、操作してみましょう。種類はいろいろあってもほとんど個別に覚えるべきことはありません。唯一、Plancが「厚さがない」平面の部品であるという変わった性質がありますが、それ以外は基本的にすべて同じものなのです。

図2-42 5種類の形状アクタ。形は違っても使い方はすべて同じだ。

マテリアルは、あるものを使おう

これで形状アクタを使ったアクタの基本がだいぶわかってきました。Cubeを配置し、更に複数のCubeを組み合わせ、スタティックメッシュとして保存し、マテリアルを設定する。ここまでできれば、ごく簡単な図形を使ったレベルは作れるようになります。

一応、ここまでできましたが、まだまだできることは限られています。とりあえず、以下の点を頭に入れて、自分なりにレベルにアクタを配置していろいろと試してみてください。

- アクタは、とりあえず基本の形状アクタだけ使ってみる。
- マテリアルは、「StarterContent」内の「Materials」フォルダーにあるものだけを使ってみる。

もっと複雑なモデルを利用したり、自分でマテリアルを作ったりするには、もう少し知識が必要です。できることからやってみましょう。そうして少しずつUnreal Engineの世界に慣れていくことが今は重要なのですから。

レベルを構成する部品

ライトについて

レベルには、デフォルトでさまざまな部品が配置されています。それらの多くは形状アクタなどの「物」として画面に表示される部品以外のものです。こうした目に見えない部品について、ここでまとめて説明しておきましょう。

まずは、ライトです。すべてのものは、光が当たっていないと見えません。が、レベルに配置した部品は普通に見ることができます。なぜちゃんと見えるのか？ それは、デフォルトの状態でライトがちゃんと用意されていたからです。

アウトライナーを見ると、「Lights」というフォルダーの中に「Sky Light」と「Light Source」という2つの項目が用意されているのに気がつくでしょう。これがデフォルトで用意されているライトです。これらのおかげでレベル全体が明るく見えていたのですね。

図2-43 デフォルトで作成されている2つのライト。

ライトの種類

ライトは、1つしかないわけではありません。その性質に応じていくつかの種類が用意されています。これらのライトは、ツールバーの「追加」アイコンをクリックして現れるメニューの「ライト」というところにまとめられています。ライトもアクタの一種ですから、作成は「追加」から項目をドラッグ＆ドロップして配置して作ります。

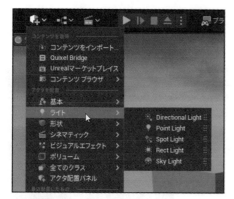

図2-44 「追加」アイコンの「ライト」メニュー内にライトの種類が用意されている。

ディレクショナル ライト

　デフォルトで用意されている「Light Source」がこのライトです。これは、決まった方向に向けて照射されるライトです。ただし、光が発生する場所は「この場所から」と決まってはいません。決められた方向に向けて、この世界全体にまんべんなく照射されます。地球上における太陽の光のような存在と考えていいでしょう。

　このライトは、レベルに配置されると光が照射される方向が白い矢印として表示されます。普通のアクタと同様にレベル内に配置され、動かしたりできますが、その性質上、どこにあっても照射される光には影響はありません。大切なのは「方向」のみです。

図2-45 ディレクショナル ライト。白い矢印が、照射する方向。

明るさの調整

　ディレクショナル ライトは、方向の他に重要となるのが「明るさ」でしょう。これは、詳細パネルで設定することができます。

　ライトの詳細パネルには多数の項目が表示されますが、その中で「ライト」というところにある「Intensity」という項目が、ライトの明るさ（照度）を設定するものです。値が大きくなるほど光が強くなります。

このIntensityは、ディレクショナル ライトにかぎらず、あらゆるライトの明るさ設定で使われます。

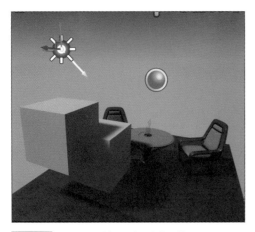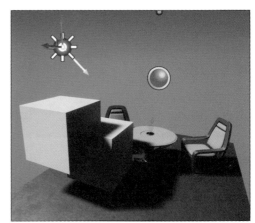

図2-46 Intensityが5.0と50.0の違い。

🎯 スカイライト

標準で用意されているもう1つのライトが「スカイライト」です。これは一種の環境光のようなものです。遠く離れた全天から、レベル全体に柔らかく届いてくる光です。他の光のように、光と影がはっきり分かれた感じのものではありません。

例えば、曇った日の部屋の中でも、太陽の光や電灯の光がなくても、薄ぼんやりと明るいものですね。それと同じように、直接「あれが光っている」というものが見えるわけではないけれど、全体をぼんやりと明るくする、そういったライトです。

このスカイライトは、一定の範囲より遠くにあるものを反映します。例えば遠くに浮かぶ空の雲などによって明るさに影響が現れたりします。

図2-47 スカイライト。ただ配置するだけで位置や大きさ、向きなどはライトとは一切関係ない。

　このスカイライトは、他のライトのようにIntensityで明るさを指定するのではなく、「強度スケーリング」という設定で明るさを調整します。これは、スカイライトとして放出される全天の光の総エネルギー量を示すもので、値を増やすと世界全体が輝いてきます。

図2-48 強度スケーリングをゼロにしたときと2.0にしたときの違い。

ポイントライト

　ある地点から、全方向にまんべんなく照射されるライトです。電球のようなものをイメージするといいでしょう。これを配置すると、その近くにあるものだけ明るく照らされます。平行光源ライトと異なり、ポイントライトは普通のライトと同様、離れるに従って光は届かなくなります。

　これは平行光源ライトと反対に、位置が重要です。配置した地点から周囲に光が照射されます。向きは意味がありません。

図2-49 ポイントライト。置いた場所から光が全方向に照射される。

光の届く範囲

　ポイントライトでは、「明るさ」と「光が届く範囲」を指定する必要があります。明るさは、平行光源ライトと同様、詳細パネルのLightにある「Intensity」で設定できます。

　光が届く範囲は、Lightにある「Attenuation Radius」という項目で設定できます。これは、光が届く範囲の半径を指定するものです。これを調整することで、どこまで光が届くか変更できます。

ポイントライトの光は離れるほどに弱まります。Attenuation Radiusの指定する半径は、光が次第に弱まり、完全に届かなくなる場所までの半径です。つまり、その半径の中であっても、光源に近ければ明るく、離れれば暗い、というように届く光の量は変化します。

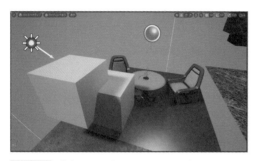 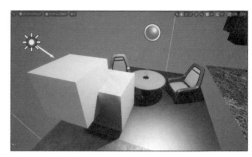

図2-50 ポイントライトのIntensityが10.0と100.0の違い。

ⓤ スポットライト

スポットライトは、普通に世の中で使われるライトですね。ある地点から、決まった範囲内にのみ光を照射するものです。これは位置と向きの両方が重要な役割を果たします。場所を決め、どっちに向けて照射するかを設定して初めて思った通りの光を作ることができます。また、点光源ライトと同様、離れるほどに光は広がり弱くなります。

このライトを配置すると、光が照射される範囲が円錐形の線分で表されます。それを見ながら、位置や方向などを調整しましょう。

図2-51 スポットライトの配置例。置いた場所から、指定の方向に照射される。

光の照射される角度

　スポットライトは、明るさと同時に、「光が照射される範囲」をどう指定するかが重要になります。この照射範囲は、角度として指定されます。つまり光が照射される範囲を円錐形で考え、その頂点の角度でどれぐらいの範囲が照射されるかを設定しよう、というわけです。

　これも詳細パネルのLightで設定されます。ここには以下の2つの角度に関する項目が用意されています。

Inner Cone Angle	光が減衰することなく均一に照射される範囲を指定します。
Outer Cone Angle	光が届く範囲を指定します。

　2つの角度の組み合わせでスポットライトの光の照射は決められます。Inner Cone Angleで指定した範囲内は同じ明るさで照射されます。その範囲外になると次第に光は弱くなっていき、Outer Cone Angleのところで完全に届かなくなります。

　この2つの角度を調整することで、特定の場所にピンポイントで光を届けることができるようになります。

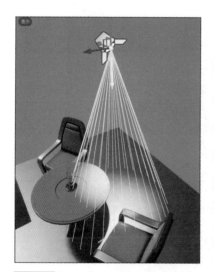 

図2-52 Inner Cone Angleを20.0と40.0のときの違い。角度を狭くするとピンポイントで光を送れる。

カメラについて

　続いて、カメラについてです。Unreal Engineでは、ビューポートの表示はカメラから撮影した画面のようにして表示されていました。これはカメラといっても、実は「存在しないカメラ」でした。レベル内に実際にカメラのアクタが置いてあるわけではなくて、ただ「パースペクティブで表示する視点」をカメラといっていただけなんですね。

　が、それとは別に、Unreal Engineには「カメラ」アクタも用意されています。これを配置することで、そこから撮影した映像を画面に表示させることができるのです。これは、「追加」アイコンのメニューに標準で用意されていないので、配置にはちょっと工夫が必要になります。

カメラのアクタを探す

　まずツールバーの「追加」アイコンのメニューにある「アクタ配置パネル」というメニューを選んでください。これで、ウィンドウの左側にアクタ配置パネルというものが表示されます。

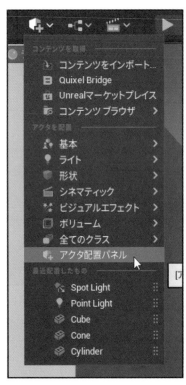
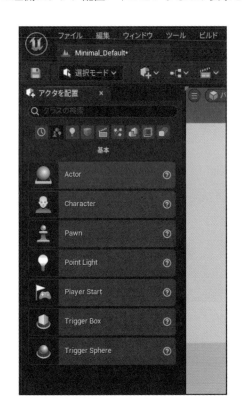

図2-53 アクタ配置パネルを開く。

アクタ配置パネルの上部には、横一列に小さなアイコンが並んでいます。これは、アクタを種類ごとに分類するものです。ここから一番右側の「全てのクラス」というアイコンをクリックして選択し、一覧表示されるリストから「Camera Actor」という項目を探してください。これがカメラのアクタです。

図2-54 一覧リストから「Camera Actor」を探して配置する。

カメラを配置しよう

では、実際にカメラを使ってみましょう。「Camera Actor」の項目をマウスでドラッグし、ビューポートにドロップしてください。これでカメラが1つレベル内に追加されます。ビューポートの右下には、配置したカメラに映る映像が小さなビューポートとして表示されます。

図2-55 カメラを配置したところ。ビューポートの右下に、配置したカメラから見た映像が表示される。

位置の向きを整えよう

　配置したカメラは、まだどこか変な方向を向いたままかもしれません。まずは位置と向きを調整して、このレベルに配置してある地面と立方体のアクタが表示されるようにしておきましょう。詳細パネルのトランスフォームにある「位置」と「回転」の値を直接書き換えると、細かな調整がしやすいですよ。

図2-56 カメラの位置と向きを調整して、レベルの主要部分が表示されるようにする。

カメラの角度を調整する

　カメラは、位置や向きだけでなく、「画角」も重要です。カメラからどのぐらいの範囲が撮影されるか、ですね。

　これは、詳細パネルの「カメラセッティング」というところにある「Field Of View」という項目として用意されています。これは、カメラに映る角度を指定するものです。この値を調整することで、カメラに映る範囲を変更することができます。

図2-57 詳細パネルの「Field Of View」で画角が変わる。これは90.0と45.0の表示。

ⓤ プレイ（再生）について

では、実際に配置されたカメラを利用するにはどうすればいいか考えてみましょう。カメラを実際に使うためには、まず「ゲームをプレイ（再生）する」ということについて理解しておく必要があります。

「プレイ」は、文字通りゲームプレイ中と同じようにレベルをその場で実行するものです。これは、ツールバーにある「プレイ」ボタンをクリックして行います。

図2-58 ツールバーにある「プレイ」アイコンをクリックすると、レベルをその場で実行する。

再生中のツールバー表示

再生を開始すると、ツールバーの表示が変わり、「ポーズ」「停止」「抜け出す」といったアイコンが追加されます。これらをクリックすることで、再生状態を一時的に止めたり、完全に終了したりできます。

ただし、実際にやってみると、これらのボタンをいつでも使えるわけではないことに気がつくでしょう。プレイしてレベルをスタートした後、操作するためにビューポートをクリックすると、マウスポインタが消えてキーボードやマウスで表示を操作できるようになります。が、この状態では（マウスポインタが消えていますから）ポーズや停止のボタンはクリックできません。

Escキーを押して現在の状態から抜け、再びマウスポインタが表示されるようになると、ボタンをクリックして操作できます。このように、プレイ中の操作は、「ビューポートをクリックし、マウスやキーボードでシーンを操作できる状態」と「Escキーで抜け出し、マウスでエディタを操作できる状態」の2つの状態を交互に切り替えながら行っていきます。この2つの状態の切り替えについてよく頭に入れておいてください。

図2-59 プレイするとツールバーのアイコンが変化する。

「プレイヤースタート」の働き

　実際に再生で表示を確かめてみると、追加したカメラからの視点ではなく、別のところから表示がスタートすることに気がついたことでしょう。これは、「プレイヤースタート」というものの働きです。

　シーンアウトライナーを見ると、その中に「Player Start」という名前のものがあります。これをクリックして選択すると、ビューポートの中にカプセル状の「何か」が選択されます。が、見ても、何も物体らしきものは表示されません。

　これが「プレイヤースタート」というものです。これは、文字通りプレイヤーのスタート位置を示すものです。3次元のゲームはたいていプレイヤー視点で表示されますので、「プレイヤーの視点＝3次元空間を表示するためのカメラ」として機能するプレイヤースタートというものが用意されているわけです。

図2-60 シーンアウトライナーを見ると、「Player Start」というアクタが追加されていることがわかる。

プレイヤースタートから始まらないときは？

　この本を読んでいる人の中には、シーンを再生してもプレイヤースタートの位置から始まらず、それまでビューポートで表示していた場所からそのまま再生が始まってしまう、という人もいるかもしれません。

　これは何か問題があるわけではなくて、単に再生の設定がどこかで変わってしまっただけです。ツールバーの「プレイ」アイコンの右側にある「▤」をクリックすると、メニューが

プルダウンして現れます。これは再生に関するオプション設定を行うメニューです。このメニューの中に以下のような項目が用意されています。

現在のカメラ位置	現在表示されている場所からプレイを開始する
デフォルトのプレイヤースタート	配置してあるプレイヤースタートの位置からプレイを開始する

「現在のカメラ位置」が選択されていると、現在表示されている位置そのままにプレイが開始されます。「デフォルトのプレイヤースタート」が選択されていると、レベルのPlayerStartアクタの位置からスタートをします。

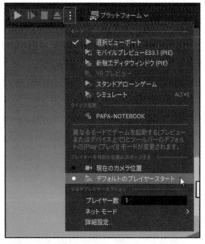

図2-61 再生オプションのメニューから「デフォルトのプレイヤースタート」を選ぶ。

視点をカメラに変更する

せっかくカメラを追加したのですから、このカメラの視点でレベルが再生されるようにしましょう。

追加したカメラを選択し、詳細パネルを見てください。ここに「オートプレイヤーアクティベーション」という表示があります。その中にある「Auto Activate for Player」という項目が、プレイヤーを特定のカメラに設定するものです。

デフォルトでは、これは「Disabled」メニューが選ばれています。ここから「Player 0」メニューを選択してください。

図2-62 「Auto Activate for Player」から「Player 0」メニューを選ぶ。

再生してみよう

　では、ツールバーの「再生」をクリックして再生してみましょう。すると、追加したカメラの視点から表示されるようになります。ただし、今度はマウスやキーを押しても視点が動きません。キーやマウスで視点が動く機能も、プレイヤースタートに用意されたものだったのですね。

　よく見ると、プレイヤースタートがあった場所に、ボールのような物体が表示されているのに気がつくでしょう。マウスやキーを操作すると、このボールが前後左右に動きまわります。

　このボールは、開始時に自動生成されたアクタなのです。Unreal Engineでは、レベル開始時にプレイヤーが操作するアクタを自動生成できるのです。

　この「自動生成されたアクタ」については、いずれ改めて説明するので、今は深く考えないでおきましょう。

図2-63 再生すると、カメラからの表示に変わる。なぜかボールが1つ追加されている。

　とりあえず、カメラ視点に変更する方法はこれでわかりました。ただ、このままだと視点の移動などもできませんから、カメラの「Auto Activate for Player」を「Disabled」に戻しておきましょう。

図2-64 動作を確認したら、「Auto Activate for Player」を「Disable」に戻しておく。

スカイについて

　続いて、「スカイ」についてです。ビューポートで編集をしていると、空に雲が表示され、それがゆっくり動いているのに気がついた人も多いはずです。これは、「BP_Sky_Shere」という部品としてレベルに組み込まれているものです。

　BP_Sky_Shereは、背景の空の描画に関するものです。これ自体は画面に表示されませんが、背景に空の描画を行ってくれます。

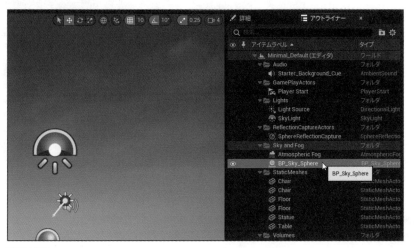

図2-65 BP_Sky_Shereという部品は、空の描画を行うためのもの。

BP_Sky_Shereの設定について

　このBP_Sky_Shereを選択すると、細かな設定項目が表示されます。かなり項目が多いのでとても全部は覚えられませんが、「デフォルト」の部分に、いくつか覚えておきたいものがありますので、ピックアップして紹介しましょう。

図2-66 詳細パネルにある「デフォルト」のところに重要な設定が用意されている。

Sun Brightness

太陽の明るさを指定します。デフォルトでは「75」になっており、この値が大きくなるほど明るさが強くなります。

図2-67 Sun Brightnessの値を大きくすると、太陽が眩しくなる。

Cloud Speed

雲の流れるスピードです。デフォルトでは「2.0」に設定されています。この値が大きくなるほど、雲の流れるスピードが速くなります。

図2-68 「Cloud Speed」の値を変更すると雲の動くスピードが変わる。

Cloud Opacity

雲の透明度です。これは「雲の多さ」と考えるとよいでしょう。少なくすると雲の数や濃さ（白く不透明な部分）が少なくなり、ゼロになると快晴になります。デフォルトでは「1.0」になっています。

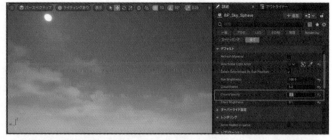

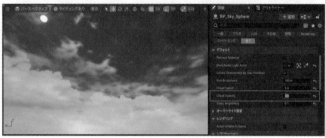

図2-69 Cloud Opacityは雲の量を指定する。1.0と2.0を比較したところ。

ⓤ フォグについて

スカイと同じように、周囲の背景に関する部品がもう1つあります。それは「フォグ」です。これは「霧」の設定ですが、いわゆる地上に現れる霧をイメージすると少し違うかもしれません。大気の光の乱反射、不透明さといったものをイメージしたほうが近いでしょう。

シーンアウトライナーに「Atmospheric Fog」という項目がありますが、これがフォグに関する部品です。これも、実際に画面に直接表示されるわけではなく、フォグに関する設定を行い、レンダリング時に描画をするものです。

図2-70 「Atmospheric Fog」は、フォグの設定を行うためのものだ。

フォグの詳細設定

　このAtmospheric Fogも、詳細パネルに細かな設定が用意されています。これも、とても全部覚えきれるものではありませんから、特に「Atmosphere」にある項目の中で、覚えておくと役立つものをいくつかピックアップして紹介しておきましょう。

図2-71 詳細パネルには、フォグに関する非常に細かな設定が多数用意されている。重要なものだけ覚えておけば十分だ。

アトムスフィア

　大気に関する設定です。大気の厚さを示す「Atmosphere Height」と、大気中の太陽光の乱反射を示す「Multiscattering」の2つの設定があります。これらを調整することで、空の青みの深さ、くすんだ感じを調整できます。

図2-72 Atmosphere Height と Multiscattering の設定。両者を1.0/0.0にした場合と、60.0/1.0にした場合の違い。

Aerial Perspective View Distance Scale

アートディレクションというところにあるこの項目は、大気による遠近感の影響度合いを調整するものです。値が小さいとフォグの影響が少なくなり、大きくすると遠くが白く霞むようになってきます。「田舎の空と、都会の空の違い」をイメージするといいでしょう。

図2-73 Aerial Perspective View Distance Scaleをゼロにしたときと3.0のときの違い。

Rayleigh Scattering

アトムスフィア・レイリーというところに用意されているこの項目は、「大気中の分子に起因するレイリー散乱係数」という非常に難しそうな設定です。わかりやすくいえば、「なぜ空は青いか」を指定するものです。なぜ、それは青いのか。それは（Unreal Enginの世界では）Rayleigh Scatteringに青色を設定しているからです。この色を変更することで、朝焼けや夕焼け、あるいは緑や紫の空も作り出すことができます。

図2-74 Rayleigh Scatteringでデフォルトの青とピンク色の空を設定したところ。

アトモスフィア・ミー

太陽の色と輝きは、「Mie Scattering」「Mie Scattering Scale」で設定されています。これらを調整することで、太陽光の色や大気への影響の度合いを調整できます。地球外の異星の空などを作ることもできますね！

図2-75 アトモスフィア・ミーの設定。デフォルトの太陽と、強烈なピンクの太陽。

Section 2-3 Quixel Bridgeと マーケットプレイス

ⓤ 既成モデルを活用しよう

　一通り、レベルとアクタの操作ができるようになり、ちょっとしたレベルなら、形状アクタを使って作れるようになってきました。けれど、「球や円柱を組み合わせただけ」のシーンなど、作ってもあまり楽しくはないでしょう。実際にゲームっぽいものを作るためには、もっとリアルな表現ができるようにならないといけません。

　もちろん、専用のモデリングツールを使って一からモデルを作っていき、それをUnreal Engineで使うこともできます。けれど「すべて自作する」となったら、作りたいゲームが完成するのはいつになるのかわかりません。「学習を兼ねてちょっとしたシーンを作ってみたい」というのなら、既成のモデルを利用するのが一番です。

　Unreal Engineには、完成品であるさまざまなモデルを自分のプロジェクトにインポートして利用するための仕組みが用意されています。それを使って、既成モデルを利用してみましょう。

2つのインポート機能

　既成モデルのインポートを行う機能は、大きく2つ用意されています。それは以下のような公式データの流通マーケットを利用するためのものです。

Quixel Bridge	Quixelが提供するライブラリをインポートするための機能
マーケットプレイス	Epic Gameの公式マーケット

　この2つのデータ流通のマーケットを利用することで、高品質のモデルを簡単にインポートし利用できます。それらはもちろん有料のものもありますが、無料で使えるものも多数用意されています。

ⓤ Quixel Bridge を使おう

　まずは「Quixel Bridge」から説明しましょう。これはQuixel（Epic Gamesの子会社）が提供するライブラリにアクセスするための専用機能です。Quixelは、「Megascans」という高品質のモデルデータライブラリを提供している企業です。Quixel Bridgeを利用することで、このMegascansのライブラリからモデルを簡単にインポートし使えるようになります。

Quixel Bridgeを開く

このQuixel Bridgeは、ツールバーの「追加」ア
イコンのメニューにある「Quixel Bridge」メニュー
を選んで呼び出します。

図2-76 「Quixel Bridge」メニューを選ぶ。

Bridgeウィンドウについて

メニューを選ぶと、画面
に「Bridge」というパネルが
組み込まれたウィンドウが
開かれます。これがQuixel
Bridgeの画面です。

このウィンドウの左側には
いくつかのアイコンが並んで
おり、そこで探したいコンテ
ンツの種類などを選択できま
す。Quixelのライブラリは
膨大な数のデータが用意され
ているため、必要なものを探
し出す方法をまずは理解する
必要があるでしょう。

図2-77 「Bridge」パネルのウィンドウ。ここにライブラリの内容が表
示される。

用意されているデータの種類

左側のアイコンのあるところにマウスポインタを
持っていくと、いくつかの項目のリストが表示され
たサイドパネルが現れます。ここからデータの種類
を選択します。用意されている項目には以下のよう
なものがあります。

図2-78 データの種類を示すリスト。

3D Assets	3Dモデルなどのライブラリ
3D Plants	3Dの植物のライブラリ
Surfaces	マテリアルなどのライブラリ
Decals	デカール(メッシュに投影されるマテリアル)のライブラリ
Imperfections	マテリアルなどで使われるテクスチャマップのライブラリ

　なお、ここでは2022年7月現在の表示を元に説明をしていきます。アセットの細かな分類などは、アップデートにより変わることもありますので注意してください。

3D Assetsを取得する

　では、種類のリストから「3D Assets」をクリックしてみましょう。これは、3Dのモデルなどのライブラリです。クリックすると表示が変わり、3D Assetsの種類が「CATEGORIES」というところに表示されます。

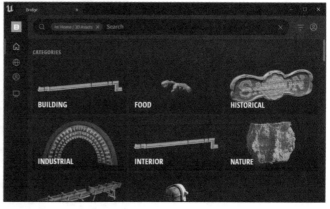

図2-79 3D Assetsを選択すると、3Dアセットのカテゴリが表示される。

　ここから利用したいカテゴリをクリックして開きます。ここでは例として「INTERIOR」カテゴリをクリックしてみましょう。これはインテリア(室内の家具など)のカテゴリです。クリックすると、更にインテリアのカテゴリが表示されます。ここから使いたいもののカテゴリを選択します。

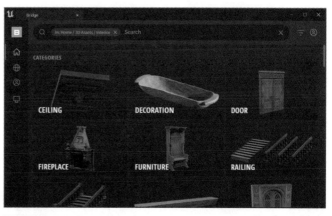

図2-80 INTERIORを選択すると、更にインテリアのカテゴリが表示される。

では「FURNITURE」カテゴリをクリックして選択してみましょう。これはテーブルや椅子などのカテゴリです。ここに更に「SEATING」「TABLE」といったカテゴリが表示されます。

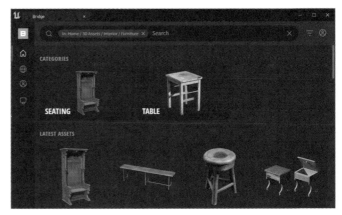

図2-81 FURNITUREには更にSEATINGとTABLEのカテゴリがある。

では「TABLE」をクリックして選択してみましょう。さまざまなテーブルのアセットが一覧表示されます。この中から、使いたいものを選んで利用します。

図2-82 TABLEに用意されているテーブルのアセット。

3Dアセットをダウンロードする

では、表示されている中か
ら使ってみたいものをクリッ
クして選択してください（こ
こでは「WOODEN TABLE」
を選びました）。そのテー
ブルのプレビューと、下に
「Medium Quority」と表示さ
れた項目が見えます。これは
品質を示すもので、デフォル
トで標準的なクオリティが選
択されています。より高品質
なものを使いたければ、ここ
をクリックしてクオリティを
「High Quority」などに変更
すればいいでしょう。

図2-83 選択したテーブルの表示。クオリティを選択できる。

サインインする

このアセットを使用するには、サインインする必
要があります。下部に見える「SIGN IN」ボタンを
クリックしてください。するとサインインの方式を
選択するウィンドウが現れます。ここで、どの方式
でサインインするかを選んでください。

図2-84 サインインの方式を選択する。

例えば、Epic Gamesアカウントでサインインする場合は、アカウントのメールアドレスとパスワードを入力する表示が現れます。これらを入力してサインインします。他のソーシャル認証は、それぞれの認証方式用の表示がされるので、それぞれ利用を許可してサインインしましょう。

図2-85 Epic Gamesのアカウントはメールアドレスとパスワードを入力する。

　サインインされると、選択したテーブルの下部に「Download」というボタンが表示されます。これをクリックすると、ダウンロードを開始します。

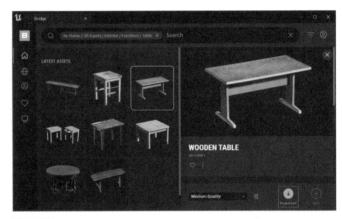

図2-86 「Download」ボタンをクリックしてダウンロードする。

アセットを追加する

ダウンロードが完了する
と、「Add」というボタンが
表示されます。このボタンを
クリックすると、アセットを
レベルに追加できます。

図2-87 「Add」ボタンをクリックして追加する。

「Add」をクリックすると、画面に「コンテンツブラウザ」というパネルが表示されたウィンドウが開かれます。これはコンテンツドロワーとそっくりな表示のパネルです。ここでダ

ウンロードしたアセットに含
まれている項目が表示され
ます。ここから使いたいもの
をドラッグ＆ドロップして
ビューポートに配置すればい
いのです。

図2-88 コンテンツブラウザが開かれる。

ダウンロードしたアセットは、コンテンツドロワーでも確認できます。「コンテンツ」内
の「Megascans」というフォルダーが作られ、この中にMegascansのコンテンツが保存

されます。ここでは「3D_
Assets」というフォルダー
の中に「Wooden_Table_
vghpabdga」というフォ
ルダーが作られ、その中に
WOODEN TABLEのコン
テンツが保管されています。

図2-89 コンテンツドロワーで確認する。「Megascans」フォルダー
内の「3D_Assets」内に、ダウンロードしたアセットのフォルダーが作
成されている。

アセットが見つからないときは検索しよう

　実際にQuixel Bridgeを使ってみると、大量のアセットが細かく分類整理されており、どこに何があるのかわかりにくいことに気がつくでしょう。今回は順に分類を追ってアセットを探しましたが、面倒ならば、ウィンドウ上部にある検索フィールドで検索して探しましょう。一般的な単語で、例えば「table」と検索すればテーブルの分類やアセットが見つかります。慣れればこのほうが簡単にアセットを探し出せます。

3Dアセットを利用する

　では、コンテンツブラウザかコンテンツドロワーで、保存したアセットをレベルに追加しましょう。フォルダーにはマテリアルなども保管されているので、テーブルの形のアイコンを探してください。これがテーブルのスタティックメッシュになります。

　このアイコンをビューポートにドラッグ＆ドロップしましょう。これでダウンロードしたテーブルが配置されます。

図2-90 ダウンロードしたテーブルをビューポートに配置する。

椅子もダウンロードしよう

これでQuixel Bridgeを使って3Dアセットを利用する手順がわかりました。では復習も兼ねて、椅子の3Dアセットをダウンロードしてみましょう。

先ほどと同様に「Bridge」ウィンドウから「3D Assets」→「INTERIOR」→「FURNITURE」→「SEATINGS」とカテゴリを選択していきます。そして使いたい椅子のアセットを選択し、「Download」ボタンをクリックしてダウンロードをしましょう。

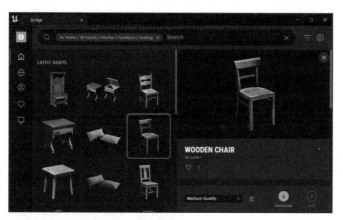

図2-91 椅子の3Dアセットをダウンロードする。

ダウンロードできたら、椅子のスタティックメッシュをビューポートにドラッグ＆ドロップして配置しましょう。「Add」ボタンでコンテンツブラウザを開いてもいいですし、コンテンツドロワーから「Megascans」内の「3D_Assets」に保存されている椅子のフォルダーを選択し、スタティックメッシュのアイコンをドラッグ＆ドロップしてもいいでしょう。

これで椅子とテーブルのセットができました。Quixel Bridgeのライブラリには、多数のコンテンツが用意されています。まずは「3D Assets」に用意されている3Dアセットをいろいろとダウンロードして使ってみましょう。Megascansの高品質なモデルが簡単に利用できることがよくわかるでしょう。

図2-92 椅子のスタティックメッシュを配置する。

マーケットプレイスを利用する

　Quixel Bridgeは、Megascansのライブラリから使いたい部品をダウンロードし追加するものでした。これは既に何かを作っていて、「こういう部品があったら欲しいな」というときに手早く検索しインストールする、というような利用の仕方になるでしょう。

　では、「そもそもプロジェクト自体を適当にダウンロードして使いたい」という場合はどうすればいいのでしょう。これは、Quixel Bridgeではできません。こういう場合は、Epic Gamesの「マーケットプレイス」を利用します。

　マーケットプレイスは、Unreal Engineのための専用マーケットです。ここでは完成されたゲームからサンプルプロジェクト、そして各種のアセットやプログラム、データ類まであらゆるものが販売されています。「販売」というとすべて有料で売っているように思いがちですが、無料で配布されているものも多数あるのです。こうした無料配布のものを使うだけでもかなり面白いものが作れるんですよ！

マーケットプレイスを開く

　マーケットプレイスは、「追加」アイコンから「マーケットプレイス」メニューを選んで呼び出します。

図2-93 「マーケットプレイス」メニューを選ぶ。

ランチャーのマーケットプレイス

　これは、Epic Games Launcherのランチャープログラムでマーケットプレイスを開くものです。マーケットプレイスは、実はランチャーにあるものを利用していただけだったんですね。

　このランチャーのマーケットプレイスで欲しい物を探して購入すると、それをインストールして利用できるようになります。まずは、マーケットプレイスにどんなものがあるのか、いろいろ眺めてみてください。

図2-94 ランチャーのマーケットプレイスが開かれる。

Epic Gamesの無料コンテンツ

　では、実際にマーケットプレイスからコンテンツを取得し利用してみましょう。マーケットプレイスでは、上部に「ホーム」「カタログ」といったメニューが用意されています。この中の「無料」というメニューがあります。これは、無料で配布されているコンテンツをまとめたものです。

　この「無料」の上にマウスポインタを移動してください。メニュー項目がプルダウンして現れます。このメニューの中から「Epic Gamesコンテンツ」メニューを選んでください。

図2-95 「無料」から「Epic Gamesコンテンツ」メニューを選ぶ。

　Epic Gamesが提供する無料コンテンツが一覧表示されます。ここにあるものは、すべてただで利用できます。しかもEpic Games純正ですから内容も高品質で利用しやすく作られており、安心して利用できるものばかりといっていいでしょう。

　ここから使いたいものを選択してインストールすればUnreal Engineで使えるようになります。

図2-96 「Epic Games コンテンツ」には、Epic Games純正の無料コンテンツがまとめてある。

Stack O Botをインストールしよう

　では、表示されているコンテンツの中から「Stack O Bots」というコンテンツを探して
みましょう。これは、サンプルゲームのコンテンツです。完成したゲームのプロジェクトで、
そのまま実行してプレイすることもできます。Unreal Engine 5の新機能を使って作られ
ており、Unreal Engine 5でどんな物が作れるのか、その格好のサンプルとなるでしょう。

　コンテンツの一覧リストから「Stack O Bot」を探してクリックすると、コンテンツの詳
細ページが表示されます。コンテンツのキャプチャーがいろいろ公開されているので、それ
らでどんなものか確認してみるとよいでしょう。

　コンテンツを利用するには、「無料」と書かれたボタンをクリックします。これでコンテン
ツが購入され利用できるようになります。

図2-97「Stack O Bot」のページ。「無料」ボタンで購入する。

　初めてEpic Gamesのコンテンツを利用するときは、ここでライセンス契約の説明が表示されます。下部にあるエンドユーザーライセンスの同意のチェックボックスをONにし、「同意する」ボタンをクリックしてください。これでコンテンツが利用できるようになり、購入が完了します。

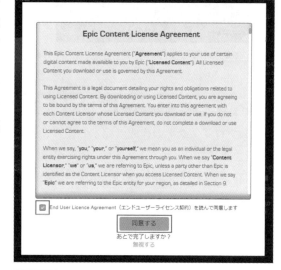

図2-98 ユーザーライセンス契約の画面。チェックをONにして同意する。

新しいプロジェクトを作る

　購入が完了すると、「プロジェクトを作成する」というボタンが利用できるようになります。これは、購入したコンテンツを使って新しいプロジェクトを作成するものです。

　クリックすると、プロジェクトの配置場所とプロジェクト名を入力する表示が現れます。これらを設定し、「クリエイト」ボタンをクリックすれば、新しいプロジェクトが指定場所に作成されます。とりあえずデフォルトのままプロジェクトを作成してみてください。

　プロジェクトの作成にはけっこう時間がかかります。すべて完了するまでひたすら待ちましょう。

図2-99 「プロジェクトを作成する」ボタンを押し、プロジェクトの保存場所と名前を入力する。

「マイプロジェクト」に追加される

　プロジェクトの作成が完了したら、ランチャーの「ライブラリ」をクリックして表示を切り替えましょう。ここには、利用可能なUnreal Engineとそのコンテンツ類がまとめられています。

　「マイプロジェクト」のところを見てください。これまで使っていた「MyProject」の隣に、「StackOBot」プロジェクトが追加されているのがわかるでしょう。これがマーケットプレイスで購入したStack O Botを使って作成されたプロジェクトです。これをダブルクリックして起動すれば、Stack O Botのプロジェクトを開き、自分で編集し作れるようになります。

図2-100 「StackOBot」のプロジェクトが追加されている。

Ⓤ StackOBotプロジェクトを開く

　プロジェクトを開くと、Stack O Botのゲームのレベルが表示されます。アウトライナーを見ればわかりますが、膨大な数のアクタが配置されていますね。本格的にゲームを作ろうと思えば、これぐらいたくさんのアクタを作り配置していかないといけない、というのがよくわかります。「本格的に遊べるゲームのプロジェクトはどうなっているか」という例として中身をいろいろと見てみると面白いでしょう。

図2-101 プロジェクトを開いたところ、多数のアクタがレベルに配置されている。

　実際にプレイして動かしてみてください。これぐらいの規模のゲームになると、かなり重たくなります。それなりに強力なハードウェアでないとスムーズに動かないかもしれません。

　プレイ中は、マウスで視点を操作し、W、A、S、D、スペースバーといったキーでキャラクタを動かすことができます。実際に動かしてみましょう！

図2-102 プレイすると、マウスとキーボードでキャラクタを操作できる。

🎮 ゲームのパッケージ化について

　ゲームのプロジェクトは、そのままプレイで遊ぶだけでなく、アプリケーションにして利用することもできます。では、「どうやってゲームを作るか」についても触れておくことにしましょう。

　Unreal Engineでは、多数のプラットフォームに対応しています。ただし、それらのプラットフォームに向けてゲームをビルドするには、必要なものがあります。それは、各プラットフォーム用の開発キットです。

　例えば、iOSアプリを開発するには、iOSの開発環境が必要になります。Androidアプリなら、同様にAndroidの開発環境が必要となるのです。これらの開発環境の基本についてひと通りわかっていないと、ちょっと作るのは難しい、ということは頭に入れておいてください。

開発に必要なソフトウェア

　では、アプリケーションの作成にはどのようなソフトウェアを用意する必要があるのでしょうか。主なプラットフォームに必要なソフトウェアを以下に整理しましょう。

●Windowsアプリケーション

　◆ Windows 10/11 + Visual Studio 2019（※「C++によるデスクトップ開発」「C++によるゲーム開発」をインストールする）

●macOS/iOSアプリケーション

◆ MacOS Monterey + Xcode（ver. 13以降）

●Androidアプリケーション

◆ Android Studio + Android SDK最新バージョン

　macOSとiOSについては非常にシンプルです。アップル純正の開発ツールである「Xcode」をインストールすれば、必要なものは一式用意されます。

　注意が必要なのはWindowsでしょう。Windowsは、Visual Studio 2019が必要です。現在、Visual Studioは2022というバージョンがリリースされていますが、その1つ前のものが必要になります。このCommunityエディションというものが無料で配布されているので、これを用意してください。

　また、Visual Studioの本体の他に、「C++によるデスクトップ開発」「C++によるゲーム開発」というパッケージが必要になります。これらは、Visual Studio Installer（Visual Studioのインストールを管理するツール）でインストールする際に選択して追加インストールできます。

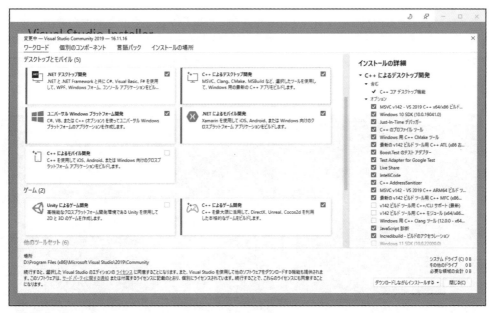

図2-103 Visual Studio Installerで「C++によるデスクトップ開発」「C++によるゲーム開発」を追加インストールする。

🎮 デフォルトマップを設定する

パッケージ化を行うには、事前にプロジェクトの「デフォルトマップ」というものを設定しておく必要があります。これは、「編集」メニューの「プロジェクト設定...」を選んで行います。

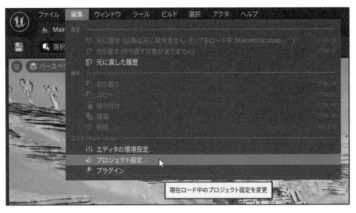

図2-104 「プロジェクト設定...」メニューを選ぶ。

これで、プロジェクトの設定パネルが表示されたウィンドウが開かれます。デフォルトではプロジェクト名やバージョン、サムネイルなどの情報が表示された画面が開かれます。このプロジェクト設定パネルには非常に多くの設定情報が用意されており、中には書き換えたりすると問題を起こすようなものもあるので、勝手に内容を書き換えたりしないように注意してください。

図2-105 プロジェクトの設定ウィンドウ。

「マップ&モード」の設定

では、左側の一覧リストから「プロジェクト」内にある「マップ&モード」という項目を探してクリックしてください。これで右側の表示が切り替わります。これはゲームの実行モードと使用するマップに関する設定を行うものです。

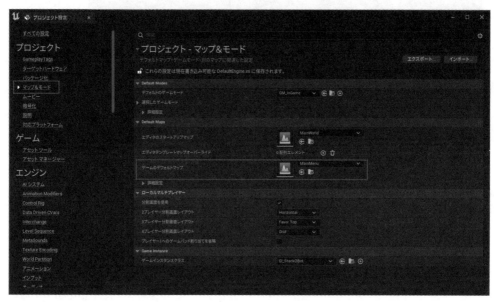

図2-106 「マップ&モード」の設定。

この画面の「Default Modes」というところに「ゲームのデフォルトマップ」という項目があります。これは、ゲームのアプリケーションとして作成したとき、最初に表示されるマップを指定するものです。マップというのは、レベルのことと考えてもいいでしょう。要するに、「最初にどのレベルを開くか」を選ぶわけですね。

この項目の値を「MainMenu」にしてください(デフォルトで選択されているでしょう)。Stack O Botでは、基本となるマップとして「MainWorld」と「MainMenu」が用意されています。MainWorldがゲームのマップ、MainMenuがメニューのマップになります。

これでマップの設定を行ったら、アプリケーション作成に必要な設定は完了です。もちろん、この他にもパッケージ化の際に必要となる設定は多数ありますが、「最低限これだけは設定しておかないとダメ」というのはこの設定項目だけです。

図2-107 ゲームのデフォルトマップを「MainMenu」にする。

MainMenuマップについて

　ここで選択したMainMenuマップがどういうものか確認しておきましょう。Unreal Editorウィンドウの左下にある「コンテンツドロワー」をクリックし、「コンテンツ」内の「StackOBot」フォルダー内にある「UI」フォルダーを開いてください。その中の「MainMenu」内に「MainMenu」マップがあります。これを開くと、MainMenuのレベルが表示されます。MainWorldと違い、必要最小限のアクタしかないシンプルな表示になっているのがわかります。

図2-108 「MainMenu」マップを開いたところ。

パッケージ化する

アプリケーションの作成は、「パッケージ化」という作業で行います。これは、ツールバーにある「プラットフォーム」という項目にまとめられています。これをクリックするとメニューがプルダウンして現れます。ここに、アプリケーション作成に関する機能がまとめられています。

このメニューの中には、「Android」「HoloLens」「iOS」「Linux」「LinuxArm64」「TVOS」「Windows」といったプラットフォーム名のメニュー項目がまとめられています。これらは、各プラットフォーム用のパッケージ化に関する設定になります。

プラットフォーム名のメニューを選ぶと、そのプラットフォーム用のアプリケーション作成に関する項目が表示されます。ここで、「バイナリコンフィギュレーション」という項目が以下のように用意されています。

- ◆ プロジェクト設定の使用
- ◆ DebugGame
- ◆ 開発
- ◆ シッピング

これらは、パッケージ化する際に生成されるバイナリコードに関する設定です。デフォルトでは「プロジェクト設定の使用」が選ばれており、これはプロジェクトでプレイするようなときに使われるものです。開発版としてパッケージを作成するときは「開発」を、開発が完了し正式リリースするときは「シッピング」をそれぞれ選びます。

そして、その上にある「プロジェクトをパッケージ化」メニューを選ぶと、パッケージ化が実行されアプリケーションが作成されます。

図2-109 各プラットフォームごとにバイナリコードの設定やパッケージ化実行のためのメニューなどが用意されている。

「プロジェクトをパッケージ化」メニューを選ぶと、ファイルを保存する場所を尋ねてくるので、保存場所となるフォルダーを選択してください。これでプロジェクトのパッケージ化が開始されます。

　パッケージ化にはかなりの時間がかかります。途中で大きな問題などが起きなければ、選択したフォルダー内にアプリケーションのファイルが作成されます。なお、作成するファイル名には日本語は使わないようにしてください（現時点では日本語が含まれていると作成に失敗する場合があるようです）。

図2-110 作成されたアプリケーション。

作ったゲームをプレイしよう

　作成されたアプリをダブルクリックすると、ゲームのスタート画面が現れます。そのまま「Play」をクリックすればゲームがスタートします。ゲームは、デフォルトではフル画面で表示されるようになっています。問題なく動くか確認をしましょう。

　これで、作ったプロジェクトからアプリケーションを作成する手順がわかりました。今回は完成したゲーム「Stack O Bot」のプロジェクトを使いましたが、自分で作成したプロジェクトでも手順は同じです。ゲームのデフォルトマップで「スタート時にどのマップを表示するか」をきちんと設定しておく、ということを忘れないようにしましょう。

図2-111 作ったアプリを起動する。これがスタート画面のMainMenuマップ。

マテリアルの基本

アクタの表面の表示を行うのが「マテリアル」です。
ここでは、マテリアルの作成について説明をしていきましょう。
カラーを指定した単純なものから、グラデーションを使ったもの、
そしてテクスチャを利用したより複雑なマテリアルの作成について理解しましょう。

Section 3-1 マテリアルの基本を覚えよう

マテリアルってなに？

さて、再び「MyProject」のプロジェクトに戻りましょう。先に作成したサンプルでは、いくつかの」アクタを配置し、そこに「マテリアル」というものを設定していました。アクタは、スタティックメッシュで形状を、そしてマテリアルで表面の表示をそれぞれ設定します。形状アクタで簡単な図形を作れるようになったら、次は「マテリアル」について学ぶことにしましょう。

マテリアルは「表面」

マテリアルは、物体の表面の表示を扱うためのアセットです。マテリアルは、物の表面に関する情報を扱うためのものです。表面といっても、それにはさまざまな要素があります。色ももちろんですが、模様、凸凹した起伏、光の反射、そうしたものもすべて物体の表面に関するものですね。それらをまとめて管理するのがマテリアルなのです。

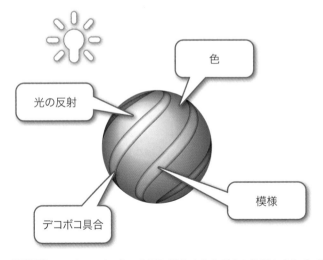

図3-1 マテリアルは、物の表面に関するさまざまな情報をまとめて管理する。

再利用が可能！

表面の管理をマテリアルというものとして形状（スタティックメッシュ）とは別に扱えるようにしたことで、作った物体を1つ1つ表面処理していかなくても済むようになっています。使いたい色のマテリアルを作成しておき、配置した形状アクタを全部選択してマテリアルを設定すれば、それだけですべての形状アクタに同じ色を設定することができます。

また、マテリアルはファイルとして保存されるので、他のプロジェクトにインポートしてそのまま利用することもできます。例えば、地面や道路などは、どんなゲームでもだいたい同じようなものになります。これらのマテリアルを作っておけば、それをいつでもどこでも再利用できるのです。

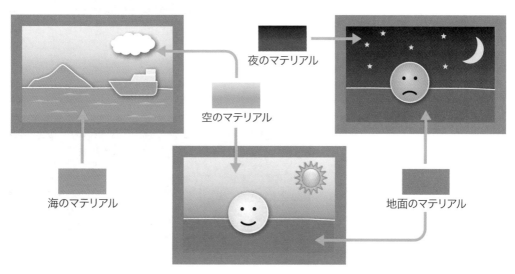

図3-2 よく使われるマテリアルを用意しておけば、さまざまなシーンでそれらを再利用することで、風景などを簡単に作れるようになる。

🎨 マテリアルを作ろう

では、実際にマテリアルを作ってみることにしましょう。マテリアルは、コンテンツの1つとして作成されます。コンテンツは、コンテンツドロワー（エディタウィンドウの左下の「コンテンツドロワー」で現れるパネル）から作ることができます。

マテリアルを追加

コンテンツドロワーで「コンテンツ」フォルダーを選択し、左上にある「追加」ボタンをクリックしてください。そこからメニューがプルダウンして現れます。その中にある「マテリアル」メニューを選択しましょう。

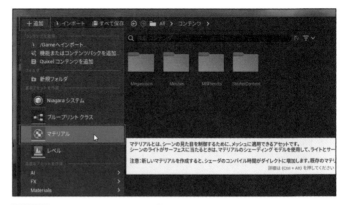

図3-3 コンテンツドロワーの「追加」ボタンをクリックし、「マテリアル」メニューを選ぶ。

名前を設定する

「コンテンツ」フォルダーの中に、マテリアルのアイコンが作成されます。そのまま名前を入力できるようになっているので、「mymaterial1」と設定しておきましょう。

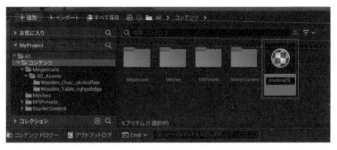

図3-4 名前を「mymaterial1」としておく。

アイコンが変化

作成したファイルのアイコンは、少し時間が経つとレンダリング処理が終わり、3Dの表示に変わります。まだ何も設定していないので、グレーの物体が表示されたアイコンになっています。

図3-5 しばらくするとアイコンがレンダリングされる。

マテリアルエディタを開く

では、マテリアルの作成を行いましょう。コンテンツドロワーから、作成した「mymaterial1」のアイコンをダブルクリックしてください。マテリアルの編集を行うための専用エディタが現れます。これが「マテリアルエディタ」です。

このエディタも、レベルエディタと同様にいくつものパネルが組み合わせられたような形になっています。これらの役割をざっと頭に入れておきましょう。

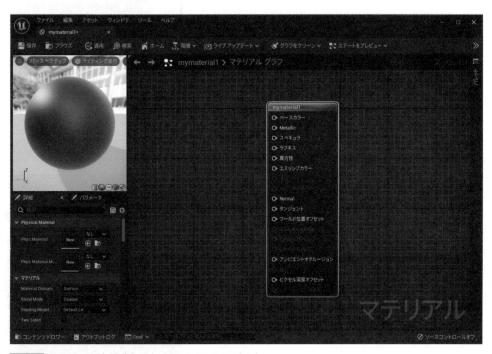

図3-6 マテリアルを開くと現れるマテリアルエディタ。

ツールバー

メニューバーのすぐ下には、アイコンが横一列にずらっと並んでいます。これがツールバーです。レンダリングの作成で必要となる主な機能をまとめたもので、ここから使いたい項目をクリックしたり、クリックして現れるメニューを選んだりして使います。

これらは、使う必要があればその都度説明しましょう。最初からツールバーに用意されている全項目の働きを覚える必要はありません。

図3-7 マテリアルエディタのツールバー。

ビューポート

　左側の上部には、球のような物体が表示されたパネルがあります。これがビューポートです。レベルエディタでは、ビューポートは非常に重要な役割を果たしていました。ビューポートに部品を配置してレベルを設計する、レベルエディタの中心的な機能でしたね。

　けれどマテリアルエディタのビューポートは、それ自体は何かを操作したりすることはあまりありません。これは、作成したマテリアルのプレビュー表示です。作ったマテリアルが思ったような表示になっているかをここで確認します。

図3-8 ビューポート。マテリアルのプレビュー表示のためのもの。

詳細パネル

　ビューポートの下にあるのが詳細パネルです。ここで、編集しているマテリアルに関する細かな設定を行います。

図3-9 詳細パネル。マテリアルの細かな設定を行う。

グラフ

ウィンドウの中央に大きく表示されているのが「グラフ」のパネルです。これが、マテリアルの実質的な編集画面になります。

マテリアルは、後述しますが「ノード」と呼ばれる部品を配置し、つなぎあわせて作成していきます。このグラフは、ノードの編集を行うための作業場となります。

図3-10 グラフ。ノードを配置し編集していくところ。

パレット

エディタウィンドウ右端にある「パレット」という表示をクリックすると、「パレット」というサイドパネルが現れます。これは、グラフに配置するノードをまとめたものです。

先ほど触れたように、マテリアルはノードという部品を配置して作っていきます。このノードの一覧を整理し表示するのがパレットです。ここには、利用できるノードが種類ごとに分類整理されています。ここから使いたいノードをドラッグ＆ドロップしてグラフに配置できます。

なお、このパレットの表示は、エディタの何もないところを右クリックして呼び出すこともできます。手早くノードを作成したいときはこちらのやり方のほうが便利でしょう。

図3-11 パレット。ノードを整理し表示する。

ⓤ ノードとグラフとブループリント

このマテリアルエディタは、中央にあるグラフのところに「ノード」という部品を配置し、それをつなぎあわせて作成していきます。このやり方は、Unreal Engineでは非常に重要なものです。なぜなら、これはマテリアルにかぎらず、あらゆるところで登場するものだからです。

Unreal Engineは、3Dに関するさまざまな機能が盛り込まれています。それらの中には、非常に複雑な設定や処理を必要とするものも多くあります。例えば、今から使うマテリアルもそうですし、ゲームのプログラミングなどはその最たるものですね。プログラミングでは、さまざまな状況に応じてレベルのアクタを操作したりするわけですから、簡単な設定などではとても作れません。

ブループリントについて

こうした複雑な処理を組み立てるためのもっとも基本的な仕組みとして、Unreal Engineでは「処理を構成する要素をつなぎあわせていくことで作り上げる」という手法を考案しました。このプログラミング方式は、Unreal Engineでは「ブループリント」と呼ばれます。マテリアルエディタも、この「ブループリント」を採用しています。

ブループリントの「ノードをつなげる」という方式は、Unreal Engineのあちこちで登場します。ですから今のうちに、このやり方に慣れておく必要があります。マテリアルの作成は、その第一歩として最適でしょう。

これからの作業は、「マテリアルの作り方」を覚えると同時に、Unreal Engineで多用される「ノード接続」方式の作業の進め方に慣れる、という意味もあるのです。そのことを踏まえて、じっくりと焦らずに使っていくことにしましょう。

ⓤ ノードについて

さて、マテリアルエディタに話を戻しましょう。グラフを見ると、初期状態で四角いパネルのような部品が配置されているのがわかるでしょう。これが、「ノード」です。ノードは、こんな具合に四角いパネルのような形をしています。上のところに名前が表示されていますね。そしてその下には、いくつもの項目が並んでいます。

これらの項目は、ノードへの「入力」と「出力」を示しています。ノードの左側にずらっと並んでいるのは、ノードへの入力を示すピンです。入力というとなんだか難しそうですが、要するに「このノードに渡すことのできるさまざまな情報」を示すのだ、と思えばいいでしょう。いろんな情報を、このノードには渡せるようになっているのですね。

ノードの右側に並ぶのが「出力」を示すピンです。このノードから取り出せるさまざまな情報を示しています。デフォルトで用意されているノードには出力はありませんが、これから作成していくノードではいろいろな出力が使われることになるでしょう。

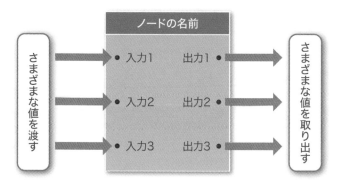

図3-12 ノードには、左側に入力、右側に出力の項目が用意されている。これらを使って、ノードに値を渡したり、ノードが作成した値を取り出したりできる。

結果ノードについて

デフォルトでグラフに表示されているノードには、右側の「出力」の項目はありません。左側の入力関係です。つまりこれは、「さまざまな値を受け取れるが、ここから結果を取り出したりはできない」というノードになっていることがわかります。

このデフォルトで用意されているノードは、「結果ノード」というものです。これは、マテリアルエディタで作成したマテリアルの最後のノードです。さまざまな処理結果をここですべて受け取り、その情報をもとにマテリアルのレンダリングを行います。つまり、ここの左側（入力）の項目につなげられた情報をもとに、このマテリアルの表示が作られる、というわけです。

従って、マテリアルを作るには、「どういう表示内容を、この結果ノードにつなげるか？」を考えればいいわけですね。

この結果ノードにはたくさんの入力項目がありますが、これらについて今すぐ理解する必要はありません。これから必要なものについて順に利用していきますから、そのときに役割を覚えていけばいいでしょう。

図3-13 結果ノード。これが最終的にレンダリングされるマテリアルになる。

グラフの操作

グラフを使ってノードを作っていくためには、グラフの表示を自由に操作できなければいけません。ここで簡単にその操作について頭に入れておきましょう。

表示位置の移動

表示位置を移動するのは簡単です。グラフの何もない場所をマウスの右ボタンでドラッグします。

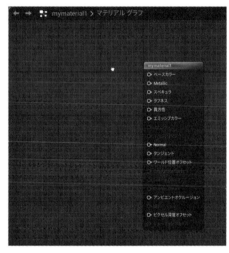

図3-14 マウスの右ボタンでドラッグすると、表示場所を移動できる。

表示の拡大縮小

グラフの表示は、拡大縮小することができます。マウスホイールを手前に回転させると縮小し、逆に回転させると拡大します。ただしデフォルトの倍率以上に拡大はしませんので、これは「縮小した表示をもとに戻す」ものと考えておきましょう。

図3-15 マウスホイールを使うと表示を縮小できる。

ノードの選択

ノードは、マウスで左クリックして選択します。またCtrlキーを押して左クリックすることで複数のノードを選択できます。

この他、マウスの左ボタンを押してドラッグすることで一定のエリア内にあるノードをすべて選択できます。

ノードを選択すると、そのノードの周辺がオレンジ色に表示されます。ノードの設定などを変更する場合は、そのノードを選択して詳細パネルから書き換えます。

図3-16 ノードをクリックして選択すると、そのノードの周辺がオレンジ色に表示される。

ノードの移動

ノードを選択したら、そのノードの何もないところをマウスで左ボタンドラッグすると、そのノードを移動させることができます。

図3-17 選択したノードを左ボタンドラッグすると、そのノードの位置を移動できる。

色を表示させよう

では、いよいよ実際にマテリアルを作ってみましょう。まずは、もっともシンプルなマテリアルとして「色を表示させる」というものを作ってみます。

空きスペースを作る

まずは、グラフの表示位置を右ボタンドラッグで移動し、結果ノードの左側にある程度のスペースを確保しておきます。

図3-18 右ドラッグで、結果ノードの位置を右側に動かし、左側にスペースを空けておく。

Constant4Vector を検索する

右側にあるパレットから、「ベクター」または「定数」という項目内にある「Constant4Vector」という項目を探してください。そしてその項目をグラフにドラッグ＆ドロップして配置します。

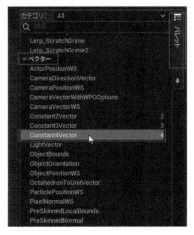

図3-19 パレットから「ベクター」内にある「Constant4Vector」という項目をグラフまでドラッグ＆ドロップする。

Constant4Vectorが作成された！

グラフのドロップした地点にノードが作成されます。これが「Constant4Vector」のノードです。

図3-20 ドロップして作成されたConstant4Vectorのノード。

定数Vectorノードについて

このConstant4Vectorは、「ベクター」のところだけでなく、「定数」というところにも用意されています。

パレットの「定数」には、「Constant○Vector」という項目がいくつか用意されています。これらは、いくつかの値（実数）をひとまとめにして扱うためのノードです。例えば、今回使ったConstant4Vectorは、4つの値を1つにまとめたものです。Constant3Vectorなら3つの値、Constant2Vectorなら2つの値、というわけです。

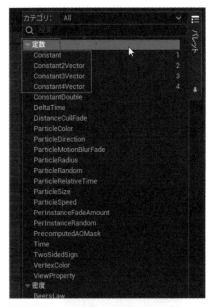

図3-21 定数のところには、「Constant○Vector」という項目がいくつも用意されている。

色の値は「3」か「4」で

　これらは、基本的に「いくつかの値を1つにまとめたもの」であって、特別な意味や役割はありません。が、「こういう場合に使われる」という主な用途はだいたい決まっています。

　今回使った「Constant4Vector」は、色の値に使うことがほとんどでしょう。それ以外の用途で使うことはあまりないはずです。色の値というのは、RGBの三原色と、「αチャンネル」という透過度を表す値の計4つの値で設定されることが多いのです。それで、このConstant4Vectorが使われるのですね。

　3つの値をまとめる「Constant3Vector」もよく使われます。これは位置や回転角度、スケールなどのように、X, Y, Zの3つの値を扱うような場合に用いられます。また、Constant3Vectorは「色」の値としても用いることがあります。この場合は、RGBのみでαチャンネルの値を持たない色（つまり透過度を設定できない色）として利用されます。

　とりあえず、マテリアルで「色」を扱う場合は、このConstant4Vectorか、Constant3Vectorのどちらかを使う、と覚えておきましょう。

　これらのノードは、基本的に値を取り出すための出力項目が1つあるだけの、非常にシンプルな形をしています。値を取り出すことしかできないわけですね。単純ですから、一度使えば使い方はすぐにわかるでしょう。

図3-22 Constant4VectorとConstant3Vector。色の値で使うのはこのどちらかだ。

Constant4Vectorのプロパティ

ノードは、そのノードに用意されている入出力の項目の他にも重要となるものがあります。それは、各ノードに用意されているプロパティです。

グラフに配置したConstant4Vectorを選択すると、詳細パネルにいくつもの項目が表示されます。これらが、Constant4Vectorに用意されているプロパティです。以下に整理しておきましょう。

●Constant

このConstant4Vectorの値です。この左端にある▼マークをクリックすると、この中に「R」「G」「B」「A」という項目が表示されます。これらが、このノードのRGBAの各輝度の値になります。

●Desc

これはノードの説明です。すべてのノードに用意されていますので、簡単な説明を書いておくのに使うとよいでしょう。

図3-23 Constant4Vector のプロパティ。

赤い色を設定しよう

では、このConstant4Vectorを設定して「赤い色」のマテリアルを作ることにしましょう。まずはConstant4Vectorに赤い色を設定します。Constant4Vectorの詳細パネルから、以下のようにプロパティを設定してください。

図3-24 プロパティから、RGBAの値を設定する。

R	1.0
G	0.0
B	0.0
A	1.0

カラーピッカーも使える！

　ここでは数値を指定して色を設定しましたが、正確な値を指定するより、自分で見て色を決めたい、というような場合は、カラーピッカーを利用することもできます。Constant4Vectorで色が表示されている部分をダブルクリックしてみてください。画面にカラーピッカーのウィンドウが現れ、そこで色を選択できるようになります。

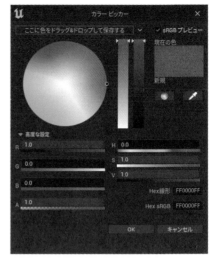

図3-25 Constant4Vectorの色表示部分をダブルクリックするとカラーピッカーを呼び出すことができる。

グラフの表示が変わった！

　プロパティを変更すると、グラフに配置してあったConstant4Vectorの表示が変わります。ノードの中央に、赤い色が表示されるようになります。これで、赤色のパラメータとなるConstant4Vectorノードができました！

図3-26 Constant4Vectorノードに赤い色が表示されるようになった。

赤いマテリアルを作成しよう

　さあ、これで赤い色のパラメータが用意できました。後は、これを結果ノードに渡すだけです。

　Constant4Vectorノードの右上にある白い項目（出力ピン）をドラッグし、結果ノードの「ベースカラー」という項目にドロップしてください。これで、2つの項目の間が線で結ばれます。

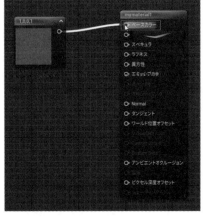

図3-27 Constant4Vectorから結果ノードの「ベースカラー」までドラッグ＆ドロップして線で結ぶ。

プレビューで確認

　線で結んで少しすると、ビューポートのプレビュー表示されている図形が赤い色に変わります。実際にマテリアルが設定されるとどのように表示されるかがこれでわかります。

図3-28 プレビュー表示が赤い色に変わった。

マテリアルを保存しよう

　マテリアルはこれで完成です。後は作成したマテリアルを保存しましょう。ツールバーの左端にある「保存」をクリックしてください。これでマテリアルが保存されます。

　保存できたら、マテリアルエディタのウィンドウを閉じて作業を終了しましょう。

図3-29 「保存」メニューでマテリアルを保存する。

⑪ マテリアルを使ってみる

　では、作成したマテリアルを使ってみましょう。コンテンツドロワーを見てみると、作成してあった「mymaterial1」が赤い球のアイコンに変わっているのがわかります。作成したマテリアルのプレビューが反映されているのです。

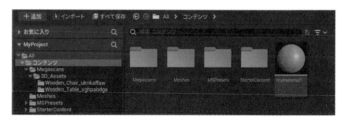

図3-30 mymaterial1のアイコンが赤い球に変わっている。

mymaterial1をドラッグ＆ドロップする

　では、このmymaterial1を、ビューポートに配置してあるアクタに適用してみましょう。mymaterial1アイコンをドラッグし、前章で配置したアクタの1つにドロップしてください。

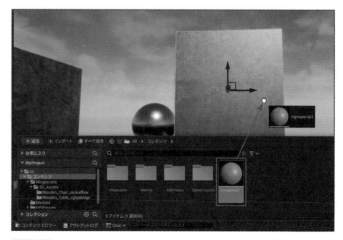

図3-31 mymaterial1をドラッグしアクタにドロップする。

アクタにマテリアルが反映された！

ドロップすると、アクタが赤い色に変わります。ドロップしたマテリアルがアクタに設定されたのです。こんな具合に、マテリアルの設定は、ドラッグ＆ドロップするだけで簡単に行えます。

図3-32 アクタにmymaterial1が反映され、赤い色に変わる。

マテリアルの設定

このマテリアルは、アクタにどのような形で設定されているのでしょうか。それを確かめるため、マテリアルをドロップしたアクタを選択し、詳細パネルを見てください。

アクタには「Materials」という設定項目が用意されています。これが、そのアクタに用意されているマテリアルの設定です。ここに、先ほどドロップしたmymaterial1が「エレメント0」として設定されているのが確認できます。

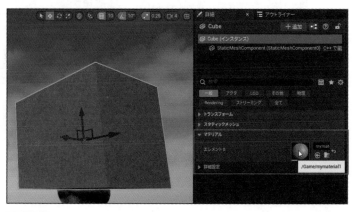

図3-33 「Materials」設定にmymaterial1が設定されているのがわかる。

マテリアルを変更するには？

設定したマテリアルを別のものに変更することも簡単に行えます。

詳細パネルの「Materials」には、「mymaterial1」という名前が表示された項目があります。これをクリックすると、その他のマテリアルのリストがプルダウンして現れます。

図3-34 「mymaterial1」をクリックすると他のマテリアルがプルダウンして現れる。

マテリアルが変更される

リストから別のマテリアルを選択すると、その場でマテリアルが変更され、ビューポートに配置しているアクタの表示も変わります。

マテリアルを設定する前の状態（何もマテリアルがない状態）に戻したい場合は、マテリアルの設定部分の右端に見えるUターン型の矢印アイコンをクリックすると初期状態に戻せます。

動作を確認したら、再度「mymaterial1」をマテリアルに設定した状態に戻しておきましょう。

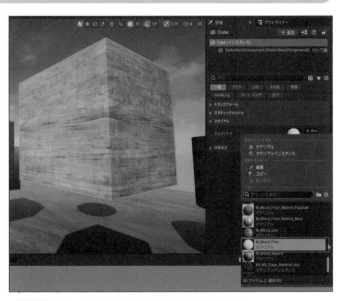

図3-35 別のマテリアルを選ぶとそれが設定される。

マテリアルを設定する

ⓤ メタリックを使おう

マテリアルの基本はわかりました。後は、さまざまなマテリアルを実際に作りながら、マテリアルの使い方を覚えていけばいいでしょう。

では、先に作ったマテリアルを使い、いろいろな設定を行うノードを利用していきましょう。先ほどの「mymaterial1」をダブルクリックしてください。

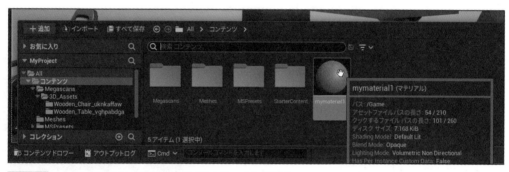

図3-36 mymaterial1のアイコンをダブルクリックして開く。

mymaterial1のエディタが現れる

mymaterial1のマテリアルエディタのウィンドウが開かれます。では、このmymaterial1を修正して次のマテリアルを作ることにしましょう。

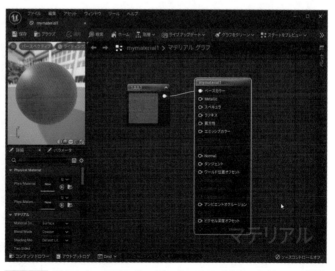

図3-37 開かれたマテリアルエディタ。ここでまたマテリアルの編集を行う。

⑪ Metallic（メタリック）とは？

次に使うのは、結果ノードの「ベースカラー」の下にある「Metallic（メタリック）」です。これは、アクタを金属な質感にするためのものです。

このメタリックは実数で設定されます。メタルでない場合はゼロ、メタルとして表現したい場合は「1.0」を指定します。

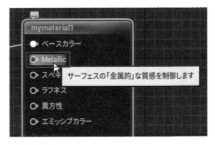

図3-38 結果ノードの「Metallic」は、1.0にするとメタルな質感になる。

定数のConstantを用意する

では、メタリックを設定してみましょう。結果ノードのメタリックに値を設定するには、実数の値のノードを用意する必要があります。

設定する値がいくつか決まっているならば、「定数」ノードを使うのが一番簡単です。パレットから「定数」という項目を探し、その中にある「Constant」という項目を見つけてください。これが一般的な数値を利用するためのノードです。

図3-39 パレットから「定数」の中の「Constant」を探す。

Constantをドラッグ＆ドロップする

では、このConstantを使いましょう。パレットから「Constant」をドラッグし、グラフの適当なところにドロップしてください。前回作ったConstant4Vectorの下辺りに配置しておくといいでしょう。

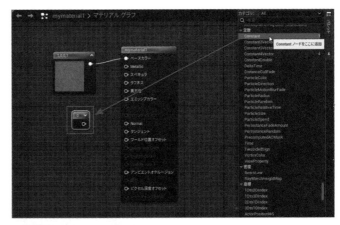

図3-40 Constantをドラッグ＆ドロップしてグラフに配置する。

Constantのプロパティ

このConstantは、デフォルトではゼロに設定されています。これに値を設定しましょう。配置したConstantを選択し、詳細パネルを見てください。ここにConstantのプロパティが表示されます。

図3-41 Constantを選択し、詳細パネルをチェックする。

Valueを設定する

詳細パネルに表示される「Value」というのが、Constantの値となるプロパティです。ここに「1.0」と値を記入しましょう。これで、このConstantの値を変更できます。

図3-42 Valueに「1.0」と入力する。

Constantをメタリックに接続する

では、値を設定したConstantを、結果ノードの「メタリック」に接続しましょう。Constantの右側にある出力ピンから、メタリックの項目までドラッグ&ドロップして両者をつないでください。

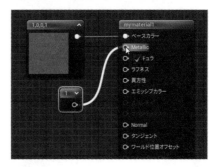

図3-43 Constantからメタリックに接続する。

ⓤ メタリックなマテリアルの完成！

接続したら、プレビューの表示を見てみましょう。表示が更新され、メタリックなマテリアルになります。メタリックを設定する前と違いがわかるでしょうか。

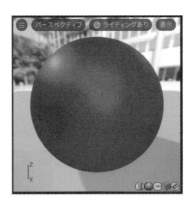

図3-44 メタリックを設定する前と設定後の違い。メタリックにすると金属的な光沢が感じられる。

マテリアルを反映させる

マテリアルを保存し、クローズボックスをクリックして閉じましょう。Unreal Engineのバージョンや利用状況によっては、このとき「このマテリアルの変更内容をオリジナルのマテリアルに適用しますか」というアラートが表示されるでしょう。その場合は「はい」を選択してください。これで修正内容が反映されます。

図3-45 マテリアルエディタを閉じる際、アラートが現れたら「はい」を選択する。これで変更が反映される。

アクタの表示を確認する

mymaterial1 を設定していたアクタの表示が変化したかどうか、確認してみましょう。光の角度などによって違いがよくわからなかったりするので、いろいろな方向から眺めてみてください。メタリックな感じになったでしょう？

図3-46 メタリックを設定すると金属質な表面になる。

ラフネスと反射について

メタリックを使ったとき、中にはパチンコ玉のようにきらきらと光が反射するようなものを想像していた人もいるかもしれませんね。メタリックは、金属の質感のためのもので、反射のためのものではないのです。

パチンコ玉のようにきれいに光を反射させるようなマテリアルを作りたい場合には、「ラフネス」というものを利用します。ラフネスは、その名の通り「ラフさ（粗さ）」を示すものです。なんでそれが反射と関係あるの？と思うかもしれませんが、関係あるのです。

鏡のようにきれいに像を写すものというのは、光をきれいに反射しているものなのです。あたった光が全く乱れなく正確に跳ね返ってくるからこそ、鏡のようにきれいに周囲の様子が映るのですね。もし、あたった光が散らばってしまったら、きれいにまわりの景色が写ったりはしません。つまり、「光の反射がラフになるほど、鏡のようにきれいに反射しなくなる」のです。

ということは、ラフではなく、きっちりと正しい方向に光が反射するようになっていれば、周囲の様子を映し出すような鏡面マテリアルが作れる、ということになります。

 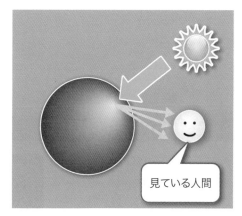

図3-47 あたった光がランダムに散らばると反射して見えないが、すべてが正しい方向に跳ね返ってくると鏡のようにまわりの像が写って見えるようになる。

ラフネスを利用する

では、これも利用してみましょう。先ほどのmaterial1をダブルクリックして開いてください。そして、先に作成したメタリックの設定を取り除いておきましょう。

結果ノードの「メタリック」項目を右クリックしてください。すると、その場に「すべてのピンリンクを切断」というメニューがポップアップして現れます。これは、この項目に接続されているすべてのリンクを削除するものです。このメニューを選んでください。

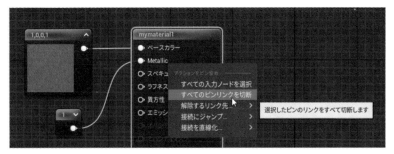

図3-48 「メタリック」を右クリックし、「すべてのピンリンクを切断」メニューを選ぶ。

メタリックへのリンクが削除される

　メニューを選ぶと、Constantからメ
タリックへ接続されたリンクが削除さ
れます。これでメタリックの値は結果
ノードに送られなくなりました。なお、
Constantは後で利用するのでそのまま
にしておきましょう。

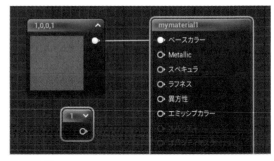

図3-49 Constantからメタリックへのリンクが削除さ
れた。

Constantを更に追加する

　では、Constantをもう1
つ新しく追加しましょう。パ
レットから「定数」内にあ
る「Constant」をドラッグ
し、グラフにドロップして新
しいConstantを用意して
ください。あるいは、既にあ
るConstantを右クリックし
て「複製」メニューを選ぶと、
Constantが複製されます。

図3-50 「複製」メニューを選んで2つ目のConstantを作る。

Valueを設定する

　作成したConstantを選択し、詳細
パネルから「Value」の値を「0.1」に
変更しましょう。これでラフネス用の
Constantが用意できました。

図3-51 Constantの「Value」を0.1に設定する。

Constantをラフネスに接続する

　0.1に設定したConstantの右側の出
力ピンから、結果ノードの「ラフネス」ま
でドラッグ＆ドロップして、2つの項目
を接続しましょう。

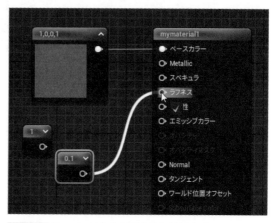

図3-52 Constantからラフネスに接続をする。

プレビューを確認する

　では、ビューポートに表示されるプレビューで、マテリアルの表示がどう変わるか確認を
しましょう。まわりの様子が反射するようになったのがよくわかるでしょう。

図3-53 ラフネスを設定する前と設定後の表示。まわりを反射するようになった。

🎮 メタリック＋ラフネス＝？

このラフネスは、その他の要素と組み合わせて更に質感を出すのに用いられます。先ほどメタリックへの接続を切りましたが、これはラフネス単体でどういう効果を与えるかを確認したかったからです。

もう一度、1つ目のContent（1.0が設定されたもの）から結果ノードの「Metallic」までドラッグ＆ドロップし、接続をしましょう。

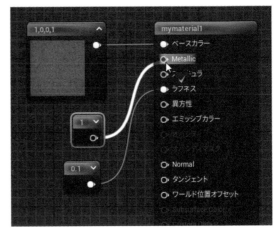

図3-54 1.0のConstantからMetallicに接続をする。

質感の違いを比べてみよう

メタリックを再接続したら、マテリアルのレンダリングがどのようになるか、プレビュー表示で確認をしておきましょう。クリスマスツリーのガラス玉のようなすてきなマテリアルができましたね！

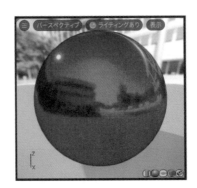

図3-55 ラフネスのみの場合と、更にメタリックを追加した場合のレンダリングの違い。

エミッシブカラーの利用

結果ノードに用意されている「エミッシブカラー」は、そのアクタを発光体にしたいときに利用されます。アクタ全体がぼ～っと光るような効果を与えることができます。

では、これも利用してみましょう。マテリアルエディタを閉じている場合は、コンテンツドロワーからmymaterial1をダブルクリックしてマテリアルエディタを開いてください。

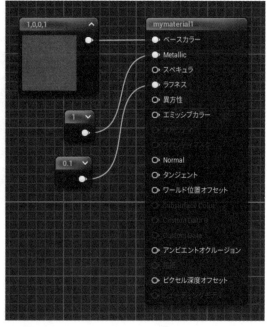

図3-56 mymaterial1の最後に保存した状態。これを変更してエミッシブを利用してみる。

エミッシブにConstant4Vectorを接続

現在作成しているマテリアルでは、ベースカラーにConstant4Vectorの値が接続されています。エミッシブも同様にカラーの値（Constant4Vectorなど）を設定しますから、ベースカラーと同じ値を利用できます。

グラフにある赤色のConstant4Vectorの右側の出力ピンから、結果ノードの「エミッシブカラー」までマウスの左ボタンでドラッグ＆ドロップし、接続してください。ノードの出力は、こんな具合に同時に複数の項目に接続することが可能です。

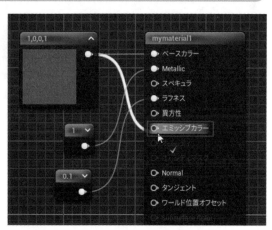

図3-57 redの出力を、エミッシブに接続する。

接続してから少し待つと、ビューポートのプレビュー表示が更新されます。アクタの内部から光っているのがわかるでしょうか。

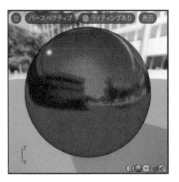 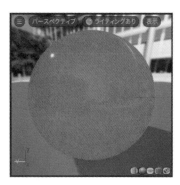

図3-58 エミッシブ接続前と接続後のプレビュー。エミッシブで内部から発行しているのがわかる。

⑪ エミッシブの明るさを調整する

これで一応、エミッシブは使えますが、あまりパッとしない感はありますね。光ってはいるのだけど、初期のLEDライトのようにぼんやりとした明るさにしかなりません。もっと明るくできないのでしょうか。

もちろん、ちゃんと明るさを調整することはできます。ただし、それには一手間かける必要があります。やってみましょう。まず、「エミッシブ」をマウスで右クリックし、「すべてのピンリンクを切断」メニューを選んで接続を切ってください。

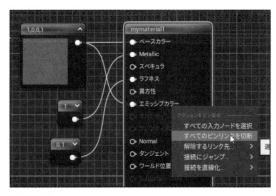

図3-59 「エミッシブ」項目を右クリックし、「すべてのピンリンクを切断」メニューを選ぶ。

Constantを消去する

この他、2つのConstantが結果ノードに接続されていましたね（メタリックとラフネス）。これらも特に使わないので削除しておきましょう。それぞれをクリックしてDeleteキーを押し、ノードを削除してください。

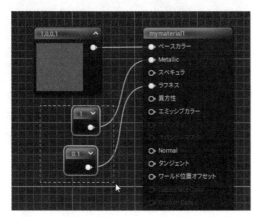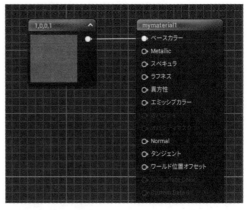

図3-60 2つのConstantノードを選択し、Deleteキーで削除する。

「Multiply」ノードを探す

パレットから、「演算」というところにある「Multiply」という項目を探してください。これは、掛け算を行うためのノードです。

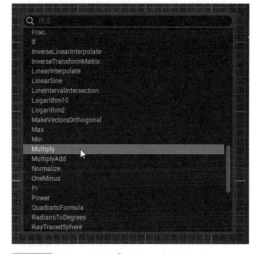

図3-61 パレットから「Multiply」を見つける。

Multiply を配置する

見つけた Multiply をドラッグし、グラフにドロップして配置します。「red」のノードの下辺りに用意すればいいでしょう。

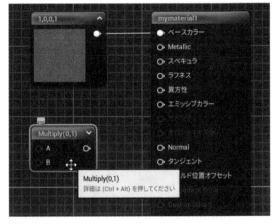

図3-62 Multiply をドラッグ＆ドロップしてグラフに配置する。

Multiply の働き

この Multiply は、2つの入力項目（左側のもの）と1つの出力項目（右側のもの）を持っています。左側の2つの入力を掛け算し、その結果を右側の出力から送り出します。左側の入力は、どんな種類の値でも構いません。ただし、両者が計算できるような値である必要があります。また出力される値は、左に入力された値と同じ種類のものになります。

また、左側の入力はプロパティとしても用意されています。詳細パネルを見ると、「A」「B」という項目が用意されていますね。これらが計算で使う値になります。

図3-63 Multiply の入出力とプロパティ。

赤色のConstant4VectorをMultiplyにつなぐ

では、赤い色が設定されている
Constant4Vectorの右側の出力ポート
をドラッグし、「Multiply」のA項目に
ドロップして両者を接続してください。
これで、redの色の値がAに渡されます。

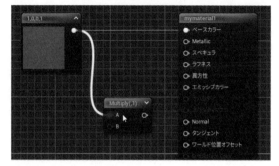

図3-64 redの色の出力をMultiplyのA項目に接続する。

Constantを1つ配置する

MultiplyのBに設定する値を用意しましょう。パ
レットの「定数」から、「Constant」をドラッグし、
グラフにドロップして作成してください。

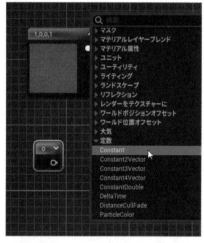

図3-65 パレットからConstantをグラフ
にドラッグ＆ドロップして配置する。

Valueを設定する

配置したConstantを選択し、詳細パ
ネルから「Value」プロパティの値を
「100.0」に変更しましょう。

図3-66 MultiplyのValueを「100.0」にする。

ConstantをMultiplyに接続

これでConstantが用意できました。では、Constantの出力ピンをドラッグし、Multiplyの「B」にドロップして接続しましょう。

これで、redの色の値に100をかける計算式ができました。

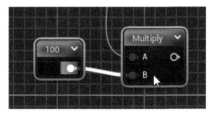

図3-67 ConstantをMultiplyのBにドラッグ＆ドロップして接続する。

Multiplyをエミッシブに接続

最後の仕上げです。Multiplyの右側の出力項目をドラッグし、結果ノードの「エミッシブカラー」にドロップして接続しましょう。

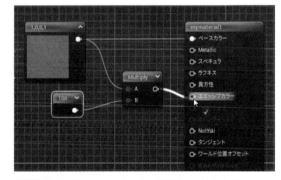

図3-68 Multiplyをエミッシブカラーに接続する。

プレビューで確認！

これで、通常の100倍の輝度で発光するエミッシブが設定できました。ビューポートでプレビューを確認しましょう。かなり明るく光るのがわかるでしょう。

図3-69 エミッシブに接続する前と、接続後のプレビュー。通常の100倍の明るさで光っている。

マテリアルエディタを閉じる

　では、「ファイル」メニューの「保存」メニューでマテリアルを保存し、レベルエディタで mymaterial1 を設定したアクタの表示を確認しましょう。赤く光っているのがよくわかりますね！

図3-70 マテリアルを設定してあるアクタに反映され、赤く光るようになる。

🎮 オパシティによる透過

　アクタを透明にするために用意されているのが「オパシティ」という入力項目です。これは透過度を示す数値を指定するだけですので利用はとても簡単です。

　では、これも利用してみましょう。mymaterial1 をダブルクリックしてマテリアルエディタを開いてください。結果ノードを見てみると、エミッシブ色の下に「オパシティ」が用意されているのがわかります。

　ただし、よく見ると、表示がグレーになっていますね。これは、この状態では利用できないことを意味します。

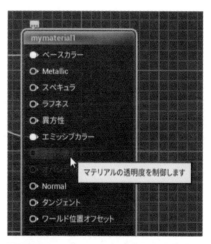

図3-71 mymaterial1 を開く。オパシティはグレーで使えなくなっている。

エミッシブを取り除く

　まず、エミッシブの設定を削除しておきましょう。マウスでConstantとMultiplyを選択し、Deleteキーを押してこれらを削除してください。これでエミッシブに接続されていたものが消去されました。

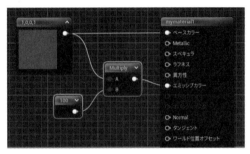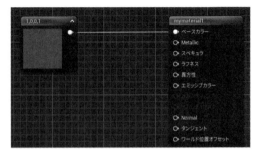

図3-72 ConstantとMultiplyを選択し、Deleteキーで削除する。

Blend Modeを変更する

　グラフにあるノードを選択しない状態にして（あるいは、結果ノードを選択してもOKです）、詳細パネルを見てください。これで、このマテリアルに用意されるプロパティが表示されます。

　この中から、「マテリアル」という項目にある「Blend Mode」というものを探してください。デフォルトでは、「Opaque」という値が設定されています。この値部分をクリックし、メニューから「Translucent」メニューを選んでください。

図3-73 Blend ModeをTranslucentに変更する。

オパシティが利用可能になった！

Blend Modeを変更したら、結果ノードを見てください。「オパシティ」が利用可能に変わります。

図3-74 結果ノードでは、「オパシティ」が使えるようになった。

Constantを用意する

では、オパシティに値を設定しましょう。パレットから「定数」内の「Constant」を選択してグラフに配置してください。

図3-75 パレットからConstantを配置する。

Constantの値を設定する

配置したConstantを選択し、詳細パネルから「Value」の値を「0.5」と変更しましょう。

図3-76 ConstantのValueを0.5に変更する。

Constantをオパシティに接続する

作成したConstantの右側の出力ピンをドラッグし、結果ノードの「オパシティ」にドロップして接続をしましょう。

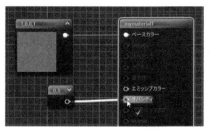

図3-77 Constantをオパシティに接続する。

ビューポートで確認

これで半透明のマテリアルができました。マテリアルを保存し、レベルエディタのビューポートを見てみましょう。mymaterial1を設定したアクタが半透明になり、向こうが透けて見えるのが確認できます。

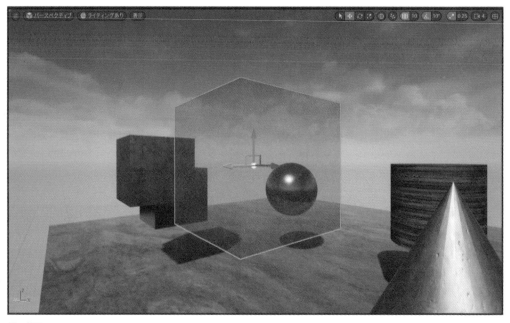

図3-78 実際にプレイして表示を確認する。アクタが透明に表示されるのがわかる。

グラデーション

グラデーションさせたい!

ここまでは、すべて単色のマテリアルでした。ごく簡単なシーンを作るなら、これでも十分に使えます。が、もう少し高度な表現をしたいと思ったら、単色マテリアルから更に複雑なマテリアルへとステップアップしたいところですね。

例として、色がグラデーションするマテリアルを作ってみましょう。球のような形状アクタだとわかりにくいでしょうが、例えば立方体のようないくつかの面からなる形状アクタの場合、各面がグラデーションで表示される、というのは効果として覚えておいて損はないでしょう。

新しいマテリアルを作成する

今回は、それまでとかなり性質が異なってきますから、新しいマテリアルを用意しましょう。コンテンツドロワーの「追加」ボタンをクリックし、プルダウンして現れたメニューから「マテリアル」を選んで新しいマテリアルを作成してください。名前は「mymaterial2」としておきましょう。

図3-79 新しいマテリアルを作り、「mymaterial2」と名前を指定する。

マテリアルエディタを開く

作成したmymaterial2をダブルクリックしてマテリアルエディタを開いてください。ここで新たにマテリアルの作成を行っていきます。

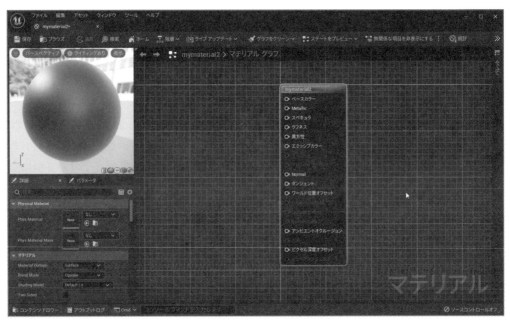

図3-80 マテリアルエディタを開く。デフォルトで結果ノードのノードだけが用意されている。

ⓤ TextureCoordinate を使う

今回のポイントは、グラデーションで変化するカラーの利用です。これには、「TextureCoordinate」というものを使います。

パレットから「座標」という項目内にある「TextureCoordinate」という項目を探してください。これが今回利用するノードです。このTextureCoordinateは、「UVテクスチャ座標」というものを出力するためのものです。

UVテクスチャ座標というのは、テクスチャ（アクタの表面に描かれるイメージなどのこと）をマッピングする際に用いられる座標データです。このTextureCoordinateというノードは、この座標データを生成するためのものなのです。

と、いっても、はっきりいって「何をいってるのか全然わからない」という人が大半かもしれませんね。このTextureCoordinateは、「滑らかに値が変化していくような値を用意するためのもの」と考えておきましょう。グラデーションのように変化するものを作りたいときは、このTextureCoordinateの助けを借りるといい、というわけです。

図3-81 パレットにある「TextureCoordinate」。これを使ってグラデーションを作る。

TextureCoordinateを配置する

では、パレットからTextureCoordinateをドラッグし、グラフにドロップして配置してください。このノードは、出力の項目が1つあるだけのとてもシンプルなものです。

図3-82 TextureCoordinateをドラッグ＆ドロップして配置する。

表示を拡大する

配置したTextureCoordinateには、何も表示がありません。これだとイメージが湧かないので、右上の「v」アイコンをクリックしてください。すると表示が展開し、緑から赤にかけてグラデーション変化する表示が現れます。

これは、UV座標のデータを色の値として表したものです。UV座標というのは、縦横2次元のデータなんですね。が、色はRGBAという4つの値によるデータになっています。つまり、UV座標のデータを無理やり色データにすると、RGの値だけの色データになってしまうんです。それで赤から緑へのグラデーションが表示されていたんですね。

図3-83 右上の「v」をクリックすると、グラデーションの表示が現れる。

表示色に接続する

では、このTextureCoordinateの出力項目をド
ラッグし、結果ノードの「ベースカラー」にドロップ
して接続しましょう。これで、TextureCoordinate
のデータがそのまま表示色として利用されるように
なります。

図3-84 TextureCoordinate を「表示色」
に接続する。

プレビューを確認！

接続したら、表示がどうなるかビューポートのプレビューで確認をしましょう。おそら
く、黄色いマテリアルが表示されたことでしょう。これでは何だかわからないので、マウス
でプレビュー表示されている球をドラッグして回転させてみてください。すると、球の横方
向に緑から黄色に、色が変化していることがわかります。

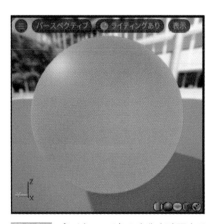
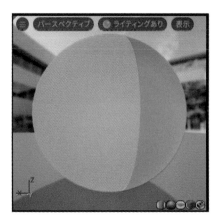

図3-85 プレビューで色の変化を確認する。

立方体にしてみよう

では、プレビューの図形を変更してみましょう。プレビューが表示されているビューポートの下部に、さまざまな形状のアイコンが並んでいます。ここから、立方体のアイコンをクリックしてみてください。すると、各面の辺から対角にある辺までグラデーションで表示されることが確認できます。

図3-86 立方体にプレビューを変更すると、きれいなグラデーションが確認できる。

ドラッグして表示を動かす

これも、マウスでプレビュー表示している図形をドラッグして表示されている向きを変えてみましょう。すると、それぞれの面で、辺から反対側の辺へと色がグラデーションで変化している表示が確認できるでしょう。

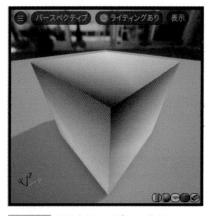

図3-87 図形をドラッグして動かしてみると、辺から辺へときれいにグラデーションしていることがわかる。

🔵 別の色をグラデーションにする

これでグラデーションするマテリアルができました。が、できたといっても、これ、「UV座標っていうのを無理やりベースカラーにつなげたら、なんかグラデーションできたみたい」というような使い方です。これではグラデーションの変化を細かく指定することもできません。

もう少し、TextureCoordinateの「変化する値」をきちんと色の値として利用する仕組みをきっちり理解しておきましょう。

Chapter 1
Chapter 2
Chapter 3
Chapter 4
Chapter 5
Chapter 6
Chapter 7

リンクを切断する

まずはTextureCoordinateからベースカラーへの接続を切っておきましょう。ベースカラーを右クリックし、メニューから「すべてのピンリンクを切断」メニューを選んで接続を解除してください。

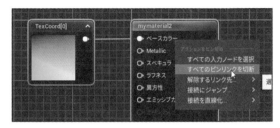

図3-88 「すべてのピンリンクを切断」メニューでリンクを取り除く。

LinearGradientについて

では、グラデーションを作っていきます。まずは、TextureCoordinateで得られるUV座標データから、UとVそれぞれのデータ（要するに、2次元の縦方向と横方向のデータ）を取り出せるようにしましょう。

これは、「LinearGradient」というノードを使います。パレットから、「グラディエント」という項目内にある「LinearGradient」を探しエディタに配置しましょう。

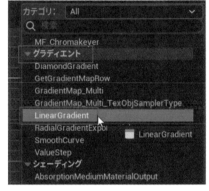

図3-89 パレットから「LinearGradient」を探して配置する。

LinearGradientを配置する

このLinearGradientは、1つの入力と2つの出力を持っています。入力は、UV座標データです。これを受け取ると、そのUとVのデータをそれぞれ別々に出力するのです。

図3-90 LinearGradientには1つの入力と2つの出力がある。

TextureCoordinateとLinearGradientをつなげる

TextureCoordinateの出力項目をドラッグし、LinearGradientの入力項目にドロップしてつなげます。これで、TextureCoordinateのUV座標データがLinearGradientに渡されるようになりました。

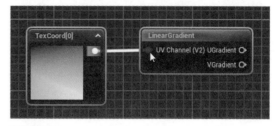

図3-91 TextureCoordinateからLinearGradientに接続をする。

Constantを3つ配置する

続いて、数値のノードである「Constant」を配置しましょう。パレットの「定数」から「Constant」をドラッグ＆ドロップし、3つ用意してください。

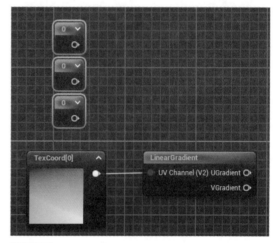

図3-92 Constantを3つ配置する。

Constantの値を設定する

作成した3つのConstantを順に選択し、詳細パネルのValueを設定していきましょう。1つは「0.0」のまま、残る2つは「1.0」に設定をしてください。

図3-93 ConstantのValueを設定する。

MakeFloat4 を利用する

次に用意するのは、「MakeFloat4」というノードです。パレットの「その他」という項目の中にありますから探してください。よくわからなければ、パレット上部にある検索フィールドに「make」とタイプすると、makeで始まる名前の項目が検索されるので、そこからMakeFloat4を探して配置しましょう。

これは、実数の値（Float）を4つひとまとめにした値です。そう、色の値と同じですね。これで作った値は、そのまま色の値として利用できるのです。

図3-94 パレットから「MakeFloat4」というノードを検索する。

MakeFloat4 の働き

この「MakeFloat4」には、4つの入力ピンと1つの出力ピンが用意されています。入力は「X」「Y」「Z」「A」という名前になっており、出力は「Result」になっています。これは、4つのFloat値を1つにまとめたものを出力するものなのです。

これで作成されるのは、4つの値からなるVector値です。4つの値からなるVector値というのは、前に色の値を設定するのに使った「Constant4Vector」が思い浮かびますね。これはプロパティでそれぞれの値を直接設定しましたが、このMakeFloat4は4つの値を入力して、それをもとにVector値を作るもの、というわけです。

図3-95 MakeFloat4は4つの値を入力しVectorを作る。

LinearGradient から MakeFloat4 に接続をする

では、このMakeFloat4に接続をしていきましょう。まず、LinearGradientからです。この「UGradient」という出力項目をドラッグし、MakeFloat4の「Y」（上から2番目の入力）にドロップして接続しましょう。

図3-96 LinearGradientのUGradientをMakeFloat4のYに接続する。

Constant を MakeFloat4 に接続する

　3つ用意してあるConstantを、それぞれMakeFloat4の残る3つの入力につないでいきましょう。それぞれ以下のようにつないでください。

1つ目（「0.0」のConstant）	MakeFloat4の「X(S)」につなぐ。
2つ目（「1.0」のConstant）	MakeFloat4の「Z(S)」につなぐ。
3つ目（「1.0」のConstant）	MakeFloat4の「A(S)」につなぐ。

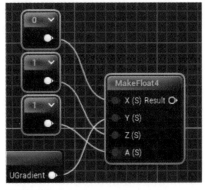

図3-97 Constant を MakeFloat4 につないでいく。

MakeFloat4 をベースカラーに接続

　さて、最後の仕上げです。MakeFloat4の出力ピン（Resultという項目）をドラッグし、結果ノードの「ベースカラー」にドロップして接続してください。

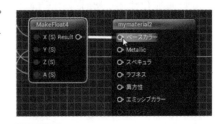

図3-98 MakeFloat4を「ベースカラー」に接続する。

マテリアルが完成！

　さあ、これで完成しました。今回はいくつものノードをつなげているので、間違いがないかよく確認しておきましょう。

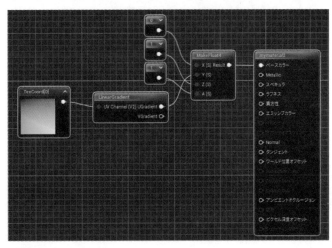

図3-99 完成したマテリアル。

プレビューで確認！

完成したら、プレビューで表示を確認しましょう。やはり立方体を使って表示を確かめるとよいでしょう。すると青からシアンへとグラデーションになっているのがわかります。

ここでは、MakeFloat4で4つの値をまとめた色のデータを作成しています。そのうち、RBAの3つはVectorParameterから決まった値を取り出して利用し、Gの値だけはLinearGradientから取り出しています。こうすることで、マテリアルを適用したアクタの一面ごとに、座標に応じてGの値が変化しながら色が適用されていくようになります。

と、理屈で説明されても、まだよくわからないと思いますが、「LinearGradientの値を接続した色だけが変化する」ということはわかったでしょう。今回は「G」にLinearGradientを接続しましたが、RやBに接続するとどう変化するか、またその他の色を指定しているVectorParameterの値を変更するとどうなるか、いろいろと試してみましょう。

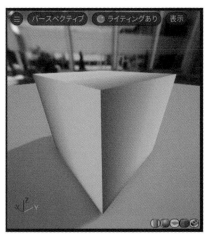

図3-100 プレビューで確認する。青からシアンへとグラデーションする。

🎮 DiamondGradientを使おう

LinearGradientは、1種類のデータを変化させるものでした。ですから、例えば「縦にグラデーション」とか「横にグラデーション」ということはできても「縦横にグラデーション」ということはできなかったのです。

これを行うのが「DiamondGradient」です。これもLinearGradientと同様、データを変化させるためのものですが、同時に2次元の値を変化させます。要するに、中心から、上下左右の方向へまんべんなく変化していくようなものが作れるのですね。

新しいマテリアルを作成する

では、これもマテリアルを作りながら試してみましょう。マテリアルエディタを開いていたら、一度閉じてください。そしてコンテンツドロワーの「追加」ボタンをクリックし、「マテリアル」メニューを選んで新しいマテリアルを作成してください。名前は「mymaterial3」としておきましょう。

図3-101 「mymaterial3」と名前をつけておく。

DiamondGradientを配置する

では、マテリアルエディタでDiamondGradient を使ってみましょう。「mymaterial3」をダブルクリックしてマテリアルエディタを開き、パレットから「グラディエント」項目内にある「DiamondGradient」を探して配置してください。

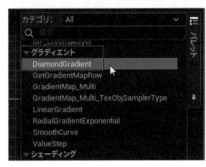

図3-102 DiamondGradientをドラッグ＆ドロップして配置する。

DiamondGradientの入出力

DiamondGradientには、入力が1つ、出力が1つあります。出力は、LinearGradientと同様、UV座標のデータです。入力は「Falloff」という項目で、これはグラデーションの変化の度合いを示すものになります。

詳細パネルを見ると、プロパティに「Material Function」という項目が1つだけあります。これは、あらかじめ定義された専用の関数を呼び出して動いていることを示すもので、特に私たちが操作したりするものではありません。ですから、実質、「プロパティはない」と考えていいでしょう。

図3-103 DiamondGradientとそのプロパティ。

Constantを用意する

さて、このDiamondGradientを利用するには、他にどんなものが必要でしょうか。これは、基本的に先ほどのLinearGradientと同じと考えていいでしょう。DiamondGradientで変化させる色と、それ以外の色の値、それらを1つにまとめるMakeFloat4といったものが必要になるでしょう。

ではパレットの「定数」から「Constant」を配置してください。今回も、全部で3つのConstantを用意しておきましょう。そして詳細パネルのValueを設定していきましょう。1～2つ目は「0.0」のまま、残る1つだけ「1.0」に設定をしてください。

図3-104 Constantを3つ作成し、1つだけvalueを1.0にしておく。

MakeFloat4を作成する

続いて、MakeFloat4を作成しましょう。パレットから「その他」内にある「MakeFloat4」を配置してください。

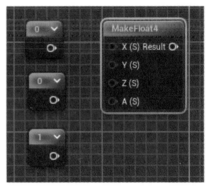

図3-105 MakeFloat4をドラッグ＆ドロップして配置する。

Falloff用のContentを用意する

これで主なノードは用意できましたが、1つ足りないものがあります。DiamondGradientの入力「Falloff」に設定する値のノードです。

これも「Constant」を使います。パレットの「定数」から配置するか、既にあるConstantを複製して用意しましょう。Valueの値は「1.0」としておいてください。

図3-106 Constantを配置する。

ConstantをDiamondGradientに接続する

　では、作成したConstantの出力ピン
から、DiamondGradientの入力項目
（Falloff）までドラッグ＆ドロップして
接続しましょう。

　続いて、DiamondGradientの出力項
目をドラッグし、MakeFloat4の「X」の
項目にドロップして接続してください。
これはRGBAの「R（赤）」の値になりま
す。

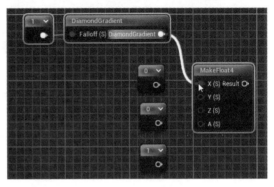

図3-107 ConstantをDiamondGradientのFalloffに
接続する。

ConstantをMakeFloat4に接続する

　3つのConstantを、MakeFloat4の残
る3つの入力にそれぞれ接続します。以
下のようにつないでおきましょう。

1つ目（「0.0」の Constant）	MakeFloat4の「Y(S)」 につなぐ。
2つ目（「0.0」の Constant）	MakeFloat4の「Z(S)」 につなぐ。
3つ目（「1.0」の Constant）	MakeFloat4の「A(S)」 につなぐ。

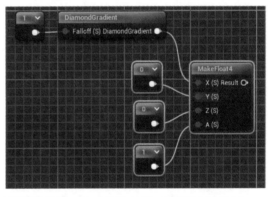

図3-108 ConstantをMakeFloat4につないでいく。

MakeFloat4をベースカラーに接続

　これで色の値が完成しました。最後に
MakeFloat4の出力項目（Result）をド
ラッグし、結果ノードの「ベースカラー」
にドロップして接続して完成です。

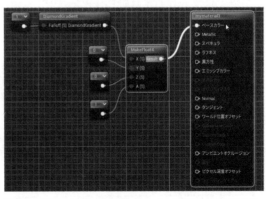

図3-109 MakeFloat4の出力をベースカラーに接続する。

プレビューで確認！

完成したら、ビューポートのプレビュー表示で確認をしましょう。黒く塗りつぶされた面の中央から赤い色が表示されます。

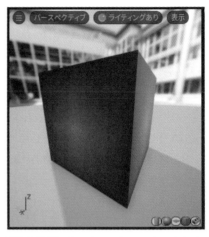

図3-110 プレビュー表示で確認をする。各面の中央に赤く色が浮き出る感じになる。

ⓤ RadialGradientExponentialを使おう

DiamondGradientは縦横に同じ割合で色が変化していきます。このため、半面で見ると菱形のような形で色が表示されます。

更にもう一歩進んで、「円形のグラデーション」も作ってみましょう。これは「RadialGradientExponential」という長ったらしい名前のノードとして用意されています。円形グラデーションの場合、中心位置やグラデーションする円の半径などいろいろと細かな設定が必要ですので、これまでより多くの値を用意する必要があります。

新しいマテリアルを作成する

では、これも新しいマテリアルを作成しましょう。マテリアルエディタを閉じ、コンテンツドロワーから「追加」ボタン内の「マテリアル」メニューを選んで新しいマテリアルを作ってください。名前は「mymaterial4」としておきましょう。

図3-111 マテリアルを作成し、「mymaterial4」と名前をつけておく。

RadialGradientExponential を用意

では、マテリアルを作成しましょう。今回利用する「RadialGradientExponential」も、パレットの「グラディエント」内にあります。これをドラッグ＆ドロップしてグラフ内に配置しましょう。

RadialGradientExponentialには、いくつもの入出力が用意されています。これらについて以下にまとめておきましょう。またプロパティも用意されていますが、これは先のDiamondGradientと同様、基本的に何か設定するものではないので「プロパティは特に用意されてない」と考えてOKです。

図3-112 RadialGradientExponential の入出力とプロパティ。

入力

UVs	UV座標データを受け取るためのものです。
CenterPosition	円の中心位置を指定するものです。
Radius	グラデーションする円の半径を指定します。
Density	グラデーションの濃度を示すものです。
Invert Density	Densityで指定した濃度を反転して起用するものです。

出力

RadialGradientExponential によって変化する数値のデータが送られます。

円の中心を指定する

では、RadialGradientExponentialに必要な値を用意していきましょう。まず、円の中心を指定するCenterPositionの値を用意しましょう。

これは、円の中心位置を指定するものですから、縦横2つの位置の値が必要です。これには「Constant2Vector」という値を利用します。これは2つの値を設定できるノードです。パレットの「定数」から、Constant2Vectorを探して配置してください。

Constant2Vectorの詳細パネルには2つのプロパティが用意されています。それぞれ以下のようになります。

図3-113 Constant2Vector のプロパティを設定する。

R	横方向の位置を示します。「0.5」にします。
G	縦方向の位置を指定します。「0.5」にします。

このConstant2Vectorはグラデーションの開始位置を指定するのに使います。値は0.0〜1.0の間で指定します。今回は、ちょうど中心部分を指定してあります。

Constant2VectorをCenterPositionに接続

作成したConstant2Vectorの出力ピンをドラッグし、RadialGradientExponentialの「CenterPosition」にドロップして接続しましょう。

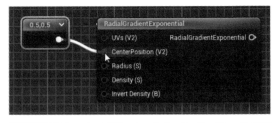

図3-114 Constant2VectorをCenterPositionに接続する。

半径を設定する

続いて、円の半径を設定しましょう。これは普通の数値で設定できます。パレットの「定数」から「Constant」を1つ配置してください。

半径は、0〜1の実数で指定します。1にするとその面全体を使ってグラデーションを行うことになります。配置したConstantを選択し、詳細パネルでValueを「0.75」と設定しておきましょう。

図3-115 詳細パネルで、Valueを0.75に設定する。

ConstantをRadiusに接続する

完成したConstantの出力項目をドラッグし、RadialGradientExponentialの「Radius」にドロップして接続してください。これでグラデーションの半径が設定できました。

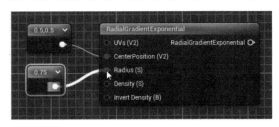

図3-116 ConstantからRadiusに接続する。

Density を設定する

次は「Density」です。これはグラデーションする部分の濃度を示すものです。やはり実数で指定し、値が大きいほど濃くなります。

これもただの数値ですからConstantを使えばいいでしょう。パネルから「定数」内の「Constant」を配置してください。そして詳細パネルでValueを「3.0」に設定しておきましょう。

図3-117 詳細パネルで、Valueを3.0に設定する。

Constant を Density に接続する

完成したConstantの出力項目をドラッグし、RadialGradientExponentialの「Density」にドロップして接続してください。これで濃度の設定ができました。

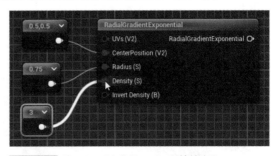

図3-118 ConstantからDensityに接続する。

Constant を3つ配置する

続いて、RadialGradientExponentialの値を利用して色の値を作成していきます。まず、定数の「Constant」を作成します。パレットの「定数」から「Constant」を配置してください。今回も3つのConstantを用意しておきましょう。

作成した3つのConstantは、詳細パネルのValueを以下のように設定しておきます。

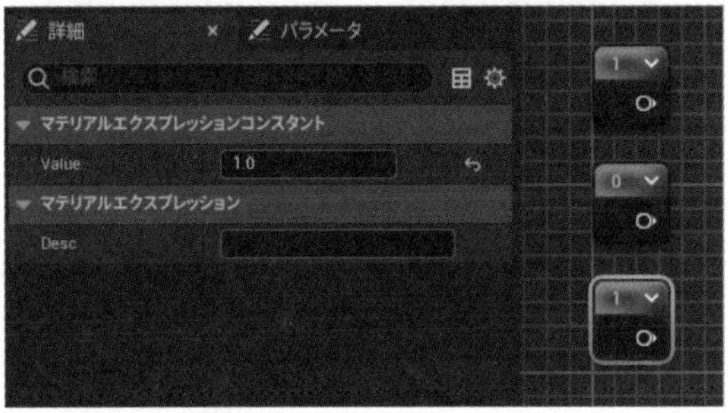

図3-119 Constantを3つ作成し、Valueを設定する。

1つ目	1.0
2つ目	0.0
3つ目	1.0

MakeFloat4を配置する

これでConstantとRadialGradientExponential
が用意できました。後は、これらを色の値としてま
とめるだけです。パレットから「その他」内にある
「MakeFloat4」を配置しましょう。

図3-120 MakeFloat4をドラッグ＆ド
ロップして配置する。

RadialGradientExponentialをMakeFloat4に接続

では、MakeFloat4に接続をしてい
きましょう。まずはRadialGradient
Exponentialからです。この出力項目を、
MakeFloat4の「Z」にドラッグ＆ドロッ
プして接続します。

3つのConstantは、MakeFloat4の残
る3つの入力にそれぞれ接続します。以
下のように接続してください。

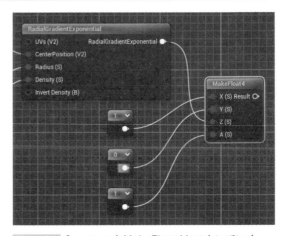

図3-121 ConstantをMakeFloat4につないでいく。

1つ目(「1.0」の Constant)	MakeFloat4の「X(S)」 につなぐ。
2つ目(「0.0」の Constant)	MakeFloat4の「Y(S)」 につなぐ。
3つ目(「1.0」の Constant)	MakeFloat4の「A(S)」 につなぐ。

MakeFloat4をRadialGradientExponentialに接続

最後に、MakeFloat4の出力を、結果
ノードの「ベースカラー」に接続して完
成です。今回もけっこうノードを使った
ので、つながり順が正しくできているか
よく確認してください。

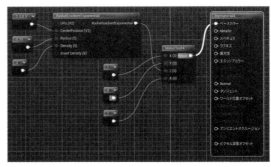

図3-122 RadialGradientExponentialをベースカラー
に接続して完成だ。

プレビューで確認しよう

完成したら、ビューポートのプレビュー表示で確認をしておきましょう。立方体の各面の中央からマゼンダの円が広がるのがわかるでしょう。

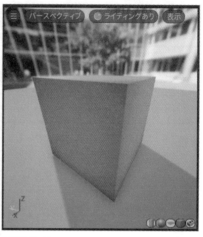

図3-123 プレビューで表示を確認する。

RadialGradientExponentialのRadiusを操作してみる

基本がわかったら、Radial GradientExponentialに接続されている値をいろいろと変更して、表示がどう変わるか確かめてみましょう。例えば、Radiusに接続しているConstantの値を「0.5」にすると、中央のマゼンタの円がだいぶ小さくなります。

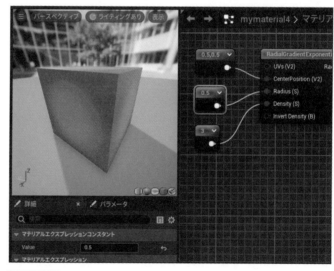

図3-124 RadiusのConstantを0.5にすると、中央のマゼンダの円が小さくなる。

171

CenterPositionを変更してみる

今度は、CenterPositionに接続しているConstant2Vectorのプロパティを2つともにゼロに変更してみましょう。すると、面の左上にマゼンダの円の中心が移動します。こんな具合に、値をいろいろと操作すれば、グラデーションの表情も変化するのです。

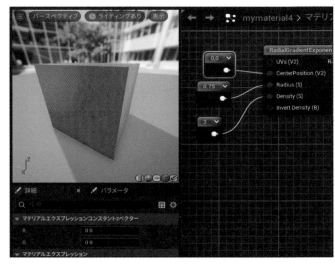

図3-125 CenterPositionの値をどちらもゼロにすると、面の左上からグラデーションする。

Section 3-4 マテリアルとテクスチャ

⑪ テクスチャを使おう!

ここまでは、色の値を使ってマテリアルを作成してきました。が、ただ色を指定するだけでは、表現できるものに限界があります。より本格的なマテリアルを作成するためには「テクスチャ」の利用が必要となります。

テクスチャは、ビットマップイメージのデータです。要するに、画像ファイルのことですね。Unreal Engineでは、画像ファイルを読み込んでさまざまなところで利用します。例えば、マテリアルを作成する場合でも、画像ファイルをそのままアクタの表面に貼り付けて表示するのはもちろん、その輝度の値を使ってデコボコや光の反射、透明の度合いなどを調整することもできます。

つまり、テクスチャは、グラフィックのデータであると同時に「2次元データとしての素材」という役割も果たすのです。例えば表面のデコボコを作る場合も、1点1点のデコボコ具合を数値で指定するより、テクスチャの各ドットの輝度を使ってデコボコ度を設定する(例えば黒が平坦で、色が白くなるほどデコボコが強くなる、という具合ですね)ほうがはるかにわかりやすいし簡単なのです。

StarterContentを利用する

が、そのためにはさまざまなテクスチャを用意しなければいけません。単純な線や面の組み合わせぐらいなら自分で作れるでしょうが、例えば草原のテクスチャとか大地のテクスチャとか、岩や金属のテクスチャ、なんて、どうやって用意すればいいんでしょう?

が、心配は無用です。Unreal Engineのプロジェクトには、プロジェクトで利用できるアセット(データファイル)が多数用意されています。この中には、もちろんテクスチャもあります。これらを利用すれば、誰でも簡単にテクスチャを使ったマテリアルを作成できるのです。

標準で用意されているのは「StarterContent」と呼ばれるものです。コンテンツドロワーを開いてみると、「コンテンツ」内に「StarterContent」というフォルダーが用意されていることがわかるでしょう。このフォルダーの中には、多数のアセットが種類ごとに分類整理されて保管されています。

「Textures」というフォルダーも用意されており、この中にはたくさんのテクスチャが用意されているのです。

図3-126 「Textures」フォルダーには多数のテクスチャが用意されている。

テクスチャ利用のマテリアルを作る

では、テクスチャを利用して、オリジナルのマテリアルを作ってみましょう。まずはテクスチャ利用の基本として、StarterContentのテクスチャをそのまま表示するマテリアルを作ってみます。

新しいマテリアルを作成する

コンテンツドロワーで「コンテンツ」フォルダーをクリックして選択し、「追加」ボタンのメニューから「マテリアル」メニューを選んで新しいマテリアルを作ってください。名前は「mytexturematerial1」としておきましょう。

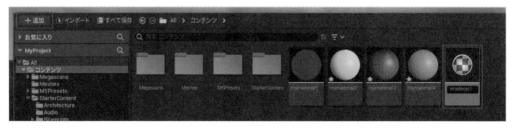

図3-127 新しいマテリアルを作り、「mytexturematerial1」と名前をつけておく。

テクスチャを選択

作成したmytexturematerial1をダブルクリックしてマテリアルエディタを開きましょう。そして、マテリアルエディタのウィンドウの位置を調整して、下のレベルエディタが見えるようにしておきます。

では、コンテンツドロワーを開き、「StarterContent」内の「Textures」フォルダーを選択してください。そして、その中にある「T_Brick_Clay_Beveled_D」というテクスチャを探してください。左上にある最初の項目です。なおコンテンツドロワーは、レベルエディタにあるものを開いてもいいですが、マテリアルエディタの左下にある「コンテンツドロワー」をクリックしても開くことができます。

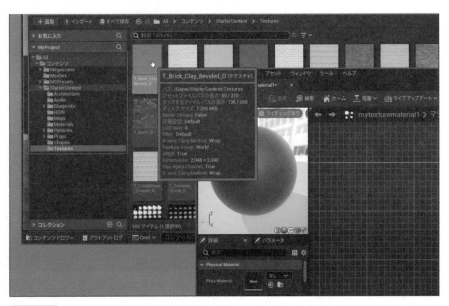

図3-128 レベルエディタのコンテンツドロワーからテクスチャを探す。

テクスチャをドラッグ＆ドロップ

ではテクスチャをマテリアルエディタ内に追加しましょう。コンテンツドロワーから「T_Brick_Clay_Beveled_D」のアイコンをドラッグし、マテリアルエディタのグラフ内にドロップしてください。

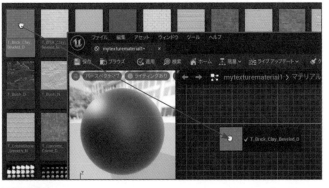

図3-129 テクスチャのアイコンをマテリアルエディタのグラフ内にドラッグ＆ドロップする。

TextureSampleが作成される

ドロップすると、マテリアルエディタのグラフ内に「Texture Sample」というノードが作成されます。これが、マテリアルエディタ内でテクスチャを利用するためのノードです。テクスチャをマテリアルエディタ内にドロップすると、そのテクスチャを表示するノードが自動生成されるのです。

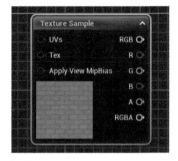

図3-130 「TextureSample」とタイトル表示されたノードが作成された。

TextureSampleをベースカラーに接続

作成したTextureSampleノードには、全部で6種類の出力項目があります。一番上がRGB全色の出力、その下にRGB及び透過度（αチャンネル）、そして最後に透過度まで含めたRGBA全色の出力になります。

このTextureSampleというノードは、イメージそのものの他に、設定されたテクスチャからRGBの各値だけを取り出せるようになっているのです。

では、一番上の全色出力の項目（「RGB」という出力ピン）をドラッグし、結果ノードの「ベースカラー」にドロップして接続しましょう。

図3-131 Texture Sampleからベースカラーにドラッグ＆ドロップする。

プレビューで確認！

これでテクスチャがそのままベースカラーとして表示されるようになりました。プレビュー表示で実際の表示がどうなるか確認しておきましょう。レンガ造りの壁のようなテクスチャが表示されるのがわかります。

図3-132 作成されたテクスチャによるマテリアル。

ⓤ Texture Sampleのプロパティ

テクスチャを使ったマテリアル作成の基本はできました。テクスチャの利用には、テクスチャを「TextureSample」というノードとして用意するのが基本です。

では、作成したTextureSampleノードを選択して、詳細パネルを見てください。けっこうたくさんのプロパティが用意されていることがわかります。以下にその内容についてまとめておきましょう。といっても、別に今すぐ覚える必要はありません。「こんなものが用意されているんだな」と眺める程度でいいでしょう。

マテリアルエクスプレッションテクスチャサンプル

MipValueMode	テクスチャへのノイズを適用するモード
Sampler Source	テクスチャに各種フィルターを設定するサンプラーのソース
Automatic View Mip Bias	ミップマップというテクスチャを保管するデータを自動設定する
Const Coordinate	コーディネートが使われない場合に使われる定数
Const Mip Value	MinValueModeが使われない場合に利用される定数

マテリアルエクスプレッションテクスチャベース

Texture	使用するテクスチャ
Sampler Type	サンプラーの種類。通常は「Color（色）」を指定
Is Default Meshpaint Texture	メッシュペイントモードでデフォルトに使われる

図3-133 TextureSampleと詳細パネルのプロパティ。

⑪ UV座標で倍率を設定する

テクスチャを単純に表示するなら、これで終わりです。が、実際には、利用するテクスチャをいろいろと加工して使うことも多いでしょう。

まずは、テクスチャの縦横の倍率を調整してみましょう。TextureSampleには「UVs」という入力があります。これは、今まで何度かちらっと出てきた「UV座標データ」というものを接続して、その情報をもとにテクスチャを生成するためのものです。

このUV座標データは、前に使った「TextureCoordinate」というノードを使って用意できます。

TextureCoordinateを配置する

では、パレットから「座標」内にある「TextureCoordinate」を探してグラフに配置しましょう。

これらは縦横のタイリング（テクスチャを並べること）に関する設定です。いずれも1.0になっていますが、これは等倍（原寸表示）で貼り付けていることを示します。この値を変更すれば、テクスチャの縦横の倍率を変えることができます。試しに、「UTiling」の値を「2.0」にしてみましょう。

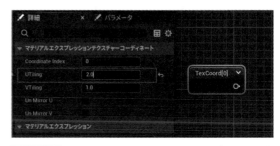

図3-134 TextureCoordinateのUTilingプロパティを2.0に変更する。

TextureCoordinateを接続する

では、配置したTextureCoordinateの出力から、TextureSampleの「UVs」入力項目へドラッグ＆ドロップして接続をしましょう。これでTextureSampleのタイリングサイズが変更されます。

図3-135 TextureCoordinateをTextureSampleの「UVs」へ接続する。

レンガの長さが半分になった！

プレビューで表示を確認してみると、横長だったレンガが半分の長さに変わるのがわかります。こんな具合に、UTilingで横幅が、VTilingで高さが変更できるのです。

図3-136 デフォルトの状態と、UTilingを2.0にした場合。わかりやすいようにキューブでプレビューしてある。

🎅 穴あきマテリアルを作る

テクスチャは、単に表示するイメージだけでなく、マテリアルのさまざまな機能で利用することができます。1つの例として、「穴あきマテリアル」を作ってみましょう。

新しくマテリアルを作成する

まず、コンテンツドロワーの「追加」ボタンから「マテリアル」メニューを選び、新しく「mytexturematerial2」という名前でマテリアルを作成しましょう。

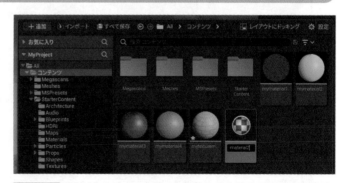

図3-137 新しく「mytexturematerial2」という名前でマテリアルを作る。

テクスチャを使う

作成したマテリアルをダブルクリックして開き、マテリアルエディタを表示しましょう。そしてコンテンツドロワーを開いて、「Textures」フォルダーから「T_Ceramic_Tile_M」というテクスチャを探してください。カラフルなチェック模様のテクスチャです。これをマテリアルエディタのグラフにドラッグ＆ドロップして配置しましょう。

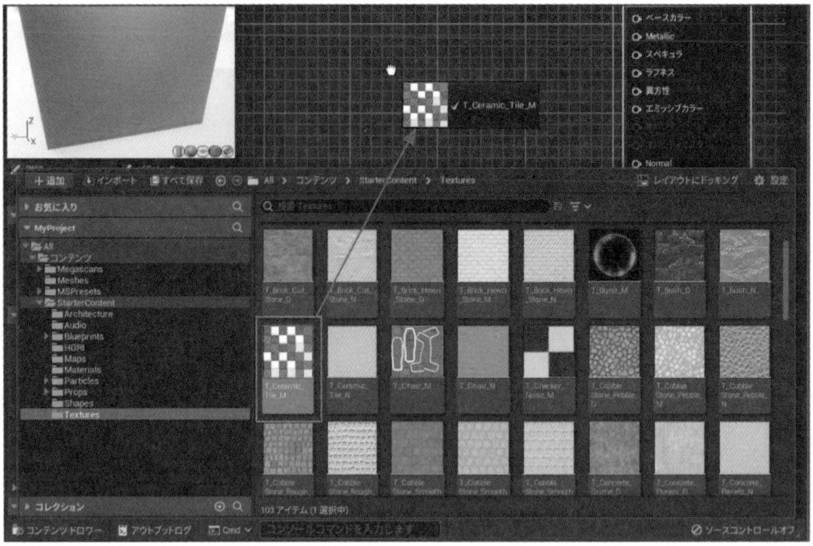

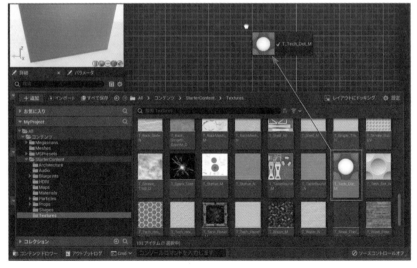

図3-138 「T_Ceramic_Tile_M」というテクスチャを探して配置する。

2つ目のテクスチャを追加する

同様に、コンテンツドロワーの同じフォルダー内にある「T_Tech_Dot_M」というテクスチャを探しましょう。赤い背景にピンクと白の円が描かれているものです。これをドラッグ＆ドロップしてマテリアルエディタのグラフに追加してください。

図3-139 「T_Tech_Dot_M」というテクスチャを配置する。

2つのTexture Samplerが追加される

これで、ドロップした2つのテクスチャを利用するTexture Sampleが作成されました。配置したテクスチャが間違ってないかよく確認してください。

図3-140 2つのTexture Sampleが作成された。

Blend Modeを「Masked」に変更

マテリアルエディタのグラフで何も選択しない状態（あるいは、結果ノードを選択してもOK）にして、詳細パネルから「Blend Mode」のプロパティを探します。

この値を「Masked」に変更してください。これは、オパシティマスクという、透過度のマスク（ビットマップイメージで透過度の情報を指定するもの）を利用するためのものです。

図3-141 詳細パネルから「Blend Mode」の値を「Masked」に変更する。

オパシティマスクを設定する

では、「T_Tech_Dot_M」テクスチャ（赤地に白とピンクの円）の「B」の出力ピンを、結果ノードの「オパシティマスク」に接続しましょう。これで、このイメージの青の輝度を使って透過度のマスク処理がされるようになります。

続いて「_Ceramic_Tile_M」の「RGB」出力ピンを結果ノードの「ベースカラー」に接続します。これでマテリアルは完成です！

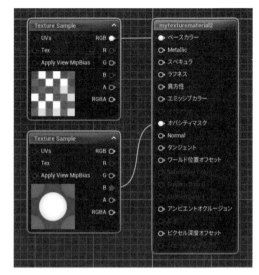

図3-142 2つのTexture Sampleの出力をベースカラーに接続する。

プレビューで確認

では、プレビュー表示で確認をしてみましょう。球のままでもわかりますが、立方体に変更すると更にわかりやすいでしょう。オパシティマスクに設定したイメージの赤地の部分がきれいに透過していることがわかるでしょう。

図3-143 プレビューでマテリアルの表示を確認する。

アクタに設定してみる

では、実際にアクタにマテリアルを使ってみましょう。マテリアルエディタを閉じ、コンテンツドロワーから作成した「mytexturematerial2」のアイコンをドラッグして、作成してあったアクタにドロップしてください。すると一部が透明になったアクタが表示されるようになります。透明なところは向こうの景色が透けて見えるのがわかります。

図3-144 アクタの透明なところでは地面や空などの背景が透けて見える。

表面の凹凸を作る

テクスチャは模様だけでなく、表面の立体感を出すのにも利用されます。今度はテクスチャを使って凹凸のあるマテリアルを作ってみましょう。

新しいマテリアルを作成する

ではコンテンツドロワーの「追加」ボタンから「マテリアル」メニューを選び、新しいマテリアルを作成してください。名前は「mytexturematerial3」としておきます。

図3-145 新しく「mytexturematerial3」というマテリアルを作る。

3つのテクスチャをグラフに追加する

マテリアルで凹凸の感じを出すためには、ただ表示する模様のテクスチャがあるだけでは難しいでしょう。凹凸の感じを表すためのテクスチャや、光の散乱のためのテクスチャなども必要となってくるでしょう。

こうしたものをすべて用意するのはなかなか大変ですが、幸いなことにStarterContentにはこうしたテクスチャがすべて揃っているものもあります。それらを利用して、凸凹のあるマテリアルを作ってみましょう。

では、「StarterContent」内の「Textures」フォルダーから、以下の3つのテクスチャを探してマテリアルエディタのグラフ上にドラッグ＆ドロップし配置してください。最初から3〜5番目に見つかるでしょう。

T_Blick_Clay_New_D	レンガのテクスチャ
T_Blick_Clay_New_M	レンガの薄い緑のテクスチャ
T_Blick_Clay_New_N	レンガのブルーのテクスチャ

図3-146 3つのテクスチャをマテリアルエディタに追加する。

3つのTexture Sample

　これでテクスチャごとに計3個の
Texture Sampleノードが作成されまし
た。これらを利用してマテリアルを作成
していきます。

　これらの内、マテリアルに表示するも
のはT_Blick_Clay_New_D（レンガの
テクスチャ）です。残る2つは、直接表示
するのではなく、マテリアルの設定に利
用します。

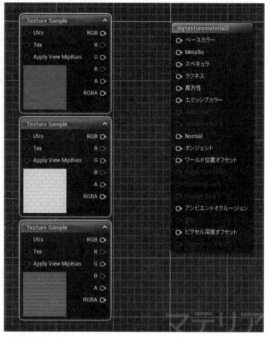

図3-147 3つのTexture Sampleが作成された。

Texture Sampleを結果ノードにつなぐ

　では、作成したTexture Sampleノードを、結果ノードにつなぎましょう。ここでは以下
のように接続をしてください（左側がTexture Sampleの出力ピン、右側が結果ノードの入
力ピンです）。

T_Blick_Clay_New_D

RGB	ベースカラー

T_Blick_Clay_New_M

R	ラフネス
B	ピクセル深度オフセット

T_Blick_Clay_New_N

RGB	Normal

ここでは、これまで使ったことのない入力ピンが2つ使われています。簡単に触れておきましょう。

まず、「Normal」です。これは法線マップと呼ばれるものを受け取るものです。法線マップとは、表面の凹凸を表した特殊なテクスチャで、これをもとに表面の凹凸の感じを再現します。

もう1つの「ピクセル深度オフセット」というのは、テクスチャをもとに各ピクセルを画面の奥方向に移動するためのものです。つまりこれに深度を表す特殊なテクスチャを設定することで、マテリアルに描かれる模様に凹凸した感じを出せるのです。

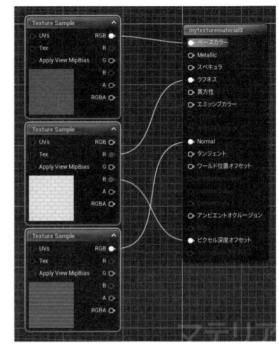

図3-148 各Texture Sampleを結果ノードに接続する。

プレビューで確認する

ここまでで、とりあえず表面の凹凸感があるマテリアルができました。プレビューで表示を確認してみましょう。何となく凹凸があるような感じがしませんか？

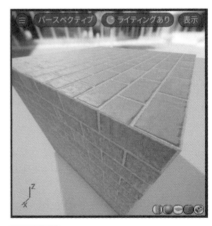

図3-149 プレビューで表示を確認する。

⑪ Bumpオフセットを利用する

　これでそれらしい感じのマテリアルはできましたが、更に凹凸を強調してより立体的な見た目になるようにしてみましょう。

　Unreal Engineのマテリアルには「Bumpオフセット」という機能があります（一般に「視差マッピング」とも呼ばれます）。これは、マテリアルのUV座標を操作することにより、更に立体感のある表示を作り出すものです。

　これは「Bump Offset」というノードとして用意されています。パレットから「ユーティリティ」というところにある「Bump Offset」を探してグラフに配置してください。

　このBump Offsetには、3つの入力と1つの出力があります。簡単に説明しておきましょう。

入力ピン

Coordinate	テクスチャの座標を表すものです。
Height	凹凸の高さを表すテクスチャを指定します。
HighRatioInput	凹凸の比率を示します。

出力ピン

出力	出力は1つだけです。作成されたBumpオフセットが出力されます。

図3-150 Bump Offsetノード。3つの入力ピンと1つの出力ピンがある。

テクスチャをBump Offsetに接続する

　では、Bump Offsetを使いましょう。ここには、高さの情報を受け取る「Height」という入力ピンがあります。これに高さの情報を表すテクスチャを指定します。今回は、ベースカラーで表示しているT_Blick_Clay_New_Dをそのまま利用しましょう。

　既に配置されている「T_Blick_Clay_New_D」ノードを右クリックして「複製」メニューを選んでください。これでノードが複製されます。このノードをドラッグして「Bump Offset」の左側に移動し、RGBAの出力ピンをBump Offsetの「Height」に接続してくだ

さい。これでT_Blick_Clay_New_Dのテクスチャをグレースケールで表したイメージがBump Offsetの高さの比率として渡されます。要するに、これでT_Blick_Clay_New_Dのグレースケールイメージを使って高さが調整されるようになった、というわけです。

もう1つ、「Height Ratio」というプロパティも設定しておきましょう。これは直接値を書き換えて設定します。「Bump Offset」ノードを選択し、詳細パネルから「Height Ratio」属性の値を「0.05」に設定しておきましょう（デフォルトで既に0.05に設定されています）。

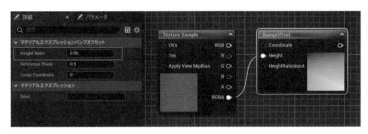

図3-151 Texture SampleからBump OffsetのHeightに接続をし、Height Ratioの値を設定する。

Bump OffsetをUVに接続する

では、Bump Offsetの出力を利用しましょう。出力ピンから、3つのTexture Sampleの「UV」入力ピンまでそれぞれドラッグして接続をしてください。これで3つのテクスチャがBump Offsetによるオフセットの調整を受け入れて表示を作成するようになります。

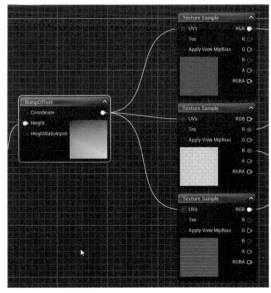

図3-152 Bump Offsetから3つのTexture SampleのUVに接続する。

プレビューで確認する

これでマテリアルが完成しました。ではプレ
ビューで表示を確認しましょう。先ほどよりも更に
凹凸感のある表面になっているのがわかるでしょ
う。

図3-153 プレビューで表示を確認する。

アクタに使ってみる

完成したらマテリアルを保存し、レベルにあるアクタに設定してみましょう。単なるイ
メージを表示するマテリアルに比べ、より立体的でリアルな表示になるのがわかるでしょ
う。

マテリアルにはこの他にもさまざまな機能が用意されていますが、まずは結果ノードにあ
る主な入力ピンの働きを理解し、これらを組み合わせて表示を行えるようになりましょう。
それだけでもずいぶんと表現力をアップすることができますよ！

Chapter 4

ビジュアルエフェクトと
ランドスケープ

ゲームでは、いかに視覚的に効果のある画面を作るかが重要です。
それはアクタだけでは作れません。
ゲームのビジュアルを考える上で欠くことのできない「エフェクト」と
「風景」の作成について説明しましょう。

Niagaraシステムの利用

Niagaraとパーティクルシステム

　ゲームで必要となるものというのは、実は単純な3Dモデルだけではありません。モデルとなる部品を作れるようになりました。が、この他にも重要な要素がまだ手付かずになっているのです。それは、「視覚効果」です。

　ゲームというのは、ただ物が表示されて動けばOKではありません。例えば、ミサイルが発射された、というようなとき、ミサイルの炎と噴射される煙がないと、ゲームは盛り上がりませんよね？

　こうした、ゲームを演出する効果というのは至るところで使われています。炎、噴水、火花、煙、魔法、レベルアップで使うキラキラっとした表現。そうした視覚的な表現がゲームには必要です。

　こうしたものを実現するため、Unreal Engine 5では「Niagara」というビジュアルエフェクトシステムが搭載されています。それ以前より視覚効果の機能はあったのですが、Unreal Engine 5によりそれが刷新され、まったく新しいシステムとして搭載されました。それが「Niagara」なのです。

パーティクルとエミッタ

　Niagaraは、視覚効果に関するいくつかの部品を組み合わせて作成されます。大きく分けると、それは3つのもので構成されます。

パーティクル	視覚効果で使われるパーツです。例えば爆発の火花、炎の煙などがパーティクルです。
エミッタ	パーティクルを必要に応じて放出するものです。パーティクルを決まった数だけ指定の方向に指定の時間をかけて放出させる、その管理を行います。
システム	使用するエミッタをまとめて管理するものです。

　これらの内、パーティクルはエミッタという部品の中で設定して使われます。必要に応じてエミッタを作成し、それらをシステムで統合して操作する、それがNiagaraの基本的な開発スタイルになります。

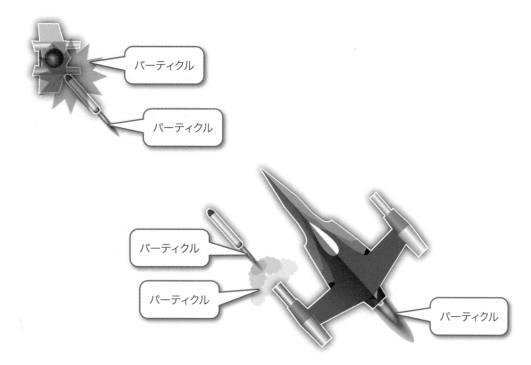

図4-1 ゲームでは、演出としてさまざまなところで視覚効果が使われている。

Niagara システムを作ろう

では、実際にNiagaraを使ってみましょう。まずは、Niagaraがどのように動くのかを実際に確認しながらその働きを理解していかないといけません。そこでNiagaraの「システム」を作成してみることにします。

Niagaraのシステムは、使用するエミッタを組み込んで作成をします。ですから、エミッタがないとシステムは作れません。が、非常に便利なことに、デフォルトで作成されるプロジェクトには最初からサンプルのエミッタがいくつか用意されています。これらを利用することで、お手軽にNiagaraのシステムを作成できるのです。

Niagaraシステムファイルの作成

Niagaraシステムはアセット（プロジェクトのリソースとして利用するファイル）として作成をします。ではレベルエディタ左下にあるコンテントドロワーをクリックして開き、「追加」ボタンをクリックしてメニューを呼び出してください。その中に「Niagaraシステム」という項目があります。これを選んでください。そして以下の手順でファイルを作成しましょう。

図4-2 「追加」ボタンのメニューから「Niagaraシステム」を選ぶ。

● 1. システムの作成方法を選択

画面にウィンドウが現れ、どのような方法でNiagaraシステムを作成するかを尋ねてきます。まったく新しく作る他、既にあるものを複製して作ることもできます。今回はデフォルトで用意されているエミッタを使って作成するので、「選択したエミッタに基づくシステム」を選んで次に進みます。

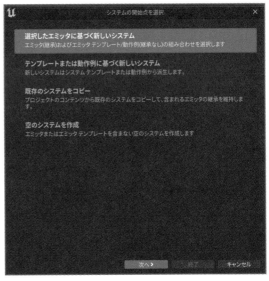

図4-3 「選択したエミッタに基づくシステム」を選ぶ。

●2. 追加するエミッタの選択

　ウィンドウ内に、現在利用可能なエ
ミッタのリストが表示されます。上部に
「ソースフィルタリング」という項目があ
り、ここで検索する対象を指定できます
（デフォルトでは「すべて選択」になって
います）。その下には「Templates」「親
エミッタ」「動作例」と切り替えタブがあ
ります。今回は「Templates」を選んで
ください。ここから利用するエミッタを
選びます。

図4-4 エミッタの一覧リストが表示される。

●3. Fountainエミッタを選択

　リストの中から「Fountain」というエ
ミッタを探してください。これを選択し、
右下の「＋」ボタンをクリックします。

図4-5 「Fountain」を選択し追加する。

● 4. 終了ボタンをクリック

「追加するエミッタ」に「Fountain」
が追加されます。そのまま「終了」ボタ
ンを押して終了してください。

図4-6 「Fountain」が追加された。

● 5. ファイル名を入力

ウィンドウが消えてNiagaraシステムのファイルが作
成され、名前を入力する状態になります。「MyNiagara」
と名前をつけておきましょう。

図4-7 ファイル名を「MyNiagara」
と設定しておく。

Niagaraシステムエディタ

作成された「MyNiagara」ファイルをダブルクリックすると、新しいウィンドウが開か
れます。これは、Niagaraシステムの編集エディタです。パッと見た感じでは、マテリアル
エディタのようなブループリントを利用するエディタのように見えますが、その他にも細々
とした表示がたくさんあります。ここで主なパネルの役割についてざっと説明しておきま
しょう。

図4-8 Niagara システムエディタのウィンドウ。たくさんのパネルで構成されている。

ツールバー

　ウィンドウ最上部に見えるメニューバーのすぐ下にある横長のバーです。よく使われる機能についてはここに用意されています。右側に「：」や「v」が表示されている項目は、これをクリックするとプルダウンメニューが現れます。

　ツールバーの機能はよく利用されるものが中心になっていますが、今すぐ覚える必要はありません。使うときにその都度働きを覚えればいいでしょう。

図4-9 メニューバーとツールバー。

プレビューパネル

　ウィンドウ左上に縦長に表示されているプレビュー表示です。ここで、設定されたNiagaranoのエフェクトがどのように表示されるかが確認できます。

　プレビューの上部にはグレーのボタンのようなものがあり、これをクリックすることで表示な動作を変更できます。左端の「≡」は統計情報など画面に表示される情報を設定します。また右側にはパースペクティブやレンダリングに関数項目が並び、プレビューでの表示の状態を調整できます。

　これらの機能は、あくまでプレビューの表示のためのものであり、実際のレベルでの表示には何ら影響は与えません。

図4-10　プレビューパネル。エフェクトのプレビュー表示がされる。

パラメータパネル

　パーティクルを扱うエミッタやシステムが利用する各種の値（パラメータ）を管理するためのものです。

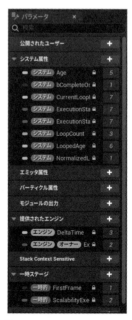

図4-11　パラメータパネル。各種の値が一覧表示されている。

システムの概要パネル

　ウィンドウの中央に見える、マテリアルエディタ
のノードのようなものが配置されているエリアで
す。これは、マテリアルエディタでノードをつなげ
てプログラムを作成するグラフと同じような表示に
なっています。

　ただし、ここでノードを多数つなげて複雑なコー
ドを作ることはありません。ノードにそっくりな形
をしていますが、これらはピンをドラッグしてつな
げたりすることはできません。用意されている各種
の設定を管理するためのものなのです。

図4-12 システムの概要パネル。ノードの
ようなものが配置されている。

スクラッチパッドパネル

　「システムの概要」パネルの上部には、
パネル名を表示したタブが見えます。こ
こにある「システムの概要」タブの右側
にあるのが「スクラッチパッド」という
タブです。

　これをクリックすると、スクラッチ
パッドというパネルに切り替わります。
システムの概要と同じように、一見した
ところはマテリアルエディタのグラフと
同じような感じのものですね。

　こちらは、実際にノードを配置してプ
ログラムを作成するものです。このスク
ラッチパッドは、Niagaraで利用するモ
ジュールと呼ばれるものを作成するのに
使うものです。ここでプログラムを作る
ことで、エミッタなどで独自の処理を実
行できるようになります。

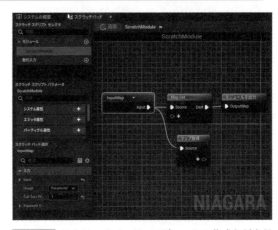

図4-13 スクラッチパッド。モジュールの作成などを行
う。

選択項目パネル（スタック）

　ウィンドウの右側に見える縦長のエリアです。システムの概要で項目を選択すると、その設定内容などがここに表示されます。Naiagaraシステムの基本的な設定は、システムの概要で項目を選択し、この選択項目のパネルで細かな設定を行う、という形になるでしょう。

図4-14 選択項目パネル。システムの概要で選択した項目の詳細設定が現れる。

タイムラインパネル

　ウィンドウの下部にある横に細長いパネルです。左側の「トラック」というところに「Fountain」という項目があり、右側には 棒グラフのようなものが表示されていて、その上をリアルタイムに線が左から右へと動いています。

　これは、エミッタの状況をリアルタイムに表示するものです。トラックにある「Fountain」というのは、このシステムに追加されているエミッタ名です（Niagaraシステムを作るときに「Fountain」というエミッタを追加しましたね？）。

　Niagaraシステムでは、複数のエミッタを組み込むことができます。それらはこのタイムラインにずらっと並んで表示され、いつスタートしいつ終了するかがグラフで示されます。そして、リアルタイムに実行されている現在地点が縦線で現され、リアルタイムなエフェクトの状態がプレビューに表示されている、というわけです。

　つまりタイムラインのグラフから「今、どの地点を再生しているか」を確認しながらプレビューを眺めれば、時間とともにエミッタがどのように変化していくかがわかるようになっているのです。

図4-15 タイムライン。各エミッタの動作状況がリアルタイムに確認できる。

カーブパネル

タイムラインの上部にあるタブ表示部分には、「タイムライン」の他にもいくつかのタブが見えるでしょう。その中から「カーブ」をクリックすると現れます。

カーブパネルは、エミッタでのパーティクル放出に関する値の変化をグラフで表すためのものです。例えば「最初ははっきり表示されているパーティクルが、放出後は時間とともに薄くなり消えていく」というような効果を設定したい場合、時間ごとに透過度の値が変化するような処理が必要になります。こうした時間の経過に応じてゆるやかに変化する設定などを行うのにカーブは使われます。

デフォルトでは、Fountainには「Scale Color」というパーティクルの色の変化に関する設定項目が用意されています。これにより、放出されるとゆっくり薄れていくような効果が得られます。

図4-16 カーブ。値の変化をグラフで設定する。

MyNiagaraとFountain

では、システムの概要パネルを見てみましょう。ここには2つのノードが用意されています。「MyNiagara」と「Fountain」です。

MyNiagaraは、このNiagaraシステムの設定などを表すもので、「システムノード」と呼ばれます。ここに、システムが使うパラメータやモジュールなどを追加し、その設定を行います。

Fountainは、このNiagaraシステムに追加したエミッタの設定を表すもので、「エミッタノード」と呼ばれます。このエミッタノードの設定こそが、Niagaraのもっとも重要なものといえるでしょう。

ここでは2つのノードがあるだけですが、複数のエミッタを追加すれば、エミッタごとにノードが用意されることになります。例えば3つのエミッタを組み込んでいれば、システムノード1つと各エミッタノードで計4つのノードが配置されることになります。

図4-17 システムとエミッタの設定ノードが用意されている。

エミッタの設定ノード

では、「Fountain」エミッタノードの項目を見てみましょう。ここには、以下のような項目が用意されています。ざっと役割を整理しておきましょう。

エミッタのスポーン	エミッタ作成時に実行される、エミッタの初期設定のためのものです。
エミッタの更新	エミッタが更新されるごとに繰り返し呼び出される設定です。
パーティクルのスポーン	パーティクル作成時に実行される初期設定です。
パーティクルの更新	パーティクルが更新されるごとに繰り返し実行されるものです。
レンダリング	レンダリング時に実行される設置です。

ざっと「エミッタとスプライトの初期化と更新時の設定」「レンダリング時の設定」といったものが用意されていることがわかります。

これらの項目をよく見ると、項目名だけで何の設定もないものと、項目の下に設定が表示されているものがわるのがわかるでしょう。デフォルトでは、いくつかの設定が用意されているだけなのです。

図4-18 設定ノードの「＋」をクリックすると、追加できる設定がポップアップして現れる。

各項目名の右側には「＋」アイコンが表示されています。これをクリックすると、その項目に追加できる設定がポップアップして現れます。ここから必要に応じて設定を選び、追加していくのです。

エミッタの設定について

　では、エミッタにデフォルトで用意されている設定についてざっと見ていきましょう。エミッタには多数の設定が用意されていますが、デフォルトで用意されているものはそう多くはありません。

　エミッタノードにある設定項目をクリックして選択すると、その詳細情報が右側の選択項目パネルに表示されます。項目ごとにどのような詳細情報が用意されるのか、簡単にまとめておきます。

Emitter State

　「エミッタの更新」のところに用意されています。ここには「Life Cycle」と「Scalability」という詳細設定が用意されています。

　Life Cycleは、エミッタのライフサイクル（エミッタが作成され、使われ、消滅する、そのサイクル）に関する設定です。またScalabilityはエミッタのスケーラビリティに関する設定です。それぞれ以下のものが用意されています。

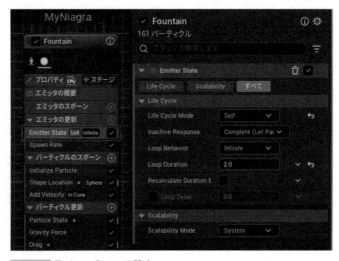

図4-19 Emitter Stateの設定。

Life Cycle Mode	ライフサイクルの経過時間などの計算処理をシステムが行うかエミッタが行うかを指定します。
Inactive Response	アクティブでなくなったときの処理を指定します。「Complete（完了したら消滅）」「Kill（即座に消滅）」「Continue（破棄されるまで存続）」から選びます。
Loop Behavior	再生に関する動作を指定します。「Once（1度だけ再生）」「Multiple（指定回数再生）」「Infinite（エンドレスで繰り返す）」から選びます。
Loop Duration Mode	ループが無限か有限かを指定します。
Loop Duration	ループの時間を指定します。
Loop Dlay	ループの次の再生までの待ち時間を指定します。
Scalability Mode	スケーラビリティの設定モードです。システムの設定か、エミッタで設定するかを指定します。

これらの中で覚えておきたいのは、まず「Loop Behavior」でしょう。これでどれだけエフェクトを再生するかを指定できます。またLoop DurationとLoop Dlayは、エフェクトの再生時間を設定するのにけっこう必要になります。

Spawn Rate

Emitter Stateの下にある「Spawn Rate」は、エミッタがパーティクルを生成するレートに関するものです。ここには「Spawn Rate」と「SpawnGroup」があります。

Spawn Rateは、最大いくつのパーティクルを生成するかを指定するものです。この数が多くなると、同時に多数のパーティクルが作成されるようになります。SpawnGroupはカテゴリ分けするためのグループ番号を指定するものです。

とりあえず、「Spawn Rateでパーティクルの数を設定できる」ということだけ覚えておきましょう。

図4-20 Spawn Rateが100の場合と10の場合の違い。

Initialize Particle

「パーティクルのスポーン」は、パーティクルの初期化のためのものです。その最初にある「Initialize Particle」は、名前の通り初期化のための設定です。

ここには、多数の項目が用意されており、それらについて1つ1つ初期値を設定できます。ここでは、主な設定項目についてピックアップして説明しておきましょう。

●Point Attribute

「Point Attribute」に用意されているのは、パーティクルの基本的な位置、カラー、生存時間、質量といった物に関する設定です。ここにある設定は、どれもパーティクルの基本的な挙動に関連するものです。いずれも重要なので、できれば一通りの働きを頭に入れておきたいところです。

図4-21 Initialize Particle の「Point Attribute」の詳細設定。

Lifetime Mode	ライフタイム(生存時間)の設定方式を選びます。「Random(ランダム)」と「Direct Set (直接指定)」があります。
Lifetime Min/ Lifetime Max	Randomを選んだとき、生存時間の最低秒数と最大秒数を指定します。その範囲内からランダムに生存時間が決められます。
Lifetime	Direct Setを選んだとき、生存時間の秒数を直接指定します。
Color Mode	色の設定方式を選びます。「Unset (設定しない)」「Direct Set (直接指定)」「Random Range (ランダム範囲指定)」「Random Hue/ Satulation/Value (HUE/Satulation/Valueを指定)」から選びます。
Color	Color Modeで「Direct Set」を選んだとき、パーティクルの色を直接指定します。
Color Minimum/ Color Maximum/ Color Channel Mode	Color Modeで「Random Range」を選んだとき、カラーの最小値・最大値・色のチャンネル指定(RGB/RGA/ランダム)などの値を指定します。

Position Mode	パーティクルの位置の設定モードを指定します。「Unset（設定しない）」「Direct Set（直接指定）」「Simulation Position（シミュレーション位置）」から選びます。
Position	Position Modeで「Direct Set」を選んだとき、位置を直接指定します。
Position Offset	Position ModeでUnset以外を選んだとき、位置のオフセット（指定された一からどれだけ離れた場所にするか）を指定します。
Mass Mode	パーティクルの質量についての設定モードを選びます。「Unset(Mass of 1)」「Direct Set」「Random」から選びます。
Mass	Mass Modeで「Direct Set」を選んだとき、質量を指定します。
Mass Min/Mass Max	Mass Modeで「Random」を選んだときの最小値と最大値を指定します。

●Sprite Attribute

スプライトの大きさと回転角度（向き）に関するものです。Sprite Size ModeとSprite Rotation Modeでモードを指定し、後は選んだモードに応じて大きさや角度などの値を必要ならば設定します。

図4-22 Sprite Attributeの詳細設定。

Sprite Size Mode	パーティクルで作成されるスプライトの大きさをどのように設定するかを示すモードです。「Unset（設定しない）」「Uniform（定型）」「Random Uniform（ランダムな定型）」「Non-Uniform（非定型）」「Random Non-Uniform（ランダムな非定型）」があります。
Spirte Size/ Spirte Size Min, Max/ Uniform Spirte Size/ Uniform Spirte Size Min, Max	Sprite Size Modeで指定したモードに応じて、スプライトの大きさを設定する項目が用意されます。
Sprite Rotation Mode	スプライトの向きをどう設定するかを示すモードです。「Unset（設定しない）」「Random（ランダム）」「Direct Angle（角度を0～360で指定）」「Direct Normalized Angle（正規化された角度、0.0～1.0で指定）」のいずれかを選びます。
Sprite Rotation Angle	Sprite Rotation ModeでDirect Angle/Normalized Direct Angleを選んだとき、角度の値を指定します。

Shape Location

　パーティクルのスポーンにある「Shape Location」は、パーティクルが放出される範囲を表すシェイプ（ベースとなる図形。形状アクタをイメージすればOK）に関する設定です。ここには以下のような項目が用意されています。

●Shape

Shape Primitive	シェイプの基本形。用意されている種類の中から使用する形状を選びます。
Shapeの形状設定	Shape Primitiveで選んだシェイプの形状に関する設定がその下に自動追加されます。これは形状に応じて変わります。例えばSphere（球）ならばRadius（半径）の項目、Box（立方体）ならば縦横高さの項目などが表示されます。

●Distribution

　Shape Primitiveで選択したシェイプに応じてこの部分は変わります。Distributionは、指定のシェイプを利用してパーティクルのディストリビューション（分布）される際の設定です。ここでシェイプの向きや大きさ、角度などを調整すると、それによって作成されたシェイプの形状に合わせてパーティクルが放出されるようになります。

●Transform

　放出されるパーティクルの位置や大きさ、方向などを設定するためのものです。これもシェイプの形状に応じて設定可能な項目がダイナミックに変わります。

　このShape Locationは、Shape Primitiveでどの形状（シェイプ）を選ぶか、そして選んだシェイプの形状設定をどのように行うか、がもっとも重要です。これらだけでも設定の基本を頭に入れておくようにしましょう。

図4-23 Shape Locationの詳細設定。

Add Velocity

「Add Velocity」は、放出されるパーティクルにかけられる力の設定です。「Velocitoy Mode」で放出速度に関するモードを指定し、そこで選んだ値に応じて詳細設定の項目が現れます。

加えられる力が変わると、パーティクルの放出される速度や、どこまで飛んでいくかなども変わってきます。速度によりこれらを調整することができます。

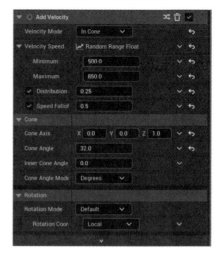

図4-24 Add Velocitoyでパーティクルの速度設定が行える。

Gravity Force

パーティクルは、質量が設定されていれば、重力の影響を受けて動きます。これはパーティクルに適用される重力の設定です。Gravityという項目で、x, y, zの各軸に重力値を設定できます。つまり下に落ちるだけでなく、横に落ちたり上に落ちたりするパーティクルも作れるわけです。

図4-25 Gravity Forceで重力の設定をする。

Scale Color

色の値に関するものです。Scale ModeでRGBとアルファチャンネルをどのように扱うか（一緒に扱うか、別々に扱うかなど）を指定し、その下に表示される項目でそれぞれの色に関する値を設定します。

面白いのは、デフォルトではScale Alpha（アルファチャンネルの値の設定）に「FloatCurve」というものが指定され、グラフを使って値が変化するようになっていることです。これは、先ほどちょっと触れましたが「カーブ」パネルによる設定です。このように色の値は、決まった値を指定するだけでなく、カーブパネルで変化を細かく設定できます（カーブの利用については後述）。

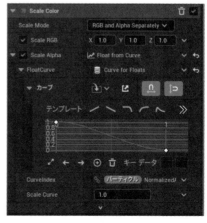

図4-26 Scale Colorの設定。Scale Alphaはカーブによるグラフを利用している。

Sprite Renderer

スプライトのレンダリングに関する細かな設定が
用意されています。設定には「Material」という項
目があり、ここでパーティクルに用いられるマテリ
アルが指定されます。ここでどのようなマテリアル
を使うかによって、光の粒のようなもの、炎や煙、
レーザービームや雷など、エフェクトのビジュアル
が大きく変わります。

このSprite Rendererには、レンダリングに関する
非常に詳しい詳細設定が用意されていますが、とりあ
えず覚えるべきは「Material」だけでしょう。他のも
のは、より本格的なパーティクルを作成するように
なったときに改めて調べてみればいいでしょう。

図4-27 Sprite Renderer。「Material」で
マテリアルを設定できることだけ覚えてお
けばOKだ。

🎮 パーティクル用のマテリアルを用意する

主な設定についてざっと頭に入れたところで、実際に設定を変更してパーティクルをいろ
いろと変えてみましょう。

まずは、「Sprite Renderer」にある「Material」です。これは、パーティクルに表示され
る内容を指定するものでした。マテリアルの表示が、そのままパーティクルの表面に描かれ
るわけですね。ということは、独自のパーティクルを作ろうと思ったなら、まず「表示する
マテリアル」から作ることになります。

新しいマテリアルを作成する

では、実際に簡単なマテリアルを作っ
てみましょう。コンテンツドロワーの「追
加」ボタンをクリックし、「マテリアル」メ
ニューを選んで新しいマテリアルのアセッ
トファイルを作成してください。名前は
「mypritematerial」としておきましょう。

図4-28 新しいマテリアルを作成し、mysprite
materialと名前を指定する。

Blend Modeの変更

作成したmyspritematerialをダブルクリックしてマテリアルエディタを開いてください。そして結果ノードを選択し、詳細パネルから「Blend Mode」の値を「Translusent」に変更します。これでマテリアルが透過表示されるようになりました。

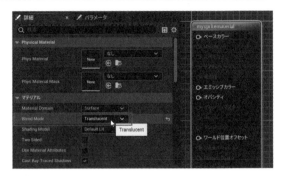

図4-29 Blend Modeをtranslusentに変更する。

Constant4Vectorでエミッシブカラーを設定する

では、マテリアルを作成していきましょう。まずは色の設定です。今回はベースカラーではなく、発光色を指定するエミッシブカラーを使います。

では、パレットから「定数」にある「Constant4Vector」をグラフに追加してください。そして詳細パネルで、RGBAの各値を指定し、表示させたい色を設定します。サンプルでは黄色（RGAが1.0、Bが0.0）にしておきました。

設定したら、Constant4Vectorの出力ピンを結果ノードのエミッシブカラーに接続します。これで、黄色く発色するマテリアルになります。

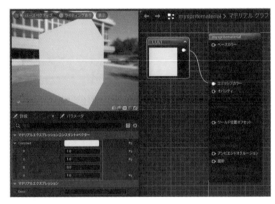

図4-30 Constant4Vectorで色を指定し、エミッシブカラーに接続する。

RadialGradientExponentialを配置する

続いて、パレットの「グラディエント」から「RadialGradientExponential」を選択して配置します。これは、先にグラデーションを作成する際に使いましたね。円形のグラデーションを作成するためのものでした。

これに値を指定してグラデーションの設定を行いましょう。

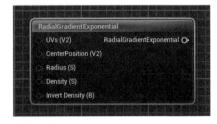

図4-31 RadialGradientExponentialを配置する。

RadialGradientExponentialのCenterPositionを指定

円の中心位置を指定しましょう。パレットの「定数」から「Constant2Vector」を選択し、配置してください。これは2つの値からなるVector値を用意するものでした。これでグラデーションの中心位置を指定します。

追加したConstant2Vectorの出力ピンを、RadialGradientExponentialの「CenterPosition」ピンに接続してください。そしてConstant2Vectorの詳細パネルからR, Gの値をそれぞれ「0.5」に設定します。これでマテリアルを配置した面の中央からグラデーションが開始されるようになります。

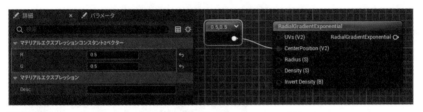

図4-32 Constant2Vectorを作成し、CenterPositionに接続する。

RadialGradientExponentialのRadiusを指定

続いて、グラデーションの半径の設定です。パレットの「定数」から「Constant」を選んで追加しましょう。そして詳細パネルからValueの値を「0.5」にし、ConstantをRadialGradientExponentialの「Radius」に接続します。これで、グラデーションの半径が0.5となり、ちょうど面に収まる大きさでグラデーションするようになります。

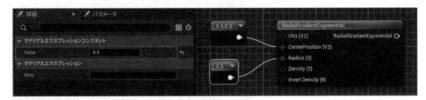

図4-33 Constantを作成し、Radiusに接続する。

RadialGradientExponentialをオパシティに接続する

これでグラデーションの設定ができました。では、RadialGradientExponentialの出力ピンから結果ノードの「オパシティ」に接続をしましょう。これでマテリアルの透過度がRadialGradientExponentialのグラデーションで設定されるようになります。

接続したらプレビューで表示を確認してください。球（Sphere）の形状だとよくわからないので、立方体（Cube）に変更して確認するとよいでしょう。各面の中央にグラデーションする円が表示されるようになります。

図4-34 プレビューで表示を確認する。

Niagaraでマテリアルを使用する

では、作成したマテリアルをNiagara
システムで使ってみましょう。先ほど
作ったNiagraシステム（「MyNiagara」
ファイル）を開き、エミットのノー
ド（「Fountain」ノード）の「レンダ
リング」にある「SpriteRenderer」を
選択します。そしてコンテンツドロ
ワーから先ほど作成したマテリアル
（「myspritematerial」ファイル）を
ドラッグして、Niagaraエディタの
選択項目パネルにある「マテリアル」
の上にドロップしてください。これ
でmyspritematerialのマテリアルが
Fountainエミッタで使われるようにな
ります。

図4-35 作成したマテリアルを設定する。

プレビューで確認

マテリアルを設定できたらプレビューで表示を確認しましょう。デフォルトでは白いパーティクルが放出されていましたが、設定したmyspritematerialの色のパーティクルに変わっているのがわかるでしょう。

図4-36 プレビューで確認する。myspritematerialを使うようになった。

パーティクルのサイズを変更

これでパーティクルの基本的な表示は設定できましたが、この状態ではちょっと小さすぎてよく見えませんね。では、パーティクルの大きさを変更しましょう。

Niagaraシステムエディタの「Fountain」ノードにある「パーティクルのスポーン」項目内の「Initialize Particle」を選択してください。そして選択項目パネルから、以下の項目を設定します。これらは、生成されるパーティクルの大きさの設定です。

図4-37 Sprite Size Modeを設定し、サイズの値を入力する。

Sprite Size Mode	Random Uniform
Uniform Sprite Size Min	10.0
Uniform Sprite Size Max	100.0

プレビューで確認

修正したらプレビューで表示を確認しましょう。サイズを大きくしたため、かなり大きなパーティクルが発生するようになりました。先ほどまでと比べるとエフェクトの印象もだいぶ変わってきますね！

図4-38 プレビューで表示を確認する。

重力をOFFにする

パーティクルの挙動に大きな影響を与えるものに「重力」があります。現在のパーティクルの動きを見ると、上に放出されたものがゆっくりと重力により落下するようになっているのがわかります。この重力を操作することで、ゆっくりと落下したり、あるいは落下しないパーティクルも作れるようになります。

重力は、エミッタノードの「Gravity Force」で設定していました。これをOFFにすれば、重力は働かなくなります。エミッタノードにある「Gravity Forceのチェックボックスをクリックし、OFFにしてください。これで重力が働かなくなり、放出されたパーティクルはそのまま真っすぐに飛んで消えるようになります。

図4-39 重力をOFFにするとパーティクルが落下しなくなる。

ベロシティを調整する

マテリアルで表示の設定の仕方がわかったら、今度はパーティクルの放出に関する調整をしてみましょう。まずは、放出される力を調整します。

パーティクルの放出の際に加えられる力は、「Add Velocity」で設定されます。この項目を選び、選択項目パネルで以下のように設定を行いましょう。

図4-40 「Add Velocity」の設定を行う。

Velocity Mode	力を加える際のモードを指定します。初期値は「In Cone」になっており、一定範囲の方向に力が加えられるようになっています。「Linear」にすると直線状に力が加えられます。ここでは「From Point」を選びましょう。これで一点から全方向に向けて力が加えられるようになります。
Velocity Speed	加えられる速度を指定するものです。ここではMin（最小値）を「100.0」、Max（最大値）を「1000.0」としておきます。

プレビューで確認

設定を行ったら、プレビューで表示を確認しましょう。ベロシティを変更したことで、パーティクルが全方向にランダムに放出されるようになります。

図4-41 パーティクルが全方向に放出されるようになった。

⑪ 放出する範囲を調整する

では、放出される範囲をもう少し絞り込みましょう。これは「Shape Location」で設定します。エミッタノードからこの項目を選択すると、選択項目パネルに詳細が現れます。これを以下のように設定していきます。

図4-42 Emitter Locationの設定を行う。

Shape Primitive	放出範囲に用いられるシェイプの指定です。初期値はSphere（球）になっており、そのために全方向にパーティクルが放出されていたのですね。これを「Cone」に変更しましょう。これで円錐形の範囲内に放出されるようになります。Shape PrimitiveをConeに変更すると、放出範囲の円錐の設定が追加されます。
Cone Length	円錐の長さ。ここでは「1.0」としておきます。
Cone Angle	円錐の角度。「90」としておきます。
Cone Inner Angle	内側の円錐角度。これを指定するとCone Inner AngleからCone Angleの角度の間に放出されます。今回はゼロにしておきます。

プレビューで確認する

　これで、一定範囲の円錐状にパーティクルが放出されるようになりました。プレビューで表示を確認しましょう。放出範囲まで調整できると、パーティクルの放出をかなり制御できるようになるのがわかります。

図4-43 プレビューで確認する。円錐形にパーティクルが放出されるようになった。

ⓤ エミッタを保存する

　これでカスタマイズされたエミッタでパーティクルが放出されるようになりました。では、このエミッタを他のNiagaraシステムでも使えるように、アセットとしてファイルに保存しましょう。

保存用のダイアログを開く

　グラフにある「Fountain」のノードを右クリックし、現れたメニューから「これからアセットを作成」を選んでください。

図4-44 「これからアセットを作成」メニューを選ぶ。

ファイルを保存する

ファイルを保存するための
ダイアログが現れま
す。ここでファイル名を
「MyFountain」と入力し、
「保存」ボタンを押します。

図4-45 ファイル名を入力し保存する。

エミッタエディタ

MyFountainがファイルに保存され、
エディタが開かれます。これがエミッタ
のエディタです。見ればわかるように、
基本的にはNiagaraシステムエディタと
同じです。ただNiagaraシステムのノー
ドがなく、このエミッタのノードだけが
用意されるだけです。エディタの使い方
は同じと考えていいでしょう。

図4-46 作成されたエミッタのエディタ画面。

MyFountainエミッタを使う

では、作成したMyFountainエミッタ
を利用しましょう。MyNiagaraのシス
テムエディタを開き、グラフ部分を右ク
リックしてポップアップメニューを呼び
出してください。そして、「エミッタを追
加」メニューを選びます。

図4-47 「エミッタを追加」メニューを選ぶ。

エミッタを選択

その場に、エミッタを選択するリストがポッ
プアップ表示されます。ここから、作成した
MyFountainを選びます。これは「親エミッタ」とい
う項目をクリックすると現れます（デフォルトでは
「Templates」が選択されており、これでは表示され
ないので注意してください）。

図4-48 リストから「MyFountain」を選択
する。

エミッタが追加される

エディタのグラフに「MyFountain」ノードが追
加されます。これでMyFountainがMyNiagaraで
使えるようになりました。

図4-49 MyFountainノードが追加される。

Fountainを削除する

それまであったFountainはもう使わないので削除しておきます。「Fountain」ノードを右クリックし、現れたメニューから「削除」を選べば削除されます。あるいはノードを選択しDeleteキーを押しても削除できます（実は、後ほどまたFountainは利用するので、削除せず邪魔にならないところに置いておいてもかまいません）。

図4-50 「削除」メニューでFountainを削除する。

プレビューで確認

これで、MyFountainがMyNiagaraで使うように設定されました。プレビューで表示を確認しましょう。

図4-51 MyFountainが再生されるようになった。

Niagaraを使いこなそう

複数のエミッタを使う

Niagaraシステムは、いくつかのエミッタを組み合わせたエフェクトを作成できます。エミッタの使い方がわかったところで、次は複数のエミッタを利用してみましょう。

新しくエミッタを追加する

MyNiagaraのグラフ部分を右クリックし、「エミッタを追加」メニューを選んでください。そして現れたエミッタのリストから、「Templates」のところにある「Fountain」を選択します。これは、先ほど削除したFountainエミッタです。

図4-52 「エミッタを追加」メニューで「Fountain」エミッタを追加する。

エミッタが追加された

これでグラフ内に「Fountain」エミッタが追加されました。2つのエミッタのノードが並び、それぞれで設定できるようになります。

図4-53 Fountainのノードが追加された。

タイムラインを確認する

ここで、ウィンドウ下部にある「タイムライン」パネルを見てみましょう。追加した2つのエミッタのタイムラインが表示されています。これで、それぞれのエミッタがいつ動作するかがわかります。

2つ目を追加した段階では、2つのエミッタ共に冒頭に短いバーがつけられているだけでしょう。これは、2つのエミッタの再生時間に関する設定がまだされていないためです。

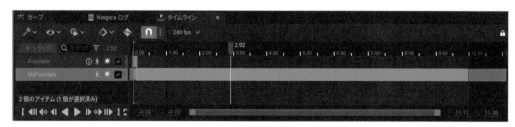

図4-54 タイムラインには2つのエミッタが表示される。

タイムラインのロックを外す

では、再生時間の調整をしましょう。タイムラインの右上に見える錠のアイコンをクリックしてください。錠が外れた形のアイコンに変わります。これでタイムラインが編集可能になります。ロックされたままだとタイムラインの変更ができないので注意しましょう。

図4-55 タイムラインのロックをOFFにする。

MyFountainの再生時間を設定

では、再生時間の調整をしましょう。まずは、MyFountainです。MyFountainノードから「Emitter State」をクリックしてください。そして選択項目パネルで以下の設定を変更します。

図4-56 MyFountainの再生時間を設定する。

Loop Behavior	再生に関する設定です。これを「once」に変更してください。これで1回のみ再生するようになります。
Loop Duration Mode	「Fixed」を選択します。これで固定された時間再生されます。
Loop Duration	再生時間です。「1.0」と入力します。

これで1秒だけMyFountainが再生され停止するようになりました。

Fountainの再生時間を設定

続いて、Fountainの設定です。Fountainノードの「Emitter State」を選択し、選択項目パネルから以下を設定します。

図4-57 Fountainの再生時間を設定する。

Loop Behavior	これも「Once」に変更しておきます。
Loop Duration Mode	「Fixed」を選択します。これで固定された時間再生されます。
Loop Duration	再生時間です。「2.0」と入力します。
Loop Delay	チェックをONにすると値が入力できるようになります。これは再生開始までの待ち時間を指定するもので、ここでは「1.0」としておきます。

これで、エフェクトが開始してから1.0秒経過したところで2.0秒間再生するようになります。つまり、MyFountainのエフェクトが終わってからFountainが再生されるようにしたのです。

タイムラインを確認する

設定できたら、タイムラインの表示を確認しましょう。再生時間を示すバーの表示から、MyFountainが再生したらその後にFountainが再生されるようになっているのが確認できます。

設定できたら、タイムライン右上の錠アイコンをクリックしてロックし、変更できないようにしておきましょう。

図4-58 タイムラインで、2つのエミッタの再生時間を確認する。

プレビューで確認

　設定が完了したら、プレビューで表示を確認しましょう。MyFountainのエフェクトが再生され、その後でFountainのエフェクトが再生されるのが見てわかります。こんな具合に、タイムラインを調整することで、複数のエミッタを必要に応じて順に再生させていくようなことが可能になります。

図4-59 MyFountainが再生された後にFountainが再生される。

⑪ カーブパネルの利用

　タイムラインはエフェクトの時間経過を視覚的に表すものでしたが、設定される値の変化を視覚的に表すものとして「カーブ」パネルというのもあります。これも使い方を覚えておきましょう。

カーブパネル

　カーブパネルは、数値で設定される項目について、リアルタイムに値を変化させたいときに用いられます。デフォルトでは、Fountainの「Scale Color」で使われています。この項目を選択すると、選択項目パネルにRGBとアルファチャンネルの設定が表示されますが、このアルファチャンネルの設定（「Scale Alpha」項目）に「Float from Curve」という値が設定されています。これが、カーブによる値を示すものです。

図4-60 Scale Alphaに「Float from Curve」というカーブが指定されている。

カーブの設定

　数値による設定では、直接値を設定する他に、「v」部分をクリックすることで別に用意された値を代入し使うようにすることもできます。この「v」をクリックすると、利用可能な値のリストがプルダウンして現れます。ここから「Float from Curve」という項目を選択すると、カーブパネルに項目が追加され、そこで設定された値が使われるようになります。

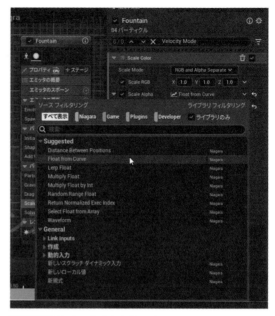

図4-61　設定の「v」をクリックし、現れたリストから「Float from Curve」を選ぶとカーブを設定できる。

カーブパネルを開く

　では、タイムラインが表示されているエリアにある「カーブ」というタブをクリックしてください。表示がカーブパネルに切り替わります。

　ここには、左側のリスト部分に「Fountain」という項目があり、その中に「Scale Color」が、更にその中に「Scale Alpha」があります。この「Scale Alpha」を選択すると、Scale Alphaに割り当てられているカーブが右側に表示されます。

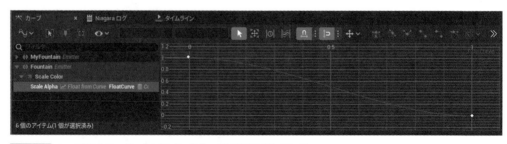

図4-62　カーブパネル。Scale Alphaのカーブが追加されている。

キーの操作

カーブの曲線上には、曲線部分の開始地点と終了地点に点のようなものがつけられています。これは「キー」というもので、曲線はキーとキーの間を直線や曲線で結ぶ形で作成されています。

このキーをクリックすると、左右にコントロールポイントというものが表示されます。このコントロールポイントの先端の○部分をドラッグすることで曲線の曲がり具合を調整できます。またキーの○部分をそのままドラッグすることで上下左右にキーの位置を動かすこともできます。

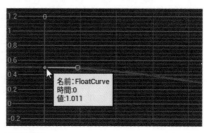

図4-63 曲線のキー。ドラッグして動かせる。

⑪ カーブを編集する

では、カーブを変更してみましょう。カーブは、キーとキーの間をつなぐようにして作られています。従って、複雑な曲線を作りたければ、キーを追加する必要があります。

キーを追加する

では、2つのキーの真ん中あたりを右クリックしてください。メニューがポップアップ表示されるので、そこから「キーを追加」を選びましょう。ここにキーが追加されます。

図4-64 「キーの追加」メニューを選ぶ。

キーを移動する

これで3つのキーが用意されました。では、このキーをマウスでドラッグして動かし、山なりの曲線を作ってみましょう。開始地点と終了地点はゼロの位置にし、新たに作った中央のキーを1.0の値にしておきます。これで山なりに値が増減するカーブができました。

図4-65 キーを操作し、山なりの曲線を作る。

キーの3次補間

作成された曲線をよく見ると、中央に追加したキーから終了キーまでの間が曲線ではなく直線になっていることに気づくでしょう。これはキーを追加したところ以降がただの直線として扱われているためです。

最初と最後のキーの部分がなめらかな曲線になっているのは、3次補間というものを使いなめらかに変化するように値が保管されているからです。これを設定すれば中央のキー以降もなめらかな曲線にできます。

中央のキーを選択し、パネル上部に並ぶアイコンから「3次補間～」という名前のものをクリックして選択してください。3次補間はいくつかの方式が用意されており、アイコンをクリックするだけで設定できます。

これで、キーを追加し、曲線を思った通りに調整できるようになりました。カーブを使うことで、数値の設定をリアルタイムに変化させていくことができるようになります。ここではScale Alphaのカーブを使って説明しましたが、その他の設定でも、数値を扱うものであれば「Float from Curve」を使ってカーブを割り当てることができます。実際にいくつかの設定でカーブを追加してみると、カーブの使い方もよくわかってくるでしょう。

図4-66 3次補間のアイコンをクリックするとコントロールポイントが追加され、曲線を調整できるようになる。

Niagaraのモジュールについて

だいぶNiagaraシステムとエミッタの働きについてわかってきました。エミッタにはたくさんの設定が用意されており、それらを使うことでエミッタやパーティクルの表示や挙動が変わるようになっていました。

では、これらの設定というのは、内部でどのように働いているのでしょうか。ちょっとその内側を覗いてみましょう。

メニューを開く

グラフの「MyFountain」にある「Spawn Rate」という項目を探してください。これは放出されるパーティクルの数を設定するものでしたね。これを右クリックし、現れたメニューから「アセットを開いてフォーカス」というものを選んでください。

図4-67 「アセットを開いてフォーカス」メニューを選ぶ。

「SpawnRate」モジュールの内容

Niagaraエディタのウィンドウに新たな表示が開かれます。マテリアルエディタのようにいくつものノードが並んでつなげられています。これは、ブループリントによるプログラムです。これが「Spawn Rate」の中身なのです。

エミッタノードに用意されている設定項目は、実は「モジュール」と呼ばれるプログラムなのです。設定を追加することで、そのモジュールが組み込まれ、実行されるようになっていたのです。

ということは、自分でモジュールを作成すれば、エミッタに独自の機能を付け加えることができるようになるのです。

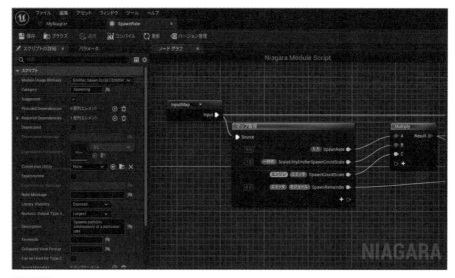

図4-68 「Spawn Rate」を開いたところ。ブループリントのプログラムになっている。

新しいモジュールを作る

では、実際に簡単なモジュールを作ってみましょう。先ほど開いた「SpawnRate」は、タブ部分のクローズボタンをクリックして閉じてください。そしてMyNiagaraの編集画面に戻ってください。ここに配置したMyFountainエミッタにモジュールを作成してみることにします。

モジュールエディタを開く

グラフに配置したMyFountainノードの「パーティクル更新」のところにある「＋」をクリックしてください。その場で追加する項目を選ぶリストがポップアップして現れます。そのリストの一番下にある「新しいスクラッチパッドモジュール」を選んでください。

図4-69 「新しいスクラッチパッドモジュール」を選ぶ。

「MyModule1」モジュールの作成

新しいモジュールのエディタが開かれます。左側に「スクラッチスクリプトセレクタ」というパネルが表示され、そこにある「モジュール」というところにモジュールが追加され、名前を入力するようになります。ここで「MyModule1」と名前を入力しましょう。これが、新たに作成するモジュールの名前になります。

図4-70 名前を「MyModule1」と記入する。

ⓤ モジュールのノードについて

作成されたモジュールには、デフォルトでいくつかのノードが用意されています。これらについて簡単にまとめておきましょう。

InputMap	ノードへの入力を返すものです。これがプログラムの開始地点となります。
マップ取得	パラメータマップと呼ばれる各種の値をまとめたものを取り出します。
Map Set	パラメータマップを設定し、値を更新します。
モジュールを出力	モジュールの終了地点となります。

「モジュールの開始」「パラメータマップの取得・更新」「モジュールの終了」という、モジュールのプログラムで必要となる最低限のものが用意されていることがわかります。これらをベースに、必要な処理のノードを追加し接続していくことでモジュールの処理を作成します。

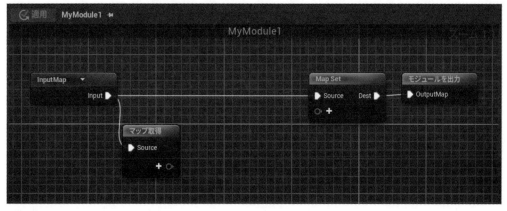

図4-71 モジュールにデフォルトで用意されているノード。

モジュールのパラメータ

モジュールでは、必要な値を入力してもらい、それを使って処理を行うことができます。これは、「スクラッチスクリプトセレクタ」パネルにある「スクラッチスクリプトパラメータ」というところで管理します。

スクラッチスクリプトパラメータ

「モジュール」にある「MyModule1」モジュールが選択されていると、「スクラッチスクリプトパラメータ」にMyModule1モジュールで利用するパラメータのリストが表示されます。ここで使いたいパラメータを追加していきます。

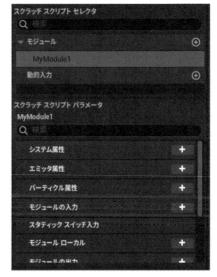

図4-72 MyModule1が選択されていると、スクラッチスクリプトパラメータにMyModule1のパラメータがリスト表示される。

モジュールの入力パラメータの追加

では、ここにパラメータを追加しましょう。モジュールには、外部から値が設定できるパラメータを作成できます。これは「モジュールの入力」というパラメータとして作成をします。

では、「モジュールの入力」の右側にある「+」をクリックし、ポップアップして現れるリストから「共通」という項目内にある「float」をクリックして選んでください。これでfloat型のパラメータが追加されます。名前は「addValue」としておきましょう。

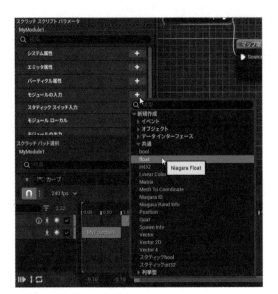

図4-73 「モジュールの入力」にある「＋」をクリックし、「float」を選んで「addValue」パラメータを追加する。

パーティクル属性パラメータの追加

パラメータは、自分でモジュールに作成するだけでなく、Niagaraのシステムに用意されているものを取り出して使うこともできます。これは、取り出したい値をスクラッチスクリプトパラメータに追加することで利用できるようになります。

今回は、パーティクルに関する属性を利用してみます。「パーティクル属性」の「＋」をクリックし、現れたリストから「Sprite Renderer」内にある「SpriteSize」をクリックして追加しましょう。これは、スプライトの大きさを示すパラメータです。

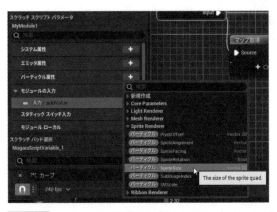

図4-74 パーティクル属性から「SpriteSize」パラメータを追加する。

SpriteSizeを操作する処理を作る

　必要なパラメータが用意できたら、プログラムを作成します。まだブループリントのプログラムについては詳しく説明していないので、説明を読んでもよくわからないかも知れませんが、「処理を行うノードを作成し、それをつないでいくことで順番通りに処理が実行される」という基本的な考え方は同じです。細かなことは理解する必要はないので、大まかに「だいたいこういうことをやってるらしい」ぐらいのことがわかれば今は良しとしましょう。

「マップ取得」にピンを追加する

　まず、「マップ取得」ノードに、プログラムで使うパラメータのピンを追加しましょう。ノードの右側に「＋」という表示がありますね。これをクリックすると、追加するパラメータを選ぶリストが現れます。この中の「既存のパラメータを追加」というところに、先ほど追加した「SpriteSize」と「addValue」が用意されています。これらを順に選んでください。

　項目を選ぶと、ノードの右側に選択したパラメータのピンが追加されます。これで、パラメータの値を取り出し利用できるようになります。

図4-75 パーティクル属性から「SpriteSize」パラメータを追加する。

「追加」ノードの作成

続いて、2つの値を足し算する「追加（Add）」ノードを作成しましょう。グラフをクリックしてリストを呼び出し、「数値」という項目内にある「追加」を選択します（これは「Add」というノードですが、なぜかこれだけは日本語化されています）。

図4-76 「追加」ノードを作成する。

「マップ取得」と「追加」を接続する

では、「マップ取得」の「SpriteSize」「addValue」出力ピンを、それぞれ「追加」の「A」と「B」につなげましょう。これで2つの値がたされた値が得られるようになります。

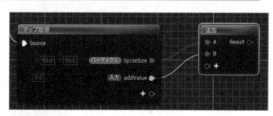

図4-77 「マップ取得」のピンを「追加」につなげる。

「Vector 2D」ノードの作成

もう1つノードを作ります。グラフを右クリックし、現れたリストから「作成」という項目内にある「Vector 2D」を選択しましょう。これは複数の値をひとまとめにして扱うVectorという値で、今回使うVector 2Dは2つの値からなる値を作るノードです。

以前、マテリアルのところで「Make4Float」という4つの値を持つものを作ったりしましたね。あれの仲間と考えてください。

図4-78 「Vector 2D」ノードを作成する。

「Map Set」にピンを追加する

　作成するノードはこれで全部ですが、もう1つ、「Map Set」ノードにピンを追加する作業が残っています。

　「Map Set」の左側にある「＋」をクリックし、現れたリストから「既存のパラメータを追加」内にある「SpriteSize」を選んでピンを追加してください。これで、SpriteSizeの値を受け取り更新できるようになります。

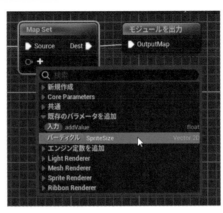

図4-79　「Map Set」ノードに「SpriteSize」のピンを追加する。

ノードを接続する

　では、作ったノードをつなげましょう。「追加」ノードの出力（「Result」ピン）を、「Vector 2Dの作成」ノードの「X」と「Y」にそれぞれつないでください。

　続いて、「追加」ノードの出力（「Output1」ピン）を、「Map Set」の「SpriteSize」ピンにつなぎます。

　これで、すべてのノードの入手力がつながり、プログラムが完成しました。

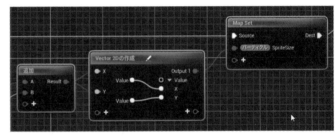

図4-80　「Vector 2Dの作成」「追加」「Map Set」のノードにあるピンをつないでいく。

モジュールを適用する

　完成したら、グラフの上部に見える「適用」ボタンをクリックしてください。これでスクラッチパッドのプログラムがモジュールに反映されます。これを忘れると、モジュールが最新の状態にならないので注意してください。

図4-81　「適用」ボタンをクリックする。

MyModule1モジュールを利用する

では、追加したMyModule1モジュールを使ってみましょう。Niagaraシステムのグラフにある「MyFountain」には、作成した「MyModule1」の項目が追加されていますね。これを選択すると、選択項目パネルに設定として「addValue」が表示されます。これは、モジュールに追加した入力パラメータです。入力パラメータを用意すると、このように設定項目から値を入力できるようになるんですね。

では、ここに「1.0」と値を入力しておきましょう。

図4-82 MyModule1を選択すると、「addValue」という設定が表示される。ここに「1.0」と入力する。

動作を確認する

修正したら、プレビューで動作を確認しましょう。このMyModule1は、スプライトの大きさを示すSpriteSizeにaddValueの値を加算して大きくしていく働きをします。プレビューで表示を確認すると、エフェクトがスタートしてから終了するまで少しずつパーティクルが大きくなっていくのがわかるでしょう。

動作を確認したら、addValueの値をいろいろと変更してみてください。値を大きくすれば急速にパーティクルが巨大化していきますし、マイナスの値を入力するとパーティクルが小さくなっていくのがわかるでしょう。

これで、「モジュールを作成し、処理を実行させる」というのがどういうものか、わかったことでしょう。

図4-83 実行するとパーティクルが少しずつ大きく変わっていく。

⑪ Niagaraシステムを使おう

Niagaraのシステムについて、だいぶわかってきたことでしょう。では最後に、作成した
Niagaraシステムの利用について触れておきましょう。

MyNiagaraを配置する

Niagaraシステムはアセットのファイルとして用意されています。ですから利用の際は、ア
セットをレベル内にドラッグ＆ドロップして追加します。コンテンツドロワーを開き、作成し
た「MyNiagara」ファイルのアイコンをドラッグしてレベル内にドロップしてください。

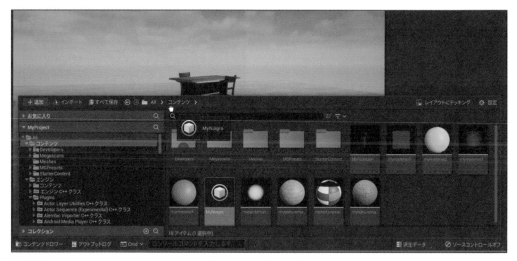

図4-84 MyNiagaraをレベル内にドラッグ＆ドロップして配置する。

レベルにMyNiagaraシステムが追加されます。追加されると同時に、おそらくエフェク
トが再生されることでしょう。

配置されたNiagaraシステムは、アイコンだけで実際には何も表示はされません（エフェ
クトが実行されればパーティクルなどは表示されますが、Niagraシステムそのものは表示
されない、ということです）。

アイコンは、必要に応じて移動や回転のギズモが表示され、位置や向き、大きさなどを調
整することができます。このあたりの使い方は一般的なアクタと同じです。

図4-85 Niagaraシステムのアクタ。移動や回転、リサイズなど一通り行える。

Niagaraシステムの主な設定

配置したMyNiagaraを選択すると、詳細パネルに細かな設定情報が表示されます。ここに用意されているものの中から主な設定について簡単にまとめておきましょう。

まずは、おそらくもっともよく使う「Auto Activate」です。これは「アクティベーション」というところに用意されています。このAuto Activateは、レベルを開始すると同時に、自動的にエフェクトをスタートするものです。これをONにしておけば、実行するとすぐにエフェクトが開始されます。

OFFにしていると、プログラムなどを使って明示的にエフェクトをスタートさせない限り、エフェクトは実行されません。例えば武器の発射や爆発などのように、特定のタイミングに合わせてエフェクトを実行させるような場合は、あらかじめAuto ActivateをOFFにしておき、必要に応じて再生させる、といった使い方ができます。

図4-86 Auto Activate。ONにすると自動的にエフェクトを開始する。

Niagara設定

　詳細パネルには「Niagara」という項目があり、そこにNiagaraシステムの基本的な設定が用意されています。

　「Niagara System Asset」は、このアクタで使用するNiagaraシステムを示します。デフォルトでは「MyNiagara」になっていますが、その他のものに変更することもできます。「MyNiagara」とシステム名が表示されている部分をクリックすると、利用可能なNiagaraシステムのリストがプルダウンメニューで現れ、そこから別のものに変更できます。

　「Niagara Tick Behavior」は、Niagaraのティック（フレームごとの実行）の挙動に関する設定です。すべての準備が完了した状態で実行されるか、確認せず強制実行するか、などを指定します。これは当面使うことはないでしょう。

図4-87 Niagaraの設定。

ランダムネス設定

　「ランダムネス」という項目には「Random Seed Offset」という設定が用意されています。これは乱数に関するシードの設定です。Niagaraのエミッタでは、パーティクルを放出するときランダムに出力することが多いでしょう。これは乱数を使って位置や方向などを設定して実現しています。

　しかしコンピュータの乱数というのはあくまで疑似乱数であるため、例えば複数のNiagaraシステムを配置して同時に実行させると、ランダムなはずなのにすべて同じようにパーティクルが放出されてしまうこともあります。そこで、Random Seed Offsetで乱数のシード（元になる値）が少しずつ変化するようにし、同じ乱数が使われないようにできるのです。

図4-88 ランダムネスの設定。

マテリアル設定

　「マテリアル」というところには、各エミッタで放出されるパーティクルのマテリアルを設定する項目が用意されています。MyNiagaraでは2つのエミッタを使っているので2つのエレメントが用意され、それぞれにマテリアルが設定されます。

　ただし、実際に試してみるとわかりますが、ここでマテリアルを選択しても実際のパーティクルは変更されません。エミッタで設定されたものがそのまま使われます。

図4-89 マテリアルの設定。ただしここで変更はできない。

利用はブループリントを学んでから

　Niagaraシステムは、複雑なエフェクトも作成することができる非常に高度なエフェクトシステムです。ただし、例えば噴水の水や焚き火の炎のように常時再生されるようなものを配置するのはできますが、「銃を撃つと発射される」「ミサイルが当たると爆発する」というようなエフェクトは、実際に処理を実行し、発生したイベントに応じてエフェクトが再生されるような仕組みを作らなければいけません。

　こうした使い方をするためには、Unreal Engineのプログラミング（ブループリント）について学ばなければいけない、ということを理解しましょう。

ランドスケープを作ろう

ランドスケープって？

Niagaraシステムは、視覚的なエフェクトを作成するためのものでした。これでアクタと
エフェクトという、もっとも重要なビジュアル要素が用意できました。

では、ビジュアルな要素というのは、これだけでしょうか。実は、同じぐらい重要なもの
がもう1つあります。それは「風景」です。

ゲームでは、さまざまなシーンが使われます。ビルなどの建物の中だけでなく、例えば海
や山を駆け巡るようなシーンを作ることもあるでしょう。こうした「風景」は、形状アクタ
を組み合わせて作っていく、というのは大変です。

Unreal Engineには、地形の3Dモデルを作成するための専用ツールが用意されています。
それが「ランドスケープ」ツールです。

このツールは、「モード」として用意されています。レベルエディタのツールバーには、一
番左にある保存アイコンのとなりに「選択モード」と表示されたものがあります。これが、
モード切り替えのためのメニューです。これをクリックすると、レベルエディタに用意され
ている編集モードがメニューとして表示されます。

この中にある「ランドスケープ」を選ぶと、ランドスケープの編集モードに切り替わるの
です。ただし、まだメニューは選ばないで！

図4-90 ツールバーにあるモードの切り替えメニュー。

新しいレベルを用意する

　では、ランドスケープツールを利用するために、新しいレベルを用意することにしましょう。「ファイル」メニューから「新規レベル...」メニューを選んでください。画面に「新規レベル」というダイアログウィンドウが現れます。これは、作成するレベルのテンプレートを選択するものです。標準で以下のものが用意されています。

Open World	広々とした果てしない地表のテンプレートです。地面、スカイ、フォグ、ライトなどレベルを構成する基本的な部品が用意されています。そのままゲームシーンを作成するのに利用できます。
Basic	ある程度の広さの平面を持つテンプレートです。他、スカイ、ライトなどの基本部品が用意されています。ちょっとしたシーンを作るのに便利です。
オープンワールドを空にします／空のレベル	まったく何もない、空っぽのレベルです。レベルをすべて自分で作るような場合に用います。

　今回は「Basic」を利用しましょう。ダイアログから「Basic」テンプレートを選択し、「作成」ボタンを押してしてください。

　（※場合によっては、現在使っているレベルの保存を確認するダイアログが現れるかも知れません。その場合は保存をしてください）

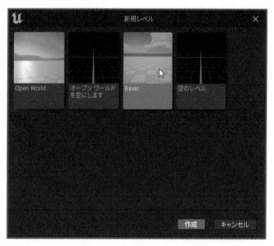

図4-91 ダイアログから「Basic」を選択し作成する。

新しいレベルが用意される

　保存が完了したら、ビューポートに新しいレベルが表示されます。このレベルに、地形データを作っていきます。

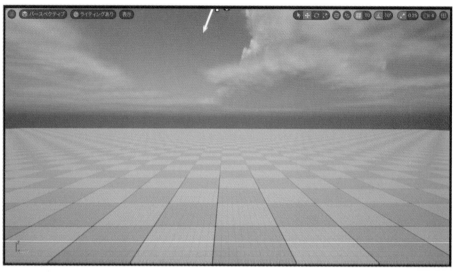

図4-92 新しいレベルが表示される。

ランドスケープモードに切り替える

　では、ツールバーのモードメニュー（「選択モード」と表示されているもの）から「ランドスケープ」を選んでランドスケープモードに切り替えましょう。

　画面の左側に「ランドスケープ」というパネルが現れます。これがランドスケープの編集を行うためのツールです。ツールの最上部には3つの切り替えボタンが用意されています。まずはこの3つのボタンについて頭に入れておきましょう。

管理	初期状態で選択されています。新しくランドスケープを作ったり、既にあるものの編集や削除を行うためのものです。
スカルプト	地形を作成するためのモードです。地面を盛り上げて山にしたり、なだらかにしたり削ったり、といった作業を行います。
ペイント	マテリアルを描画するためのモードです。用意されているマテリアルを選択し描画するのに利用します。

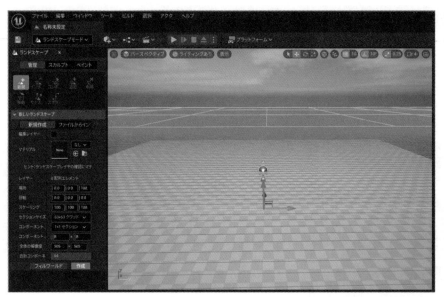

図4-93 ランドスケープモード。左側にランドスケープパネルが表示される。

ランドスケープ用マテリアルの作成

ランドスケープでは、地表にマテリアルを表示します。このマテリアルは、出来合いの草原などのものを使えます。ただし、その場合は選択したマテリアルだけがランドスケープ全体に塗られていきます。

今回はペイントツールを利用して地表のマテリアルを塗り替えられるようにしたいのです。この場合、マテリアルにそのための仕組みを用意しないといけません。つまり、自分でそのための専用マテリアルを作る必要があるのです。

新しいマテリアルを作成する

では、実際にマテリアルを作りましょう。コンテンツドロワーを開き、「追加」ボタンをクリックして「マテリアル」を選んでください。そして「MyLandscapeMaterial1」という名前でマテリアルを作成しましょう。

図4-94 「追加」ボタンから「マテリアル」を選び、「MyLandscapeMaterial1」を作る。

テクスチャを追加する

まずは、ごく単純に「指定したマテリアルを表示する」というだけのシンプルなものを作ってみます。作成したマテリアルを開き、コンテンツドロワーで、「StarterContent」フォルダの「Textures」フォルダから「T_Ground_Glass_D」というテクスチャを探し、グラフ内にドラッグ＆ドロップして追加してください。

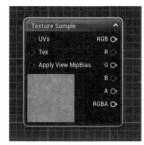

図4-95 T_Ground_Glass_Dテクスチャをグラフにドラッグ＆ドロップして追加する。

Texture Sampleをベースカラーに接続

テクスチャのTexture
Sampleノードが作成された
ら、その出力ピンを結果ノー
ドの「ベースカラー」に接続
します。これで、T_Ground_
Glass_Dテクスチャをそのま
ま表示するマテリアルができ
ました。

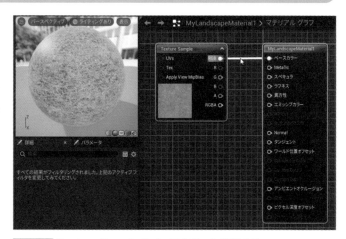

図4-96 Texture Sampleをベースカラーに接続する。

🎚 新規ランドスケープの作成

再びレベルエディタのランドスケープツールに戻りましょう。

デフォルトでは、上部の「管理」ボタンが選択されていますね。その下には、いくつかのアイコンが表示されます。初期状態では「新規」というアイコンが選択され、それ以外は選べないでしょう。

ランドスケープを編集するには、最初にランドスケープを作成する必要があります。「ランドスケープを作る」というのは、要するに「地表のレイヤーを作る」ということと考えてください。

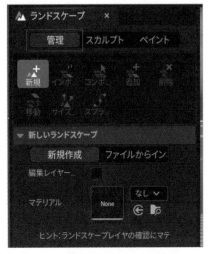

図4-97 「管理」ボタンの下にある「新規」が選択されている。

マテリアルの選択

これには、まず地表の表示として使うマテリアルを選択しておきます。アイコン類の下に「マテリアル」という項目が見えますね？ ここで地表のマテリアルを選択します。

「なし」と表示されているところをクリックすると、マテリアルの一覧リストが現れるので、ここから使いたいものを選びます。ここで、先ほど作成した「MyLandscapeMaterial1」を選んでください。

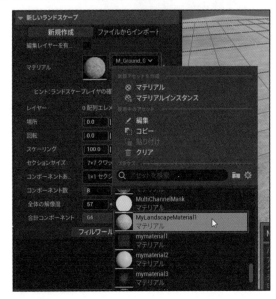

図4-98 「マテリアル」でMyLandscapeMateral1を選択する。

作成するランドスケープの設定

　マテリアルの下には、作成するランドスケープに関する細かな設定が用意されています。それぞれ以下のような内容になります。

レイヤー	作成されているランドスケープのレイヤー数を示します。デフォルトはゼロです。
場所	ランドスケープの配置する場所です。
回転	作成するランドスケープの向き（角度）です。
スケーリング	ランドスケープの倍率です。これで拡大縮小できます。
セクションサイズ	セクションの大きさを指定します。セクションは「クアッド」という区画を縦横に並べたようになっています。デフォルトでは、63×63のクアッドを並べた大きさになっています。
コンポーネントあたりのセクション数	1つのコンポーネントあたりにいくつのセクションが割り当てられるかを指定するものです。
コンポーネント数	作成されるランドスケープの大きさです。最大32×32のセクションまで広げることができます。
全体の解像度	これはランドスケープ全体のクアッド数です。
合計コンポーネント	トータルで用意されるコンポーネントの数です。

　これらは基本的にデフォルトのままでも問題ありません。ただ、今回はサンプルなので、あまり広大なランドスケープを用意する必要はないでしょう。ということで、セクションサイズは最小の「7 x 7」にしておきます。

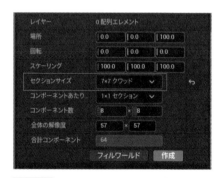

図4-99 作成するランドスケープの設定。

ランドスケープ作成

では、下部にある「作成」ボタンをクリックして新しいランドスケープを作成してください。四角い地表が作成されるのがわかるでしょう。これがランドスケープです。表面には、マテリアルで設定したテクスチャが表示されているのがわかります。

図4-100 作成されたランドスケープ。

レベルを保存

このあたりで、レベルを保存しておきましょう。ツールバー左端の保存アイコンをクリックし、「コンテンツ」内に「MyMap1」という名前で保存しておきます。

図4-101 「MyMap1」という名前でレベルを保存する。

スカルプトツールを使おう

さて、これでランドスケープの土台部分はできました。これに起伏をつけて、地形を作っていきます。

起伏の作成には、「スカルプト」ツールを利用します。ランドスケープパネルにある「スカルプト」ボタンをクリックすると、このモードの設定に表示が切り替わります。

では、用意されている設定についてざっと説明しておきましょう。

●ツール切り替えボタン

一番上には「スカルプト」「スムージング」「平坦化」……といったアイコンがずらっと並んでいます。これらは、スカルプトツールで使うツールの切り替えボタンです。

初期状態では「スカルプト」が選択されており、これで起伏を作成します。その他のツールに切り替えると、例えば起伏をなめらかにしたり、一定の高さに揃えたり、侵食して削ったり、というようにさまざまな操作が行えます。

●ランドスケープエディタ

ここには、選択したツールのブラシの設定が用意されています。「ブラシの種類」でブラシの形状を、そして「ブラシフォールオフ」でブラシを使った際に作られる起伏の形状をそれぞれ指定できます。

●ツール設定

「ツールの強度」という項目が用意されています。これは、ブラシで適用される効果の度合いを調整するためのものです。この値を増減して、より効果が強く適用されるようにしたり、もっと弱くしたりできます。

●ブラシ設定

使用するブラシに関する設定が用意されています。「ブラシサイズ」ではブラシの大きさを、そして「ブラシフォールオフ」ではブラシフォールオフで指定した起伏の変化部分の割合を指定します。この値が例えば0.5だと、ブラシ全体の半分がなめらかに変化し、中央の半分は隆起した平坦なエリアになります。

「Clay Brushを使用」というのは、クレイブラシ（粘土をつけていくような働きのブラシ）を使うためのものです。

●ターゲットレイヤー

対象となるレイヤーを選択します。ここでは1つしかレイヤーはありませんが、必要に応じて複数のレイヤーを用意して操作することもできます。

図4-102 スカルプトツールの設定項目。

ブラシを使ってみよう

では、実際にブラシを使っ
て起伏を作ってみましょう。
ツールの設定は、基本的に
デフォルトのままでいいで
しょう。ただしブラシサイズ
は使いやすい大きさ（500 〜
1000程度）に調整しておく
とよいでしょう。

大きさを適当に調整して、
ビューポートのランドスケー
プ上をドラッグしてみてくだ
さい。ドラッグした場所が隆
起してくるのがわかるでしょ
う。適当に地表をドラッグし
て地形を作っていきましょう。

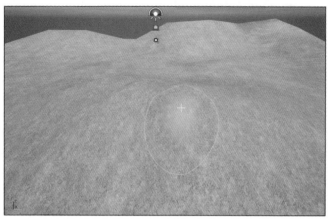

図4-103 ブラシを使って起伏を作る。

起伏を調整しよう

スカルプトツールによる地形作成は、簡単でいいのですが、しかしこれで思ったように地
形を作るのはなかなか大変です。そこで、スカルプトツールではだいたいの形状を作ってお
き、細かな修正は別のツールを利用することにしましょう。

ランドスケープのためのツール

ランドスケープパネルの上部にあるアイコンが、
起伏を調整するのに使うものです。ここには以下の
ようなアイコンが用意されています。

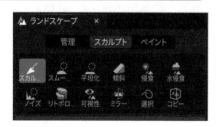

図4-104 上部に並ぶ編集用のアイコン。

スカルプト	起伏を作成します。
スムージング	起伏をなめらかにします。
平均化	一定の高さに揃えます。
傾斜	傾斜を作ります。
侵食／水侵食	地形を浸食します。
ノイズ	ランダムな起伏を作ります。

　この他にもアイコンはいくつかありますが、地形をマウスでドラッグし作成するのには上記のものだけ覚えていれば十分でしょう。

　これらの中でももっともよく使われるのは「スムージング」でしょう。スカルプトで荒削りな地形を作ったら、スムージングに切り替え、ゴツゴツした部分をなめらかにしていきます。これだけでも、けっこう自然な地形を作ることができるでしょう。

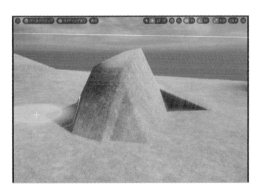

図4-105 スムージングを使って地形をなめらかにした例。自然な感じに近くなる。

🛈 「ペイント」ツールについて

　ランドスケープツールは、地形の作成がすべてではありません。風景というのは、起伏の他に、「どんな地表か」も重要になります。一面の草原、砂漠、雪や氷など、地表の様子によって風景はガラリと変わります。

ペイントツールを選択する

こうした地表の表示を描いて作成するのが「ペイント」ツールです。モードパネルの「ランドスケープ」アイコンの下にある3つのアイコンから、一番右端のものを選択すると、ペイントツールに変わります。

図4-106 ペイントツールのアイコン。これを選択して使う。ただし、まだやることがある。

ペイントツールの設定について

ペイントツールのアイコンを選択すると、その下にペイントツールで利用する設定などが表示されます。が、これらの設定は、スカルプトツールに用意されていたものと驚くほど似ています。以下に簡単にまとめておきましょう。

図4-107 ペイントツールの設定項目。スカルプトツールと似ている。

ランドスケープエディタ	ここに「ブラシの種類」と「ブラシフォールオフ」が用意されています。既にスカルプトツールでも使いましたね。
ツール設定	「ツールの強度」項目が用意されています。ブラシで適用される効果の度合いを調整するためのものでしたね。
ブラシ設定	使用するブラシに関する設定として「ブラシサイズ」「ブラシフォールオフ」が用意されています。
ターゲットレイヤー	ここに、ペイントで利用するレイヤーが用意されます。ただし、まだマテリアルでレイヤーを作成していないので、現時点で項目は表示されません。

ペイントレイヤーの仕組みを理解しよう

ペイントツールの働きは、わかりやすくいえば、「用意しておいたレイヤーをランドスケープの上に表示させるもの」といえます。複数のレイヤーを用意しておき、それを選択してペイントツールで描くことで、その描いた場所に指定のレイヤーのマテリアルなどが表示される、という仕組みなんですね。

レイヤーの仕組み

そのためには、まずペイントツールで利用するためのレイヤーを用意しなければいけません。これは、ランドスケープに設定されているマテリアルに用意する必要があります。

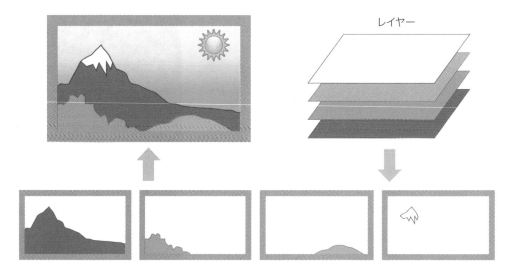

レイヤー

各レイヤーごとに描かれたものが合成され、1つのランドスケープとして表示される

図4-108 ペイントツールは、ツールを使ってそれぞれのレイヤーごとに表示する領域のデータを作成する。そして、それらのレイヤーを合成してランドスケープに表示する。

マテリアルを編集しよう

では、ペイントレイヤーを作りましょう。これには、ランドスケープで使っているマテリアルを編集します。先に作った「MyLandscapeMaterial1」をダブルクリックして開いてください。

初期状態では、草原のテクスチャであるTextureSampleをそのまま結果ノードの「ベースカラー」につないでいるだけでした。これではレイヤーは表示されません。

LandscapeLayerBlendを配置

では、レイヤー利用のためのノードを追加しましょう。パレットの「ランドスケープ」から、「LandscapeLayerBlend」という項目を探し、これをドラッグ＆ドロップしてグラフに配置しましょう。これはレイヤーを合成するためのノードです。

図4-109 LandscapeLayerBlendを配置する。

🎮 LandscapeLayerBlendを使おう

LandscapeLayerBlendは、そのままでは出力の項目が1つあるだけのノードです。これは、利用するレイヤーを登録するための設定を用意してやらないといけないのです。

このLandscapeLayerBlendを選択し、詳細パネルを見ると、そこに「レイヤー」という設定があるのがわかります。これがレイヤーを登録するためのものなのです。ここにレイヤーを追加し設定をします。追加されたレイヤーが、ランドスケープのペイントツールを利用する際に使われるようになるのです。

Grassレイヤーを追加する

では、レイヤーを追加してみましょう。詳細パネルの「レイヤー」にある「＋」マークをクリックしてください。新たな項目が追加されます。ここに、登録するレイヤーの設定内容を記述するのです。といっても、基本的な設定はデフォルトで用意されているので、名前を入力するだけでいいでしょう。

ここでは「Grass」と名前を記入しておきます。草原のテクスチャのレイヤーです。

図4-110 レイヤーを追加し、「Grass」と名前を入力する。

Dirtレイヤーを追加する

もう1つレイヤーを作ります。「＋」マークをクリックして作成をしてください。2つ目は「Dirt」という名前にしておきましょう。こちらは土のテクスチャのレイヤーになります。

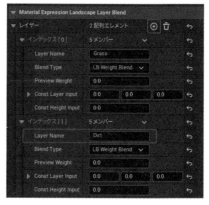

図4-111 2つ目のレイヤーを追加し「Dirt」と入力する。

T_Ground_Gravel_Dを追加する

続いて、2つ目のテクスチャを用意することにしましょう。

コンテンツブラウザで、「StarterContent」フォルダ内の「Textures」内から「T_Ground_Gravel_D」というテクスチャを探し、グラフにドラッグ＆ドロップして配置しましょう。

図4-112 「T_Ground_Gravel_D」をドラッグ＆ドロップしてグラフに追加する。

🔵 レイヤーを設定する

後は、LandscapeLayerBlendに用意された2つのレイヤーに、表示する内容をそれぞれ設定するだけです。これはテクスチャでもいいですし、色のUV座標データでもOKです。では順にやっていきましょう。

- 1. 最初に作った草原テクスチャの「Texture Sample」の出力ピンを、「LayerBlend」の「Layer Grass」に接続します。
- 2. 先ほど配置して作った地面のテクスチャ（T_Ground_Gravel_D）の「Texture Sample」の出力ピンを「LayerBlend」の「Layer Dirt」に接続してください。これが2つ目のレイヤーになります。
- 3. 「LayerBlend」の出力を結果ノードの「ベースカラー」に接続します。

これで、すべてのノードが接続されました。完成したらツールバーの保存ボタンを使ってマテリアルを保存しておきましょう。

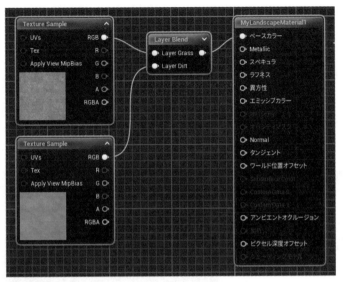

図4-113 2つのTexture Sample、LayerBlend、結果ノードを接続する。

ⓤ レイヤー情報を設定する

レベルエディタに戻り、ランドスケープの「ペイントツール」に目を向けましょう。「ターゲットレイヤー」のところに、「Grass」「Dirt」といった項目が追加表示されるようになりました。

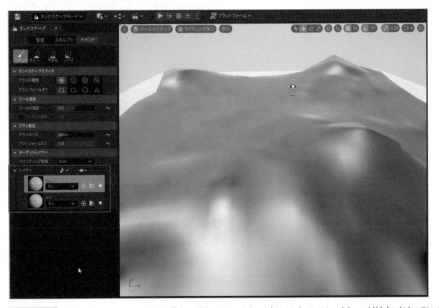

図4-114 ペイントツールの表示。「ターゲットレイヤー」には2つのレイヤーが追加されている。

レイヤー情報を追加

　これらのレイヤーには、「レイヤー情報」というものを用意しないといけません。3つの項目には、名前の下に「なし」という表示がありますね。これがレイヤー情報を示すところです。「なし」というのは、まだレイヤー情報がないよ、ということなんです。

　ではレイヤー情報を作りましょう。一番上の「grass」の右端にある「＋」マークをクリックしてください。するとメニューがポップアップするので、「ウェイトブレンドレイヤ（法線）」メニューを選びましょう。

　ファイルを保存するダイアログが現れるので、「Grass_LayerInfo」という名前で保存をしておきます。これでレイヤー情報が作成できました。

図4-115 「＋」をクリックし、「ウェイトブレンドレイヤー （法線）」を選び、「Grass_LayerInfo」という名前で保存する。

ランドスケープがレイヤーで塗られる

　レイヤー情報が作成されると、ビューポートに表示されているランドスケープ全体がGrassレイヤーのテクスチャで塗りつぶされて表示されます。これでレイヤーが機能するようになったことがわかります。

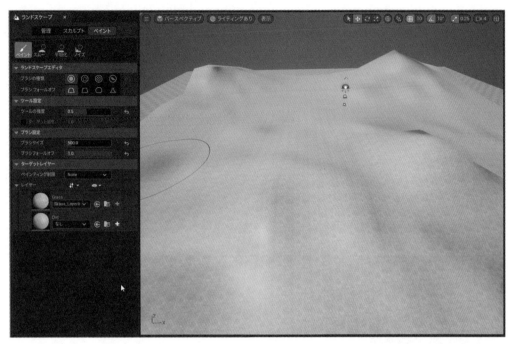

図4-116 ランドスケープ全体がGlassレイヤーで塗りつぶされる。

2つ目のレイヤー情報を追加

続いて、2番目の「dirt」の「＋」をクリックし、同様に「ウェイトブレンドレイヤー（法線）」メニューを選びます。今度は「Dirt_LayerInfo」という名前で保存をします。

図4-117 「＋」をクリックし、「ウェイトブレンドレイヤー（法線）」を選ぶ。ファイル名は「Dirt_LayerInfo」としておく。

ペイントツールでレイヤーを使う

では、ペイントツールを使ってランドスケープに色を塗りましょう。既にランドスケープ全体はGlassレイヤーのテクスチャで塗られています。後はもう1つのDirtレイヤーで表示させたいところをペイントツールで塗っていくだけです。

では、「レイヤー」から「Dirt」レイヤーをクリックして選択してください。そしてブラシ設定の「ブラシサイズ」と「ブラシフォールオフ」を適当に調整しておきます。ブラシサイズは描きやすい大きさに、ブラシフォールオフは0.5程度にしておくとよいでしょう。

そしてビューポートにあるランドスケープの地表をドラッグして塗っていきます。選択したDirtの地面が塗られていくのがわかるでしょう。こんな具合に、レイヤーから使いたいレイヤーを選んで塗ることで、いくつものレイヤーを使って地面を塗り分けていくことができます。

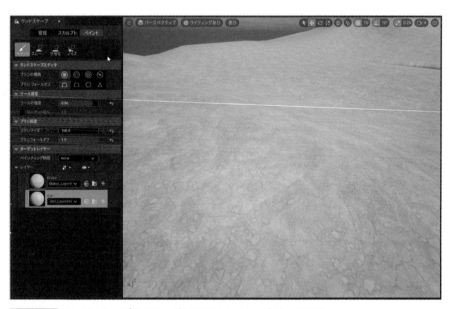

図4-118 ランドスケープをドラッグしてDirtレイヤーを塗っていく。

ペイントツールはレイヤー次第！

ここでは2つのレイヤーを使いましたが、基本的な考え方はレイヤーがいくつに増えても同じです。ランドスケープで使うマテリアルに必要なレイヤーを作成することで、それらをペイントツールで使えるようになります。

ここでは単純にテクスチャをそのままLayerBlendに接続して使いましたが、本格的にランドスケープを作成したければ、光の反射や立体感などを考えたマテリアルを作成する必要があるでしょう。前章のマテリアルの説明を参考に、それぞれでよりリアルなマテリアルのレイヤーに挑戦してみましょう。

Chapter 5

アニメーションで動かそう

3Dゲームでは、さまざまなアニメーションが用いられています。
単純な「アクタを移動したり回転させる」といったものから、
キャラクタが走ったりジャンプしたりするものまでさまざまな
アニメーションのしくみが用意されています。
その基本についてここでまとめて説明しましょう。

5-1 シーケンサーで動かそう

Ⓤ Unreal Engineのアニメーション機能

3Dモデルは、それ自体には動きはありません。作成したレベルは、プレイしてもただ表示されるだけです。そこに動きを与えるのが「アニメーション」です。

このアニメーションは、実は1つの機能しかないわけではありません。さまざまな「動き」を与えるための機能がUnreal Engineにはいくつか用意されています。これらは大きく「一般的なアクタの移動や回転などの単純な動きをアニメーション化するもの」と、「ヒューマン型モデルを歩いたり走ったりさせるもの」に分けて考えることができるでしょう。

まずは、基本である「アクタを動かすアニメーション」について考えてみましょう。

アクタを動かすシーケンサー

アクタを動かすためのアニメーションは「シーケンサー」と呼ばれるものを使って作成することができます。これが、Unreal Engineのアニメーションのもっとも基本となるものです。シーケンサーは、動きのデータを作成し、それに基づいてアクタを操作するものです。

先に、Niagaraシステムを利用した際、「タイムライン」と「カーブ」というものを使って、時間の経過とともにエフェクトを変化させる方法について説明をしました。シーケンサーは、あれと基本的には同じようなものです。

アクタは、それ自身にさまざまな情報が保管されており、それらを元に表示がされます。例えば、アクタの位置の情報、どっちを向いているか、サイズはどのぐらいか、といった情報ですね。こうした設定情報の値を時間とともに変化させることでアクタを動かす、それがシーケンサーです。

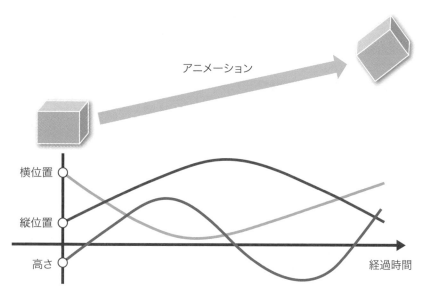

図5-1 シーケンサーは、アクタの位置や向きなどの値を時間にそって変化させることで、そのアクタを動かす。

レベルを作ろう

では、実際にシーケンサーを使ってみましょう。まず最初に、アニメーションを扱うための新しいレベルを用意しましょう。「ファイル」メニューから「新規レベル...」メニューを選んでください。そして「新規レベル」ダイアログが現れたら「Basic」のテンプレートアイコンを選び、「作成」ボタンをクリックします。

図5-2 「新規レベル...」メニューを選び、ダイアログから「Basic」テンプレートを選択する。

新しいレベルができた！

ビューポートに、新しいレベルが表示されました。これをベースに作業をしていきましょう。

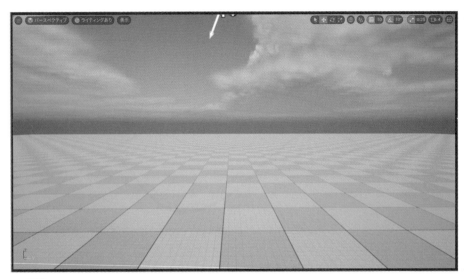

図5-3 新しいレベルが作られた。

🇺 アクタを追加しよう

続いて、アニメーションで操作するアクタを作成しましょう。ここでは立方体（Cube）の
アクタを作ることにします。ツールバーの「追加」アイコンをクリックし、現れたメニュー
から「形状」内にある「Cube」項目をドラッグしてビューポート内に配置しましょう。

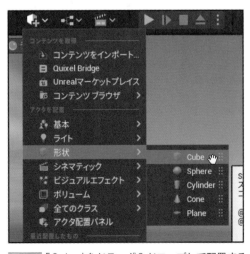

図5-4 「Cube」をドラッグ＆ドロップして配置する。

マテリアルを設定する

これで、ビューポートに
Cubeが配置されました。デ
フォルトではただの真っ白い
立方体なので、マテリアルを
設定しておきましょう。

レベルに配置したCubeを
選択し、「詳細」パネルの「一
般」ボタンを選択して、表示
された設定にある「マテリア
ル」の項目を見ましょう。こ
こにある「エレメント0」と
いう項目が、選択したアクタ
に割り当てられるマテリアル
になります。

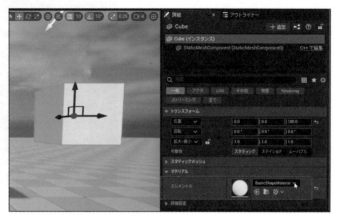

図5-5 詳細パネルの「マテリアル」にある「エレメント0」が、Cubeの
マテリアル。

mymaterial4を選択

では、「エレメント0」にあるマテリアルの名前部分（デフォルトでは「BasicShapeMaterial」
が選択されている）をクリックし、現れたマテリアルの一覧リストから「mymaterial4」を
選択しましょう。これはChapter-3で作成したグラデーションのサンプルです。他のもので
も構いませんが、自分で作成したマテリアルを選んでください（後ほど、マテリアルのアニ
メーションを行う際にマテリアルのブループリント処理を書き換えるため）。

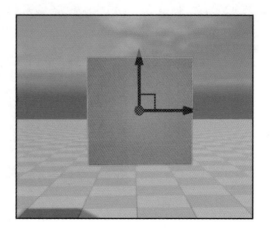

図5-6 mymaterial4をマテリアルに設定する。

レベルを保存しよう

　これで最低限の部品ができたので、レベルを保存しておきましょう。ツールバー左端の「保存」アイコンをクリックし、現れたダイアログでコンテンツフォルダ内に「MyMap2」という名前で保存しておきます。

図5-7 「MyMap2」という名前で保存する。

（u） シーケンサーを作成する

　では、シーケンサーを作成しましょう。シーケンサーにはいくつかの種類がありますが、今回は「レベルシーケンサー」を作ります。これはレベルで動かす基本的なシーケンサーです。

　ツールバーからシーケンサーのアイコン（映画撮影のカチンコの形のアイコン）を探してください。これをクリックするとメニューがプルダウンして現れます。そこから「レベルシーケンスを追加」メニューを選びます。

　画面にファイルを保存するダイアログが現れるので、コンテンツフォルダに「MyLevelSequence1」という名前で保存しておきましょう。

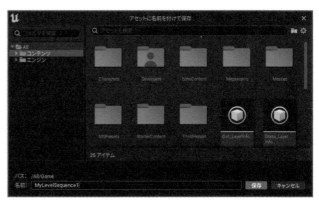

図5-8 「レベルシーケンスを追加」メニューを選び、ファイルを保存する。

シーケンサーエディタが開かれる

画面に新しいパネルが現れます。これは「シーケンサーエディタ」と呼ばれるもので、作成されたシーケンサーの具体的な内容をここで編集します。もしパネルが開かれなかったら、コンテンツドロワーから「MyLevelSequence1」ファイルのアイコンをダブルクリックしてください。これでシーケンサーエディタが開かれます。

図5-9 シーケンサーエディタのパネル。ここでシーケンサーの内容を編集する。

シーケンサーを覚えよう

このシーケンサーも、いくつかの表示が組み合わせられた形になっています。では、どのようなものから構成されているか、ざっと説明しておきましょう。

ツールバー

メニューバーのすぐ下には、おなじみのツールバーがあります。アイコンがずらっと横一列に並んだものですね。よく使う機能などはここにまとめられています。

図5-10 ツールバー。よく使う機能がまとめてある。

トラックのリスト

その下の何もないエリアには、「トラック」と呼ばれるもののリストが表示されます。トラックというのは、アニメーションで利用する項目を用意するところです。

アクタでは、まず操作したいアクタの設定などをトラックとして追加し、その値を編集する、という形で作業をします。アニメーションを作るときは、どういうトラックをここに用意するか、が重要になります。

図5-11 トラックのリストが表示される部分。まだ何も表示されない。

トラックのタイムライン

トラックのリスト部分の右側には、タイムラインが表示されます。これは、時間の経過によりトラックの値がどう変化するかを表したものです。ここで変化の状態を確認しながらアニメーションを編集していきます。

図5-12 トラックのタイムライン。まだなにもない。

タイムラインには経過時間を表す目盛りが割り振られています。また左端には上部に茶色いバーのようなものが付けられた縦線が表示されているでしょう。これは、「現在の再生地点」を表すバーです。この上部の茶色い部分をドラッグして動かすことで、再生されている場所を移動することができます。

アニメーションの操作ボタン

パネルの最下部には、アニメーションの操作を行うためのボタン類がまとめてあります。これは単に再生や停止だけでなく、逆再生や1コマずつ再生させたりする機能もあり、細かく再生状態をチェックするのに使えます。

図5-13 アニメーションの操作をするボタン類。

アクタをトラックに追加する

　では、実際に簡単なアニメーションを作ってみましょう。アニメーションは、操作するアクタをトラックに追加して作成します。

　トラックのリスト上部に見える「トラック」ボタンをクリックすると、さまざまなものを追加するためのメニューが現れます。この中の「シーケンサーへのアクタ」という項目には、サブメニューとしてレベル内に配置されているアクタのリストが用意されています。その中から「Cube」を選んでください。

図5-14 「トラック」ボタンから追加するアクタを選択する。

Cubeが追加された！

　トラックに「Cube」という項目が追加されます。これは階層型の表示になっており、左端の▼をクリックして展開すると「Transform」という項目が内部に用意されているのがわかります。

図5-15 Cubeがトラックに追加される。この中には「Transform」という項目がある。

追加される項目

では、トラックに追加された「Cube」を見てみましょう。その中に「Transform」が用意されているのは既にわかっています。では、これを展開表示すると？

その中には「位置」「回転」「スケーリング」といった項目があります。これは詳細パネルの「トランスフォーム」に用意されているものとほぼ同じですね。そして更にこれらを展開すると、その中に「X」「Y」「Z」といった項目が用意されているのがわかります（回転は「ロール」「ピッチ」「ヨー」になっています）。これらは、それぞれの設定の縦横高さの軸の値を示します。つまり、このTransformには、位置・向き・大きさに関する細かな設定がすべてまとめて用意されていたのですね。

この中から、値を操作したい設定項目を編集することで、その設定の値が変化するアニメーションが作れる、というわけです。

図5-16 Transformの中には位置・回転・スケーリングがあり、それぞれにX, Y, Z軸の項目がある。

👾 「カーブ」で位置の値を編集しよう

では、シーケンサーを使って位置の値を変化させてみましょう。値の変化は、「カーブエディタ」という専用ツールを使って行います。

では、シーケンサーの左側にある項目名のリストから、「位置」内にある「X」の項目をクリックして選択してください。そしてツールバーの一番右にあるカーブエディタのアイコンをクリックしてください。

図5-17 値を操作する項目を選択し、「カーブ」アイコンをクリックする。

カーブエディタについて

　画面に新しいウィンドウが開かれます。これがカーブエディタです。カーブエディタの基本的な表示はシーケンサーとだいたい同じです。簡単に整理しておきましょう。

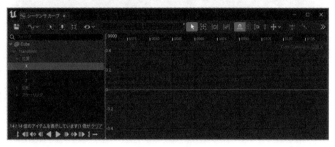

図5-18 カーブエディタの表示はいくつかの領域に分かれて構成されている。

ツールバー	カーブエディタの上部に並んでいるアイコンです。
トラックリスト	パネルの左側には、カーブで編集する項目（トラック）が表示されています。ここには、シーケンサーと同じ項目（Cube内のTransform内の「位置」「回転」「スケーリング」）が用意されています。エディタを起動するときに選択していた「位置」の「X」項目が選択された状態になっているでしょう。
カーブグラフ	リストの右側にある広い領域はグラフになっており、中央に赤い直線が表示されています。この赤い線が、項目名のリストで選択した項目の値を表しています。この線分を見れば、値がどのように変化するかがわかるようになっています。
操作ボタン	項目名のリストの下部には、アニメーションの実行や停止を行うためのボタン類がまとめられています。

Xのカーブを編集する

　では、位置の「X」の値を操作してみましょう。カーブの編集の手順は、カーブに「キー」と呼ばれるものを追加し、その位置を調整する、という形で行います。ではやってみましょう。

　「位置」の「X」項目を選択したら、右側のグラフ部分で、現在の値を示す赤い線のゼロ地点を右クリックします。そして現れたメニューから「キーを追加」を選択します。これで、赤い線分のゼロ地点に●マークが追加されます。これが「キー」です。もし、「端っこの場所がクリックしにくい」という人は、グラフの何もないところをマウスの右ボタンを押して動かしてください。グラフが上下左右に移動します。

　キーが追加されると、上部に2つの数値を入力するフィールドが表示されます。これは、経過時間と現在の値を示します。これにより、「アニメーション開始からどれだけ経過したら値がいくつになるか」を表します。

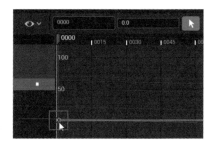

図5-19 位置のXを選択し、ゼロ地点にキーを追加する。

終わりにキーを追加する

では同じようにして、終
わりの場所にキーを追加し
ましょう。上部に表示され
ているメモリをよく見て、
「0100」という地点の赤い線
上を右ボタンをクリックしま
しょう。これが10秒経過し
た地点です。この場所を選択
したら、右クリックで「キー
を追加」メニューを選びま
す。

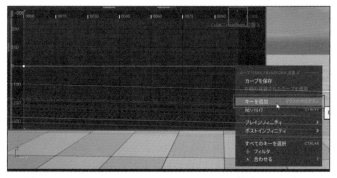

図5-20 10秒経過した地点にキーを追加する。

中央にキーを追加する

　最後に、グラフの中央「0050、5秒経過したところ」をクリックして「キーを追加」しましょう。これで3つ目のキーができました。

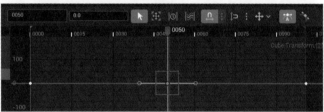

図5-21 中央に3つ目のキーを追加する。これで3つのキーができた。

中央のキーの値を変更する

　では、中央のキーをクリックして選択してください。すると上部に2つのフィールドが表示されます。フィールドの値は「0050」「0.0」となっているでしょう。左側の0050が経過時間（5秒）を表し、右側の0.0がその時間が経過したときの値を表します。

図5-22 中央のキーの値を500に変更する。

　では、右側の「0.0」の値を「500」と変更してみましょう。これでカーブのグラフが山形に変わります。

　なお、設定する数値によってはグラフの変化がほとんどわからなくなってくる場合もあります。このような場合はグラフの倍率を調整すると良いでしょう。左端に見える縦方向の目盛り部分を右クリックし、「合わせる」メニューを選んで下さい。これで倍率が自動調整され、グラフの変化がわかりやすくなります。

カーブはキーで操作する

　このように、カーブは追加されたキーを使って形を作成します。カーブは、設定された
キーとキーを結ぶ曲線の形で作られるのです。そしてアニメーションは、作成された曲線に
そって、設定された項目の値が変化していきます。いかに思った通りに変化する曲線を作れ
るか、がシーケンサー利用のポイントといっていいでしょう。

　キーをよく見ると、キーの前後に細長い直線が伸びているのがわかります。これは「コント
ロールポイント」と呼ばれるもので、これを動かすことで曲線の形を変えることができます。

　実際にキーとコントロールポイントをいろいろと動かして、どのように曲線が変化するか
を確かめてみましょう。いろいろと試してみれば、曲線の作り方が少しずつわかってくるで
しょう。

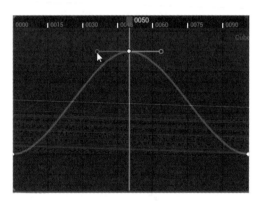 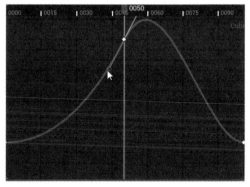

図5-23 キーのコントロールポイントを動かすと曲線の形が変わる。

再生範囲を調整する

　では、カーブエディタで値の変化を作成できたら、エディタを閉じてシーケンサーに戻り
ましょう。

　シーケンサーに戻ると、設定した3つのキーが「位置」の「X」項目に表示されるように
なっています。これで「既にキーを設定してカーブを編集済みである」ことがわかるわけで
すね。

　次に行うのは、アニメーションの範囲の設定です。今回、スタートから10秒経過した地
点にキーを追加してあります。ということは、この「ゼロから10秒の範囲」をアニメーショ
ンの再生範囲として設定すれば、ゼロから500に値が増え、再びゼロに戻るというアニメー
ションが完成しますね。

　シーケンサーのグラフ部分を見てみると、再生される範囲の最初と最後に緑と赤の縦線が
表示されているのに気がつくでしょう。これが、再生範囲を示すものです。この2つの直線
の間が、アニメーションを実行する範囲を示します。

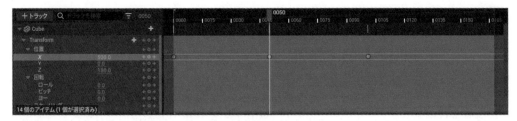

図5-24 緑と赤の直線が、実行する範囲を示している。

再生範囲を変更する

では、開始と終了の直線が、先ほ
ど作成したグラフの最初の点の位置
（0000）と最後の点の位置（0100）
となるようにドラッグして調整しま
しょう。これらの直線は、グラフ上
部に表示されている経過時間の目盛
り部分を持って左右にドラッグする
と移動することができます。これで
2つの直線を移動し、作成した3つ
のキーの範囲内を再生するように調
整しましょう。

図5-25 再生範囲が0000～0100の範囲となるように調整
する。

再生して動作を確認

では、シーケンサーの下部に見え
る操作ボタンを使い、実際にアニ
メーションを作成して動きを見て
みましょう。実行すると、Cubeが
ゆっくり離れていき、再び戻ってく
る、というアニメーションを行いま
す。

再生ボタン類の一番右側にある
アイコン（再生範囲をループ）をク
リックすると、繰り返し再生を行
うようになります。これで何度も繰
り返し動かしてみると、なめらかに
Cubeが動くのがよくわかります。

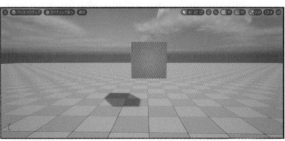

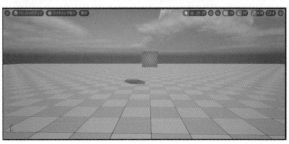

図5-26 再生するとCubeが前後に移動する。

レベルに追加したシーケンサーについて

　これでシーケンサーを使った簡単なアニメーションが作れました。では、これがプレイ時に再生されるようにしましょう。

　シーケンサーを使うには、当たり前ですがシーケンサーのアクタがレベルに用意されていないといけません。レベルシーケンスを作成した際にアクタが追加されていたはずですが、確認しておきましょう。

アクタが追加されているか確認する

　レベルに配置したアクタを管理する「アウトライナー」パネルで、「MyLeverSequence1」というアクタが追加されているか確認してください。これが、レベルシーケンサーを作成した際に追加されたものです。

　もし、このアクタが追加されていなかった場合は、手作業で追加しておきましょう。コンテンツドロワーを開き、作成した「MyLevelSequence1」のアイコンをレベルのビューポートにドラッグ＆ドロップすれば追加されます。

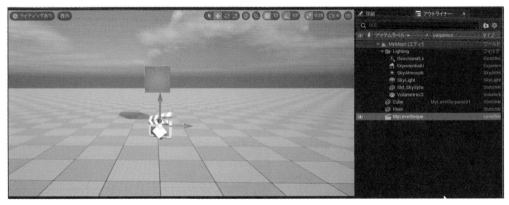

図5-27 レベルには「MyLevelSequence1」シーケンサーがアクタとして組み込まれている。

シーケンサーの設定

では、配置された MyLevelSequence1 アクタを
選択し、詳細パネルを見てみましょう。ここには、
シーケンサーに用意されている各種の設定がまとめ
られています。その中でも、「一般」と「再生」がもっ
とも重要なものになります。これらについて簡単に
説明しておきましょう。

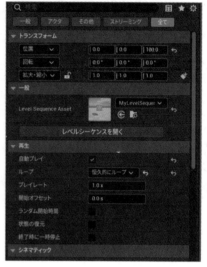

図5-28 詳細パネルにある「一般」「再生」の
設定。

一般

Level Sequence Asset	レベルシーケンサーの設定です。「MyLevelSeuene1」のアイコンが表示されていますが、これが「このレベルにレベルシーケンサーとして設定されているアセット」です。ここで別のシーケンサーを選択すれば、他のものをレベルシーケンサーとして使うことができます。

再生

自動プレイ	これをONにすると、レベル開始時に自動的にアニメーションをスタートします。
ループ	繰り返し再生します。「ループしない」「恒久的にループ」「厳密にループ」のいずれかを選びます。
プレイレート	再生のスピードを調整します。
開始オフセット	アニメーションの開始地点を調整します。
ランダム開始時間	開始地点をランダムに設定します。
状態の復元	停止時にアクタの状態を復元するかどうかを指定するものです。
終了時に一時停止	最後まで再生したとき停止ではなく一時停止状態にします。

とりあえず、ここでは「自動プレイ」ONに、「ループ」を「恒久的にループ」に設定してお
きましょう。これで、プレイを開始すると自動的にシーケンサーのアニメーションがエンド
レスで再生されるようになります。

レベルを再生する

では、設定できたらレベルを再生してみましょう。すると、自動的にアニメーションが再生されます。シーンの中を移動して、あちこちからCubeの動きを確認してみましょう。

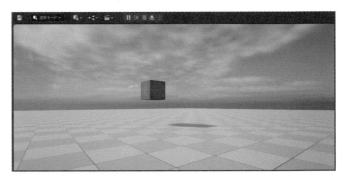

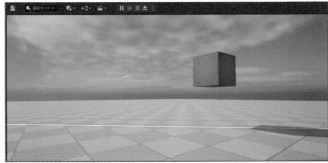

図5-29 レベルを再生するとアニメーションが自動スタートする。

アクタを回転させる

アニメーションの基本的な使い方はわかりました。では、シーケンサーに慣れるためにもう一つ動きを追加してみましょう。今度はCubeを回転させてみます。

再びシーケンサーエディタを開きましょう。閉じてしまった人は、コンテンツドロワーから「MyLevelSequence1」をダブルクリックして開いてください。これでシーケンサーが開かれます。

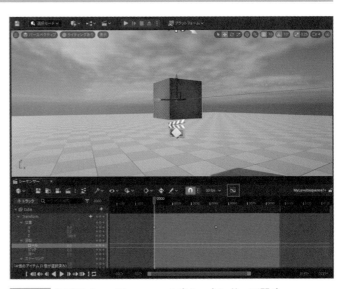

図5-30 再びMyLevelSequence1をシーケンサーで開く。

カーブエディタを開く

では、ツールバーから「カーブ」のアイコンをクリックしてカーブエディタを開きましょう。そして「回転」の「ロール」の開始地点（0000）と終了地点（0100）にそれぞれキーを追加します。

図5-31 ロールの開始と終了地点にキーを追加する。

キーに値を設定する

では、作成したキーに値を設定します。開始地点のキーは、ゼロのままでいいでしょう。終了地点のキーは、選択して値を「180」に変更しておきます。

図5-32 終了地点のキーの値を「180」にする。

線形補間の設定

値の変化を見ると、開始地点から終了地点までなめらかな曲線になっていますね。今回はゆるやかに変化するよりも、一定速度で回転させることにします。これはキーの補間の方式を変更して行います。

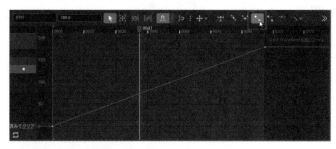

図5-33 2つのキーの補間方式を「線形補間」に変更する。

開始地点のキーを選択し、ツールバーの右側にある補間のアイコンから「線形補間」のアイコン（2つの点を直線で結ぶアイコン）をクリックして選択します。続いて終了地点のキーを選択し、やはり「線形補間」アイコンを選択します。これで開始からスタートまで直線的に値が変化するようになります。

ピッチのカーブを作成する

やり方がわかったら、「ピッチ」にも同様の設定をしましょう。開始地点と終了地点にキーを追加し、終了地点のキーの値を「180」にします。そして各キーの補間方式を「線形補間」に変更します。

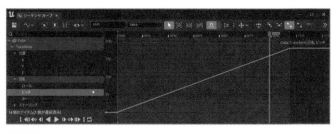

図5-34 ピッチにもロールと同じ設定をする。

これで、ロールとピッチの2つに同じように変化する設定ができました。

アニメーションを動かそう

設定が完了したらシーケンサーを保存し、レベルを再生して動きを確認しましょう。Cubeが回転しながら往復運動をするようになります。

このように、アクタの基本的な値（位置・向き・大きさ）は、シーケンサーで設定するだけで簡単に値を変化させアニメーションさせることができます。これらは、同時にいくつでも設定し動かすことができます。

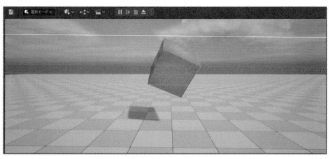

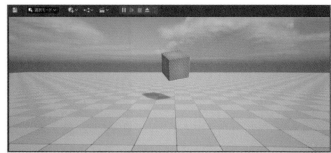

図5-35 レベルを実行すると、回転しながら往復運動をする。

シーケンサーの応用

マテリアルをアニメーションする

　アクタの操作は、基本的にここまで説明したやり方で行えます。では、マテリアルはどうでしょう？ マテリアルのカラーを赤から黄色に変化させたり、といったアニメーションはできるのでしょうか。

　これは、もちろん可能です。ただし、マテリアルをシーケンサーに直接追加することはできませんし、マテリアル内の値を外部から変更することもできません。ではどうすればいいのか。それは「マテリアルパラメータコレクション」というものを使うのです。

マテリアルパラメータコレクションとは？

　マテリアルパラメータコレクションは、マテリアルで利用できるパラメータをまとめて管理するものです。これをマテリアルに追加し、そこに用意したパラメータを利用してマテリアルの表示を作成するのです。

　そして、シーケンサーにマテリアルパラメータコレクションを追加し、パラメータの値を操作すると、その値を利用するマテリアルの表示がアニメーションする、というわけです。

　では、実際にやってみましょう。コンテンツドロ

図5-36 「MyMaterialCollection1」アセットを作成する。

ワーを開き、「追加」ボタンをクリックしてください。そして「Material」メニュー内にある「マテリアルパラメータコレクション」を選択してアセットを作成してください。名前は「MyMaterialCollection1」としておきましょう。

マテリアルパラメータコレクションを編集する

　では、作成された「MyMaterialCollection1」をダブルクリックして開いてみましょう。すると、パラメータの編集を行うためのパネルが開かれます。

　開かれるウィンドウは、「詳細」パネルだけのシンプルなものです。ここに「Scalar Parameters」と「Vector Parameters」という2つの項目が用意されています。Scalar Parametersは、1つの値だけのパラメータです。そしてVector Parametersは、複数の値で構成されるパラメータです。

　これらに、必要な値を割り当てることでパラメータを作成します。

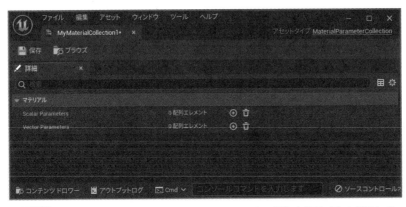

図5-37 MyMaterialCollection1を開くとパラメータの編集を行うパネルが現れる。

Scalar Parametersを作成する

　では、パラメータを追加しましょう。ここではScalar Parametersを作成します。「Scalar Parameters」という項目の右側にある「+」をクリックしてください。Scalar Parametersに項目が1つ追加されます。

図5-38 Scalar Parametersにパラメータを1つ追加する。

　追加された項目は「インデックス[0]」と表示がされていますね。これは、コレクション（多数の値をひとまとめにして管理するもの）の値を示します。[0]というのは、「ゼロ番の値」という意味です。コレクションというのは、たくさんの値に「インデックス」と呼ばれる通し番号を付けて管理しています。パラメータを1つ作成すると、インデックス＝ゼロ番に値が割り当てられるわけです。

　この項目の左側にある▼をクリックして表示を展開すると、「Default Value」と「Parameter Name」という項目が表示されます。これは、作成したパラメータに設定される値と名前です。

パラメータの設定をする

　では、Scalar Parametersの「＋」をもう一度クリックし、2つのパラメータを作りましょう。そしてそれぞれ以下のように内容を設定します。

図5-39 2つのパラメータの値と名前を設定する。

1つ目

Default Value	1.0
Parameter Name	Param1

2つ目

Default Value	0.0
Parameter Name	Param2

　これらを設定したら、マテリアルパラメータコレクションの作業は完了です。ツールバーの「保存」ボタンを押して保存し、パネルを閉じましょう。

マテリアルでパラメータを利用する

　では、Cubeで使っているマテリアル（mymaterial4）を編集しましょう。コンテンツドロワーから「mymaterial4」をダブルクリックして開いてください。マテリアルエディタが開かれます。ここでマテリアルの内容を修正します。

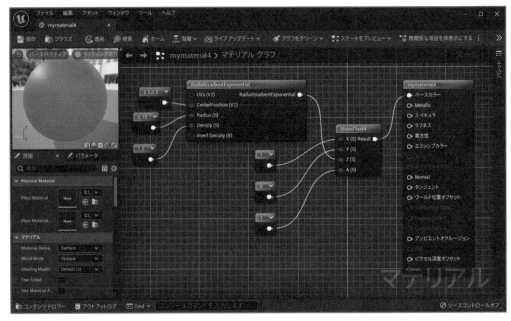

図5-40 マテリアルエディタを開く。

CollectionParameterを作成する

では、作成したマテリアルパラメータコレクション
を使いましょう。これは、「CollectionParameter」
というノードを使います。パレットから「パラメータ」
という項目に用意されている「CollectionParameter」
を選択してください。

図5-41 CollectionParameterを作成する。

CollectionParameterの設定

作成されるノードは、何も表示されてない出力ピンが1つあるだけのシンプルなノードです。これは、まだパラメータコレクションが設定される前の状態です。

詳細パネルを見ると、このノードには「Collection」という設定が用意されていることがわかります。これでパラメータコレクションを指定すると、そのコレクションに用意されているパラメータが使えるようになるのです。

図5-42 作成されたCollectionParameter。Collectionという設定でマテリアルパラメータコレクションを指定する。

🎮 MyMaterialCollection1を使用する

では、設定パネルの「Collection」にあるプルダウンメニューから、先ほど作成した「MyMaterialCollection1」を選択しましょう。

図5-43 Collectionから「MyMaterialCollection1」を選択する。

Collectionが選択されると、下の「Parameter Name」という項目でパラメータ名が選べるようになります。ここでは「Param1」を選択しておきましょう。

図5-44 選択したコレクションからパラメータを選ぶ。

CollectionParameterを複製する

これでCollectionParameterノードは完成です。では、同じノードをもう1つ作りましょう。ノードを選択して右クリックし、「複製」メニューを選んでください。ノードが複製され2つに増えます。

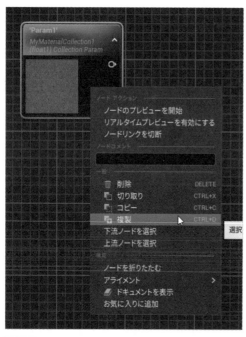

図5-45 CollectionParameterノードを複製して2つに増やす。

Param2を指定する

複製して作られた2つ目のCollectionParameterノードを選択し、詳細パネルからParameter Nameの値を「Param2」にします。これでParam1とParam2の両パラメータが用意できました。

図5-46 2つ目のCollectionParameterのParameter Nameを「Param2」に変更する。

CollectionParameterを接続する

では、作成した2つのCollection Parameterを利用するようにマテリアルの表示を修正しましょう。

1つ目のParam1ノードの出力ピンを、「MakeFloat4」の「X」入力ピンに接続します。そして2つ目のParam2ノードの出力ピンを、「MakeFloat4」の「Y」入力ピンに接続しましょう。これで2つのパラメータがMakeFloat4につながります。

正常につながれば、それまで使っていたConstantノードが切り離されます。これらはもう使わないので、削除しても構いません。

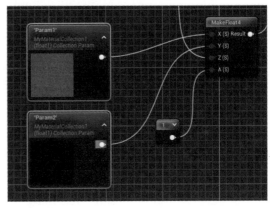

図5-47 2つのCollectionParameterをMakeFloat4に接続する。

シーケンサーでパラメータを操作する

では、シーケンサーでパラメータを操作しましょう。シーケンサーの「トラック」ボタンをクリックし、プルダウンして現れたメニューから「マテリアルパラメータコレクショントラック」という項目にマウスポインタを移動してください。利用可能なマテリアルパラメータコレクションのリストがサブメニューとして表示されます。その中から、先ほど作成した「MyParameterCollection1」を選択しましょう。

図5-48 「トラック」ボタンのメニューから「MyParameterCollection1」を選ぶ。

287

トラックにパラメータを追加する

　トラックのリストに「MyParameterCollection1」が追加されます。この項目の右側には「＋」があり、ここにマウスポインタを移動すると「パラメータ」と表示が変わります。

　そのままマウスプレスすると、このMyParameter Collection1に用意されているパラメータがメニューとして表示されます。ここから「Param1」を選ぶと、Param1がトラックに追加されます。

図5-49 「パラメータ」をクリックし、「Param1」メニューを選んでパラメータを追加する。

2つのパラメータを追加する

　同様にして、「Param2」も追加しましょう。これで2つのパラメータをシーケンサーで編集する準備が整いました。

図5-50 Param1とParam2が用意された。

パラメータのカーブを編集する

では、追加した「MyParameterCollection1」トラックを選択してカーブエディタを開きましょう。MyParameterCollection1内にParam1とParam2の項目が用意されています。これらにキーを設定していきます。

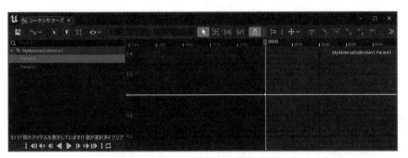

図5-51 カーブエディタでMyParameterCollection1を開く。

Param1を設定する

まず、Param1からです。アニメーションの開始地点、終了地点、中央の3箇所にキーを追加してください。そして3つのキーを以下のように設定します。

	時間	値
1つ目	0000	1.0
2つ目	0050	0.0
3つ目	0100	1.0

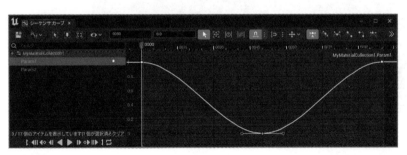

図5-52 Param1の設定。3つのキーを用意し、1.0から0.0に、再び1.0に戻るカーブを作る。

Param2を設定する

続いて、Param2です。基本的な形はParam1と同じです。開始／中央／終了の各地点の
キーを作成し、以下のように設定をします。

	時間	値
1つ目	0000	0.0
2つ目	0050	1.0
3つ目	0100	0.0

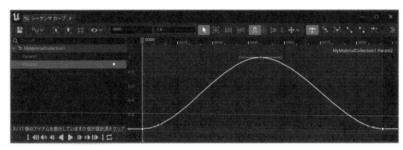

図5-53 Param2の設定。3つのキーに値を0.0, 1.0, 0.0と設定する。

2つのパラメータのカーブが完成

これでParam1とParam2のカーブが完成しました。トラックのリストで
MyParameterCollection1をクリックすると、その中の2つの項目のカーブが表示されま
す。2つのカーブが線対称のように変化していることがわかるでしょう。

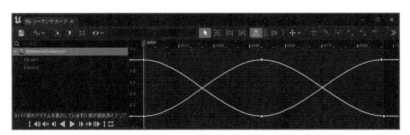

図5-54 2つのパラメータのカーブ。値が線対称な形に変化する。

マテリアルのアニメーションを確認する

　完成したら、シーケンサーを保存し、シーンを実行して表示を確認しましょう。Cubeがアニメーションしながら赤からシアンに、そして再び赤へと変化するのがわかります。マテリアルも、このようにパラメータを使うことでアニメーションできるようになるのです。

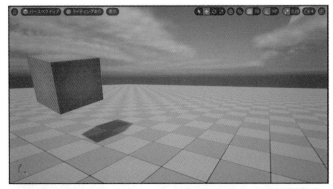

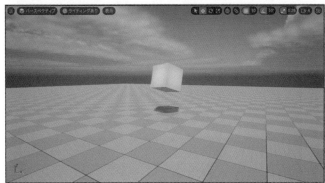

図5-55 レベルを実行するとCubeの色が変わりながらアニメーションする。

カメラ視点をアニメーションする

　アクタを動かすアニメーションは、このようにやり方さえわかっていれば比較的簡単に行えます。多くの人は、アクタを「レベルに表示される部品」として捉えていますが、そうした一般的なアクタ以外にもレベルにはたくさんのアクタが使われています。それらもシーケンサーで操作できるのでしょうか。

　例えば、「カメラ」はどうでしょう。今まで、レベルをプレイすると、マウスやキーボードで3D世界の中を自由に動き回ることができました。が、例えばカメラを設定して、映画のようにカメラを動かしながらその視点から世界を眺める、というようなことをやりたい場合もあるでしょう。こうした場合は、カメラを使ったアニメーションが必要になります。

⑪ レベルにカメラアクタを追加する

シーケンサーでカメラを操作するということは、レベル内にカメラのアクタが用意されていないといけません。では、カメラアクタを作成しましょう。

レベルエディタで、ツールバーの「追加」アイコンのメニュー内の「全てのクラス」にマウスポインタを移動してください。利用可能なクラス（さまざまな部品のことです）がサブメニューとして現れます。その中から「CameraActor」という項目を探してください。これがカメラのアクタです。

あるいは、ビューポート上でCubeを選択した状態で、ビューポートの左上にある「≡」アイコンをクリックし、現れたメニューから「ここにカメラを作成」内の「CameraActor」メニューを選んでもカメラアクタを作成できます。この場合、カメラアクタは選択したCubeのある場所に作られます。

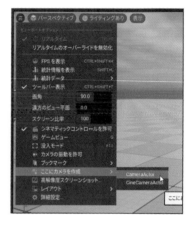

図5-56 カメラアクタを追加する。ツールバーの「追加」アイコンか、ビューポートの「≡」アイコンからメニューを選ぶ。

カメラアクタが追加される

カメラアクタがレベル内に追加されます。追加されたカメラを選択し、詳細パネルから位置や向きを調整しておきましょう。

位置	-500.0	0.0	100.0
方向	0.0	0.0	0.0
拡大縮小	1.0	1.0	1.0

これで、配置してあるCubeが見えるようになっているはずです。うまく表示されない場合はCubeの位置を確認してうまく表示されるように配置を調整しておきましょう。

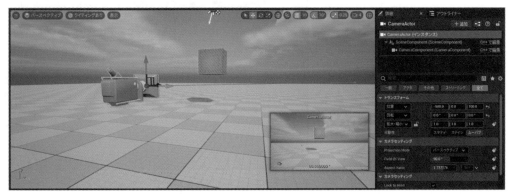

図5-57 配置されたカメラアクタ。位置や向きを調整し、Cubeが見えるようにしておく。

Auto ActivateをONにする

配置したカメラがレベル開始時に使われるようにしましょう。詳細パネルから、「オートプレイヤーアクティベーション」というところにある「Auto Activate for Player」という値をクリックし、「Player0」メニューを選びます。これでゲーム開始時にプレイヤーの目線としてカメラが使われるようになります。

図5-58 Auto Activate for PlayerをONにする。

実行して表示を確認！

設定できたら、レベルを実行して表示を確認しましょう。配置したカメラで表示がされるようになっているでしょうか。

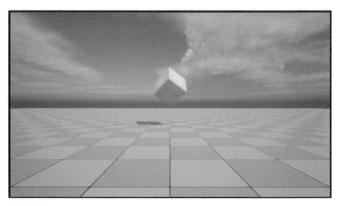

図5-59 実行して追加したカメラで表示されることを確認する。

試してみるとわかりますが、追加したカメラを使うようにした場合、マウスやキーボードでカメラを移動できなくなります。こうしたカメラ操作は、デフォルトで用意されているカメラに用意されていたものだったのですね。自分でカメラを追加し利用する場合は、自分で動かす処理を用意しない限りカメラは固定されたままです。

シーケンサーにカメラを追加する

では、追加したカメラをシーケンサーでアニメーションさせましょう。「MyLevelSequence1」アセットをダブルクリックしてシーケンサーのパネルを開いてください。

シーケンサーのトラックリストにある「トラック」ボタンをクリックし、「シーケンサへのアクタ」内からレベルにあるアクタを選択します。カメラは「CameraActor」という名前で用意されているので、この項目を探して選んでください。

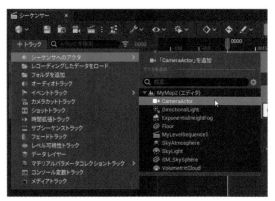

図5-60「トラック」ボタンから「シーケンサへのアクタ」内にある「CameraActor」メニューを選ぶ。

アクタとカメラセットが追加される

これでトラックに「CameraActor」の項目が追加されます。この中には「CameraComponent」と「Transform」という項目が用意され、カメラの画角やカメラ位置や向きなどをここで操作できるようになります。

また、CameraActorだけでなく、トラックには「カメラセット」という項目も追加されます。これはカメラをトラックに追加すると自動的に用意されるもので、複数カメラの切り替えなどを行うのに利用します（この「カメラセット」については後ほど説明します）。

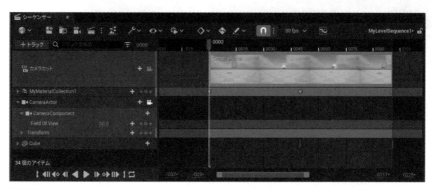

図5-61 CameraActorとカメラセットがトラックに追加された。

「位置/X」のカーブを作成する

では、アニメーションの設定をしましょう。まずはCameraActorを選択し、カーブエディタを開いてください。

最初は「位置」からです。位置の「X」を選択し、アニメーションの開始地点と終了地点、その中央の3箇所にキーを作成してください。そして以下のように値を設定します。

	時間	値
1つ目	0000	-500.0
2つ目	0050	0.0
3つ目	0100	-500.0

これで、-500からゼロに増加し、再び-500に戻るカーブが作成されます。

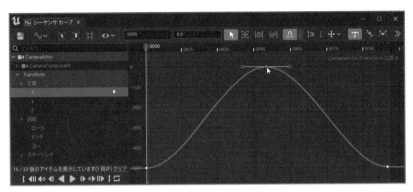

図5-62 位置のXカーブを作成する。

「位置/Y」のカーブを作成する

続いて、位置の「Y」を選択し、アニメーションの開始／中央／終了の3箇所にキーを作成してください。そして以下のように設定しましょう。

	時間	値
1つ目	0000	0.0
2つ目	0050	500.0
3つ目	0100	0.0

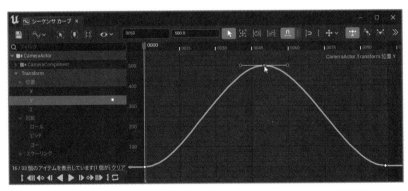

図5-63 カメラ位置のYカーブを作成する。

「回転／ヨー」のカーブを作成する

もう1つ、回転のカーブも作成をします。回転の「ヨー」を選択し、開始／中央／終了の3箇所のキーを作成して以下のように設定しておきます。

	時間	値
1つ目	0000	0.0
2つ目	0050	-45.0
3つ目	0100	0.0

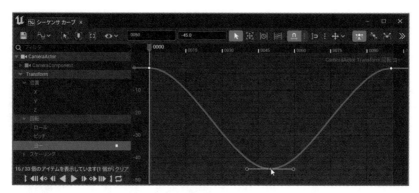

図5-64 カメラの「ヨー」カーブを作成する。

🎮 動作を確認しよう

すべてできたら保存して動作を確認しましょう。実行すると、Cubeのアニメーションに合わせてカメラも右側から回り込むようにしてCubeを表示し、再び正面に戻るように動きます。Cubeとカメラが同時に動いて撮影しているのが確認できるでしょう。

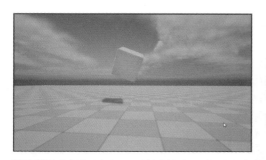

図5-65 実行するとカメラが右側から回り込むように移動しながら撮影する。

カメラカットについて

シーケンサーには、カメラに関するもう1つのトラックがありました。「カメラカット」です。

カメラカットは、文字通り「カメラのカット割り」をするためのものです。どこからどこまでどのカメラを使い、どの時点でどのカメラに切り替えるのか、そうした「使用するカメラの切り替え」を設定するものです。

カメラカットのタイムラインには、カメラで写ったシーンの縮小表示が並びます。これで、どういうシーンが写っているかが確認できるようになっています。ここにさまざまなカメラのカットを追加していくことで、カット割りを作成できます。

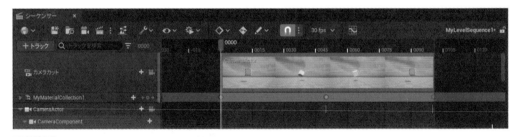

図5-66 カメラカット。カメラの画面が縮小表示されている。

カメラアクタを追加する

カメラカットでカット割りを作るには、複数のカメラを用意しておく必要があります。では、2つ目のカメラアクタをレベルに追加しましょう。「追加」ボタンのメニューから「全てのクラス」内の「CameraActor」メニューを選び、カメラアクタを追加してください。

なお、先にCameraActorを作成しているので、「追加」ボタンのメニューの一番下の「最近配置したもの」というところに「CameraActor」が追加されているはずです。これを選んでも、同様にカメラアクタを追加できます。

図5-67 「追加」から「CameraActor」を選んでカメラアクタを追加する。

CameraActor2の位置と向きを調整する

配置されたカメラアクタは「CameraActor2」という名前になっています。これを選択し、詳細パネルで位置と向きを調整しましょう。

位置	0.0	0.0	500.0
回転	0.0	-30.0	0.0
拡大縮小	1.0	1.0	1.0

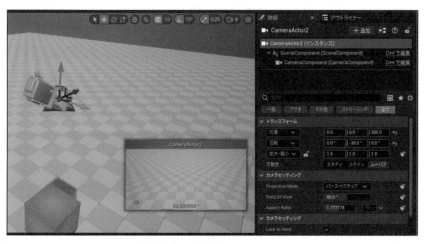

図5-68 CameraActor2の位置と向きを調整する。

バインディングを追加する

では、カメラカットでCameraActor2を追加し、表示が切り替わるようにしてみましょう。まずカメラカットのタイムラインで、CameraActor2に切り替える位置に現在の表示位置を設定してください。そして、カメラカットの「カメラ」ボタンをクリックし、現れたメニューから「新しいバインディング」内の「CameraActor2」メニューを選択しましょう。

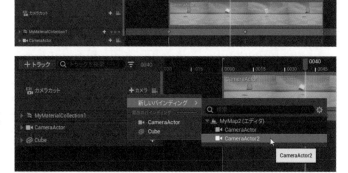

図5-69 現在位置を変更し、「カメラ」ボタンから新しいバインディングを選ぶ。

CameraActor2にカットが切り替わる！

現在位置のところから新しいカットが割り付けられ、CameraActor2の表示が追加されます。これで、途中でCameraActorからCameraActor2に切り替わるようになります。

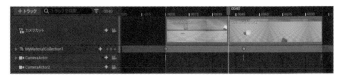

図5-70 現在位置以降にCameraActor2のカットが追加される。

再びCameraActorにカットを戻す

使い方がわかったら、CameraActor2からCameraActorに戻す操作も作成してみましょう。現在の表示位置をドラッグして調整し、カメラカットの「カメラ」ボタンから「CameraActor」メニューを選びます。これで、選択した位置以降がCameraActorに切り替わります。

図5-71 「カメラ」ボタンを使い、選択位置にCameraActorを追加する。

表示を確認しよう

これでCameraActorからCameraActor2へ、そして再びCameraActorへ、というカメラの切り替えが設定できました。

では、シーケンサーを保存し、実際に動作を確認してみましょう。実行すると、CameraActorとCameraActor2を切り替えつつアニメーションを表示するようになります。

図5-72 途中でCameraActor2に切り替わり、再びCameraActorに戻るようになった。

シーンに映る謎の球の正体は？

　カメラアクタを追加して表示を切り替えながら動かすようになると、ちょっと不思議な現象に気がついたかも知れません。

　いろいろと表示を変えながらレベルを実行し表示を確かめると、シーンの中にグレーの球が現れることがあります。こんなもの、作った記憶はありませんね？

　これは、私達が自分で作ったものではありません。これは「ポーン」のアクタなのです。

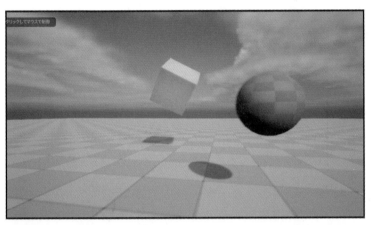

図5-73 レベルの中にグレーの球が現れる。

ポーンとは？

　ポーンとは、プレイヤーによって制御可能なアクタのことです。ポーンは、ゲームで使われるキャラクタなどとして生成され、プレイヤーがマウスやキーボードなどといったもので操作することができます。

　カメラアクタを作成するまで、レベルを実行するとマウスやキーボードでカメラを操作してシーンの中を動き回ることができました。これは、レベルの中にカメラがあって、それを操作しているのだと考えてきました。しかし、アウトライナーを見てもそうしたカメラは存在しないことがわかります。

　なぜ、レベルを実行すると、存在しないはずのカメラでシーンが表示され、キーやマウスで操作できるようになるのか。それは「ポーン」としてカメラアクタが作成されているからです。

　Unreal Engineのプロジェクトでは、ゲーム開始時に自動的にポーンが作成できるようになっています。例えばゲームで操作するキャラクタや、一人称プレイならばプレイヤーの視点として使われるカメラがポーンとして設定されます。ゲームが実行されると、自動的にポーンのアクタが作成されてレベル内に組み込まれ、それを操作して遊べるようになっているのです。

ⓤ ゲームモードとワールドセッティング

　このポーンというのは、「ゲームモード」と呼ばれるもので管理されています。ゲームモードは、ゲームで使う重要な部品などの設定を行うためのものです。このゲームモードを用意することで、ポーンなどのカスタマイズをすることができるようになります。

　カメラアクタを作って利用するようになると、どうしても「デフォルトのポーン」が邪魔になります。ここで少し脇道にそれますが、ゲームモードとポーンについて説明しておきましょう。

ゲームモードはどこで設定される？

　ゲームモードは、プロジェクトとワールドセッティングという2つのところで設定されます。プロジェクトには、デフォルトで使われるゲームモードの設定が用意されています。ゲームが実行されると、この設定が使われます。

　もう1つのワールドセッティングというのは、3Dワールドの細かな設定を管理するものです。ここにもゲームモードの設定が用意されており、プロジェクトの設定をここで変更できるようになっています。

ワールドセッティングのゲームモード設定

　わかりやすいのはワールドセッティングでしょう。「ウィンドウ」メニューから「ワールドセッティング」というメニュー項目を選んでください。これでワールドセッティングのパネルが開かれます。

　このパネルには、詳細パネルのように細かな設定が一覧表示されています。この中に「Game Mode」という項目があります。これがゲームモードに関する設定です。

　ここには「ゲームモードオーバーライド」という項目が用意されています。これは、ゲームモードを上書きするためのものです。ゲームの設定というのは、プロジェクトに設定されているものが使われますが、ゲームモードはワールドセッティングを使って設定を上書きし変更できるようになっているのです。

図5-74 ワールドセッティングの「Game Mode」設定。

ゲームモードを作成する

では、実際にゲームモードを作成してみましょう。ゲームモードは、ブループリントのプログラムとして作成されます。コンテンツドロワーを開き、「追加」ボタンをクリックして、リストから「ブループリントクラス」を選んでください。

図5-75 「追加」ボタンをクリックし、「ブループリントクラス」を選ぶ。

親クラスを選択

画面にダイアログが現れます。これは、作成するブループリントクラスの親クラスを選択するためのものです。親クラスというのは、まぁわかりやすくいえば「作成するブループリントの元になるもの」と考えていいでしょう。ここで親クラスというものを選ぶと、その仲間としてプログラムが作られます。

では、ここに表示される「Game Mode Base」という項目をクリックして選択してください。これはゲームモードのベースとなる親クラスです。これを選択することで、作成するブループリントのプログラムはゲームモードのプログラムとして認識されるようになります。

ブループリントのファイルが作成されたら、「MyGameMode1」と名前をつけておきましょう。

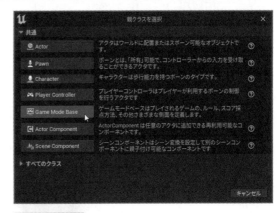

図5-76 親クラスに「Game Mode Base」を選び、「MyGameMode1」という名前でファイルを作成する。

ワールドセッティングでゲームモードを変更する

では、作成したゲームモードを使うように設定を変更しましょう。ワールドセッティングのパネルを開き、「ゲームモードオーバーライド」の値をクリックしてください。利用可能なゲームモードがプルダウンメニューで現れます。この中から「MyGameMode1」を選んでください。

図5-77 ゲームモードオーバーライドで「MyGameMode1」を選ぶ。

Default Pawn Classについて

ゲームモードオーバーライドを変更すると、その下の「選択したゲームモード」にある各項目が編集可能になります。

この中の「Default Pawn Class」という項目の値を変更しましょう。これが、デフォルトで使われるポーンを設定するものです。デフォルトでは「Default Pawn」というものが選択されています。これが、デフォルトで使われるポーン、すなわち「謎の球」の正体です。

図5-78 ゲームモードの初設定が編集可能になる。

Default Pawn Classを「None」にする

では、Default Pawn Classの値を「None」に変更してください。これでデフォルトでポーンが使われなくなりました。これにより、実行時に現れる謎の球は現れなくなります。

図5-79 Default Pawn Classを「None」に変更する。

表示を確認しよう

では、レベルを保存し、実行して表示を確認してみましょう。いろいろとビューポートの表示位置などを変更して、「謎の球」が表示されなくなっていることを確認してください。

図5-80 謎の球は表示されなくなった。

Section 5-3 キャラクタとアニメーション

キャラクタとアニメーション

シーケンサーを使ったアニメーションは、単純な動きを作成するには便利です。けれど複雑な動きをさせたい場合は、シーケンサーでは限界があります。

ゲームでは、人間の形をしたキャラクタを操作することがよくあります。キャラクタが歩いたり走ったりジャンプしたり、といった操作ですね。こうした操作というのは、シーケンサーで簡単に作ることはできません。

キャラクタの動きは、体を構成する1つ1つの部品の動きを細かに設定していく必要があります。ただ「歩く」だけでも、左右の足の太ももとスネ、足首などがどのように動くのか、また胴体の曲がり具合、腕の動きなどすべて設定しなければいけません。

こうした動きは非常に多くの要因があるため、シーケンサーのようなもので設定していくのはかなり大変です。多くの場合、キャラクタ関係は専用のモデリングツールを使い、キャラクタのモデルと動きのアニメーションファイルを作成し、それを元に動きを再現するようになっています。

このキャラクタのモデルとアニメーションの作成は、かなり専門的な技術を必要とします。また専用のモデリングツールを使うことになるのでUnreal Engineだけで作成するのは難しいでしょう。これらについては別途学習が必要です。

Unreal Engineで比較的簡単に行えるのは、あらかじめ作成してあるキャラクタのモデルとアニメーションデータを組み合わせ、キャラクタを思い通りに動かすことです。例えば「歩く」「走る」「ジャンプする」といったアニメーションデータを使い、プレイヤーの操作に応じて走ったりジャンプしたりできるようにすることです。

新しいレベルを作成する

では、新しいレベルを作成してキャラクタのアニメーションについて試していくことにしましょう。「ファイル」メニューの「新規レベル...」メニューを選び、新しいレベル作成のダイアログを呼び出してください。今回は「Open World」テンプレートを使うことにします。

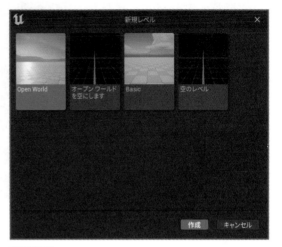

図5-81 「新規レベル...」メニューで「Open World」テンプレートを選択する。

Open Worldレベルの作成

これでOpenWorldのレベルが作成されました。Open Worldは、広々としたスペースのレベルで、キャラクタなどが思い切り走り回れるようになっています。キャラクタをいろいろと試して見るには最適なテンプレートでしょう。

図5-82 Open Worldテンプレートのレベル。広々とした世界だ。

レベルを保存する

作成したレベルを保存しておきましょう。ツールバーの「保存」ボタンをクリックし、現れたダイアログで「MyMap3」と名前をつけて保存しておきましょう。

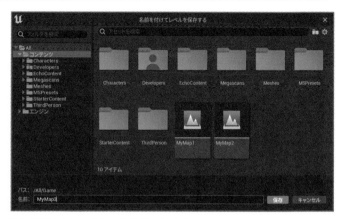

図5-83 MyMap3という名前で保存する。

キャラクタを作成する

では、レベルにキャラクタを追加しましょう。キャラクタは、「Character」というアクタとして用意されています。

ビューポートの上にある「追加」アイコンをクリックし、プルダウンして現れたメニューから「基本」内にある「Character」メニュー項目を選んでください。これでCharacterアクタがレベルに追加されます。

Characterは、縦長のカプセル状をしたアクタです。ただし、現時点では何も表示されません。これに、Characterのスケルタルメッシュを設定して表示を作ります。

図5-84 「追加」アイコンから「Character」を選び、キャラクタのアクタを追加する。

エンジンコンテンツをONにする

スケルタルメッシュの設定をする前に、コンテンツドロワーに表示されるコンテンツの設定を変更しましょう。今回、利用するスケルタルメッシュはUnrealのエンジンに用意されているため、デフォルトのままでは表示がされません。そこでエンジンコンテンツを使えるように設定を変更しておきます。

コンテンツドロワーの右上に見える「設定」ボタンをクリックして下さい。そしてポップアップして現れるメニューから「エンジンのコンテンツを表示」という項目を選び、チェックをONにしましょう。これでエンジン関連のファイルが表示されるようになります。

図5-85 「設定」ボタンから「エンジンのコンテンツを表示」を選んでONにする。

「エンジン」フォルダについて

設定を変更したら、コンテンツドロワーの左側に見えるフォルダーのリスト表示部分を見て下さい。一番下に「エンジン」というフォルダーが追加されているのがわかります。これがエンジン関連のコンテンツがまとめられているところです。これでエンジンコンテンツがプロジェクトで使えるようになりました。

図5-86 「エンジン」フォルダーが追加された。

スケルタルメッシュを設定する

では、配置したCharacterアクタを選択し、詳細メニューで「一般」ボタンを選択してください。「メッシュ」という項目が見つかります。そこにある「Skeletal Mesh」という設定で、キャラクタとして表示するスケルタルメッシュを設定します。「スケルタルメッシュ」というのは、ボーンと呼ばれる骨格構造を持ったスタティックメッシュのことです。骨と関節に相当するものがあり、自由に体を動かせるようになっています。

この設定の値部分（「なし」と表示されているところ）をクリックすると、利用可能なスケルタルメッシュのリストが現れます。ここでは、サンプルとして用意されている「TutorialTPP」という項目を選択してください。

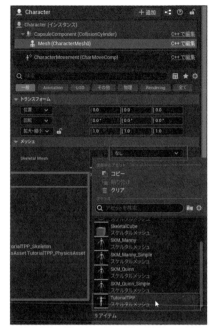

図5-87 Skeletal Meshから「TutorialTPP」を選択する。

キャラクタが表示された！

これで、Characterアクタにキャラクタのボディが表示されるようになります。ただし、デフォルトの状態だとCharacterよりも上にずれた位置にキャラクタが表示されてしまうでしょう。これは選択したTutorialTPPの位置を調整しておきます。

図5-88 Characterよりも高い位置にキャラクタが表示される。

位置を調整する

　詳細パネルで、Characterを選択し、位置のZ値を「90.0」に設定します。続いて、この内部にある「Mesh(CharacterMesh0)」という項目を選択すると、設定したメッシュの設定が表示されます。ここで位置のZ値を「-90.0」にしてください。これで地面に足がつくように位置が調整されます。

図5-89 Characterと設定したメッシュの位置を調整し、地面に足がつくようにする。

実行して表示を確認

　では、レベルを実行して表示を確認しましょう。まだキャラクタはまったく動きませんが、ちゃんと地面の上に立って表示されるのがわかります。後は、これにアニメーションを設定して動かせばいいのです。

図5-90 実行するとキャラクタがたった状態で表示される。

🎡 Characterにアニメーションを設定する

では、Characterにアニメーションを設定しましょう。アニメーションを設定するとき、まず考えておく必要があるのが「アニメーションモード」です。

Characterのスケルトンメッシュでは、2通りのアニメーションモードがあります。それは「アニメーションアセット」と「ブループリント」です。

アニメーションアセットは、アニメーション情報を保存したファイルのことです。いわゆる「アニメーションファイル」というのは、これのことです。このファイルをCharacterに設定すれば、そのアニメーションアセットのデータを使ってアニメーションが再生されます。

もう1つのブループリントは、ブループリントのプログラムを使ってアニメーションを制御するものです。これも内部ではアニメーションアセットを利用するのですが、プログラムを使って必要に応じてさまざまな処理を行い、アニメーションを制御することができます。

単純に「決まったアニメーションを再生する」というならばアニメーションアセットを使い、プログラムを使っていくつものアニメーションを制御したいのであればブループリントを使う、と考えればいいでしょう。

Animation Modeを「Animation Asset」にする

では、アニメーションモードを設定しましょう。Characterを選択し、詳細パネルで「Animation」ボタンを選択してください。アニメーションに関する設定が現れます。ここから「Animation」というところにある「Animation Mode」という項目を探してください。これがアニメーションモードの設定項目です。

図 5-91 Animation Mode の 値 を「User Animation Asset」に変更する。

デフォルトでは、「Use Animation Blueprint」が選択されているでしょう。この値を「Use Animation Asset」に変更してください。これでアニメーションアセットを使うようになります。

Anim to Playでアニメーションアセットを指定する

　Animation Modeを設定すると、その下に「Anim to Play」という項目が追加されます。これは、再生するアニメーションアセットを指定するものです。

　この値部分をクリックすると、利用可能なアニメーションアセットのリストが現れます。ここから「Tutorial_Walk_Fwd」というものを選んでください。これは前に進むアニメーションです。同時に、レベルに配置してあるCharacterのスケルタルメッシュが銃を構えて前進するスタイルに変わります。

　Anim to Playの下には「Looping」「Playing」といった設定があります。これらは、ループ再生とプレイを示すものです。いずれもONにしておきましょう。

図5-92 Anim to Playで「Tutorial_Walk_Fwd」を選択する。Characterが銃を構えたスタイルに変わる。

実行して動かそう！

　設定できたら、実際にレベルを実行してみましょう。キャラクタが歩き続けるアニメーションが再生されます。

　ただし、アニメーションは再生されますが、実際には前には進みません。歩くアニメーションとアクタの移動は別なのです。実際に歩かせるには、アニメーションとは別に「一定速度で移動する」という処理が必要になる、という点は忘れないでおきましょう。

図5-93 実行すると歩き続けるアニメーションが再生される。

🎮 シーケンサーでアニメーションする

これでアニメーションアセットを設定してアニメーションさせることができるようになりました。アニメーションアセットは、Characterにアニメーションの設定として組み込まれています。この設定を変更すれば、別のアニメーションアセットでアニメーションさせることができます。

設定次第で再生されるアニメーションが変わる。ということは、シーケンサーでアニメーションの設定を操作すれば、必要に応じてアニメーションが変わるようなこともできるのではないでしょうか？

レベルシーケンスを作る

実際にやってみましょう。今回もレベルシーケンスとしてシーケンサーを用意します。ツールバーにあるシーケンサーのアイコンから「レベルシーケンスを追加」メニューを選びましょう。そして「MyLevelSequence2」という名前でファイルを作成します。

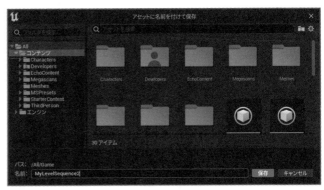

図5-94 「レベルシーケンスを追加」を選び、「MyLevelSequence2」という名前でファイルを作成する。

アクタの追加

シーケンサーが作成されたらパネルを開き、トラックにアクタを追加します。「トラック」ボタンをクリックし、「シーケンサへのアクタ」メニュー内から「Character」を選択してトラックに追加しましょう。

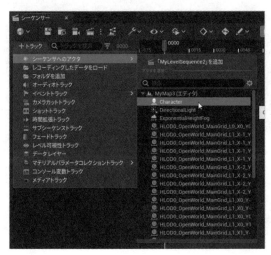

図5-95 「トラック」ボタンをクリックし、Characterをトラックに追加する。

トラックにアニメーションを追加する

では、アニメーションのトラックを追加しましょう。トラックに追加された「Character」の「トラック」ボタンをクリックしてください。メニューがプルダウン表示されるので、そこから「アニメーション」にマウスポインタを移動します。これで、Characterで利用可能なアニメーションアセットのリストがサブメニューとして現れます。

ここから「Tutorial_Walk_Fwd」を選択し、トラックに追加しましょう。これは先ほども使いましたね。前に進むアニメーションです。

図5-96 Characterのトラックに「Tutorial_Walk_Fwd」を追加する。

停止中のアニメーションを追加する

　続いてもう1つアニメーションを追加しましょう。Characterの「トラック」をクリックし、「アニメーション」内から「Tutorial_Idle」を選択し、トラックに追加してください。これは停止した状態のアニメーションです。

　これで2つのアニメーションがトラックに追加されました。

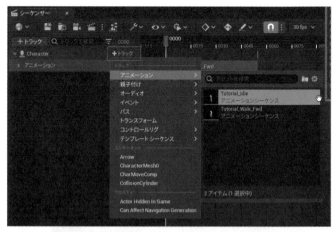

図5-97 Tutorial_Idleアニメーションをトラックに追加する。

タイムラインの調整

　追加した2つのアニメーションは、いずれもタイムラインのゼロ地点からアニメーションの長さ分だけ再生するように設定されています。このタイムライン部分は、両端をマウスで左右にドラッグすることで長さを変更できます。またタイムラインのバー部分をドラッグすれば、位置を移動させることもできます。

　では、2つのタイムラインの長さと位置を調整し、Tutorial_Idleを再生し、その後でTutorial_Walk_Fwdが再生されるようにしてみましょう。

図5-98 タイムラインのバーの長さと位置を調整する。

レベルシーケンサーでアニメーションを実行する

これで2つのアニメーションを再生するシーケンサーができました。では保存してシーケンサーを使ってみましょう。

その前に、レベルに配置されたシーケンサー（MyLevelSequence2）を選択し、詳細パネルで設定をしておきます。「再生」という項目に「自動プレイ」という設定があるのでこれをONにしてください。また、「ループ」という項目は「恒久的にループ」を選択しておきます。

これでレベルを開始するとエンドレスでアニメーションを実行するようになりました。

図5-99 詳細パネルでMyLevelSequence2 の設定を行う。

再生して表示を確認する

設定ができたら、レベルを実行してアニメーションを確認しましょう。しばらく立ち止まったままのキャラクタが一定時間がすぎると歩き出し、再び立ち止まります。2つのアニメーションが交互に実行されているのがわかるでしょう。

図5-100 実行すると、停止と前進を交互に再生する。

ブループリントによる
アニメーション

アニメーションブループリントとは

　ここまでで、キャラクタにアニメーションアセットを設定すれば、そのアニメーションを実行できることがわかりました。またアニメーションはシーケンサーを使って実行することも可能でした。

　これでアニメーションの基本はすべてマスターしたでしょうか？ いいえ！ アニメーションモードにはもう1つありました。「アニメーションブループリント」というものです。

　この「アニメーションブループリント」というのは、アニメーションの実行に関するルールのようなものです。先にマテリアルの表示を作るときに、いくつものノードをつなぎあわせて表示を作りましたね？ アニメーションブループリントも、あれと同じようなものです。さまざまな処理や動作のノードをつなぎあわせてアニメーションの表示や制御のしくみを作っていきます。

アニメーションモードの変更

　では、Characterをアニメーションブループリントで動くように設定を変更しましょう。レベルに配置したCharacterを選択し、詳細パネルから「Animation」ボタンをクリックします。そして表示された設定の中から「Animation Mode」を探し、値を「Use Animation Blueprint」に変更してください。

　これでブループリントを使ってアニメーションを実行するようになります。既に作成してあるレベルシーケンサーなどによるアニメーションは適用されなくなります。

図5-101 Animation Mode を「Use Animation Blueprint」に変更する。

ⓤ ブループリントを作成する

では、実際にアニメーションブループリントを作ってみましょう。ブループリントはアセット（ファイル）として作成します。コンテンツドロワーを開き、「追加」ボタンをクリックして現れるメニューから作成をします。が、ここにある「ブループリント」は使いません。

アニメーションブループリントは、一般的なブループリントとは違うものなので、専用のメニューを利用します。「アニメーション」というメニュー項目の中に、アニメーション関係のアセットがサブメニューとしてまとめられています。この中に「アニメーションBP」というものがあります。これがアニメーションブループリントを作るメニューです。

図5-102 「追加」ボタンから「アニメーションBP」メニューを選ぶ。

スケルトンを指定する

メニューを選ぶと、画面にダイアログパネルが現れます。ここで、利用するスケルトンを選択します。上部にある「特定のスケルトン」が選択されると、利用可能なスケルトンのリストが表示されます。

この中から「TutorialTPP_Skelton」を選択し、「作成」ボタンをクリックしてください。これでアニメーションブループリントのファイルが作成されます。そのまま名前を「MyTPP_BP1」とつけておきましょう。

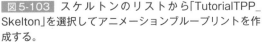

図5-103 スケルトンのリストから「TutorialTPP_Skelton」を選択してアニメーションブループリントを作成する。

⑪ ブループリントエディタを開こう

　では、作成された「MyTPP_BP1」をダブルクリックして開きましょう。新たにウィンドウが開かれます。中央には、大きなノードが1つ表示されたグラフがあります。どこかで見たことありますね、これ？　そう、マテリアルの作成のときに、似たようなウィンドウを使いました。

　これは、ブループリントエディタと呼ばれるウィンドウです。ここで、ノードをつなぎあわせてアニメーションの処理を作成していくのです。

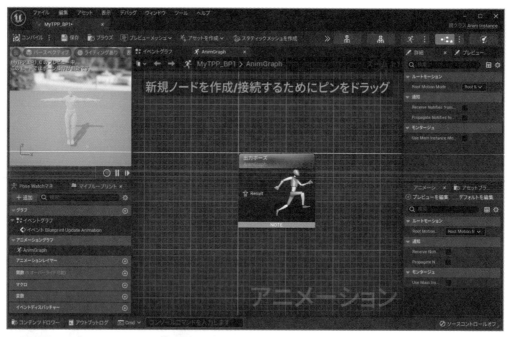

図5-104 ブループリントエディタの画面。

ブループリントとは？

　「ブループリント」という単語はこれまでも何度か登場しました。これは、Unreal Engineに搭載されているプログラミングシステムです。既にみなさんも少しだけ使ったことがありますね。マテリアルの作成で、ノードをつなぎあわせて表示を作りました。あれも、マテリアル用に特化されたブループリントだったのです。それからNiagaraでエミッタのモジュールを作ったときも、ブループリントを利用しましたね。

　みなさんは、まだブループリントというプログラミングシステムについてよく理解していません。このため、ここでアニメーションブループリントを使った処理について説明しても、よくわからないでしょう。ここでは、内容まできっちりと理解する必要はまったくあり

ません。「よくわからないけど、こういうことのできる機能が用意されていて、決められた形で処理を作っていけばアニメーションを制御できるんだ」という大まかなことがわかればそれで十分です。

ブループリントについては、次の章でその基本を説明する予定です。それらをしっかり理解し、ある程度ブループリントによるプログラミングができるようになったところで、アニメーションブループリントについて改めて読み返してみてください。その頃には「ブループリントでアニメーションのしくみを作る」ということがどういうものなのか、理解できるようになっているでしょう。

「イベントグラフ」と「アニメーショングラフ」

では、ブループリントエディタを見てみましょう。まずは、ブループリントのプログラミングを行う場所である、グラフのパネルからです。

この部分をよく見てみると、2つのグラフが開かれていることに気がつくでしょう。グラフの領域の上部に、「イベントグラフ」「AnimGraph」という2つのタブが表示されていますね？ このタブをクリックすることで、複数のグラフを切り替え表示できるようになっているのです。

この2つのグラフは、それぞれ異なる性格を持っています。簡単に整理しておきましょう。

図5-105 グラフの上部にある2つのタブ。これを切り替えて、表示するグラフを変更する。

イベントグラフ

これは「イベントグラフ」と呼ばれるものです。イベントグラフは、さまざまな操作や動きに応じて発生する「イベント」の処理を行うためのものです。デフォルトで2つのノードが用意されています。とりあえず、これは必要があるまでは触らなくていいです。

図5-106 イベントグラフの表示。2つのノードが用意されている。

アニムグラフ（Anim Graph）

これは「アニメーショングラフ」というものです。こちらが、具体的なアニメーションの処理を作成するためのものといってよいでしょう。

デフォルトで「出力ポーズ」というノードがあります。これは、マテリアルの「結果ノード」を思い出しますね。これも同じようなもので、さまざまな処理の結果として決定したアニメーションをここに接続することで、そのアニメーションが再生されるようになっています。

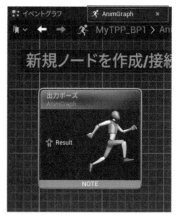

図5-107 アニメーショングラフの表示。1つのノードが用意されている。

出力ポーズにアニメーションを設定する

では、実際に簡単なアニメーションを作ってみましょう。「AnimGraph」タブに切り替え、そこにある「出力ポーズ」を見てください。このノードには、「Result」という入力が1つだけ用意されています。これは「アニメーションポーズ」というものを接続します。わかりやすくいえば、アニメーションアセットで再生されるアニメーションを示す値、と考えていいでしょう。

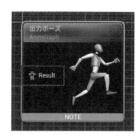

図5-108 出力ポーズのノード。Resultにアニメーションポーズを接続する。

キャラクタ関係のコンテンツを探す

では、キャラクタ関連のコ
ンテンツを探しましょう。今
回のTutorialTPP_Skelton
というスケルトンメッシュと
それを利用するためのアニ
メーションアセット類は、以
下の場所に用意されていま
す。順番にフォルダーを開い
ていってください。

図5-109 コンテンツドロワーからTutorial_Walk_Fwdを選択する。

- ◆ All→エンジン→コンテンツ→Tutorial→SubEditors→TutorialAssets→Character

フォルダーの階層が非常に深いので間違えないように探してください。この最後に開いた
「Character」というフォルダーの中に、アニメーション関連のファイルがまとめてあります。
ここにあるファイルの中から「Tutorial_Walk_Fwd」というものを探してください。こ
れが、前に歩くアニメーションのアセットファイルです。

アセットをグラフにドラッグ＆ドロップする

では、このTutorial_Walk_Fwdのアイコンをドラッグし、AnimGraphの適当なところ
にドロップしてください。これでTutorial_Walk_Fwdを再生するためのノードが追加され
ます。

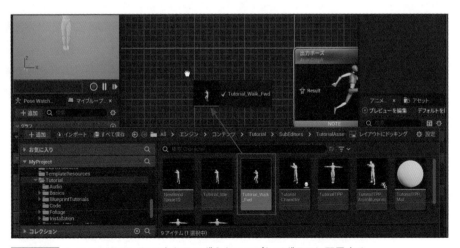

図5-110 Tutorial_Walk_Fwdをドラッグ＆ドロップしてグラフに配置する。

Animation Poseについて

このノードは、「Animation Pose」というもので
す。このノードは、出力が1つあるだけのシンプル
なものです。出力項目（人影のアイコンがそうです）
は、この再生ノードに設定されているアニメーショ
ンアセットを再生するアニメーションポーズが出力
されます。

つまり、この出力を、出力ポーズのResultに接続
すれば、Tutorial_Walk_Fwdを再生するようにな
る、というわけです。

図5-111 再生ノード。出力が1つあるだ
けのシンプルなノードだ。

ノードを出力ポーズに接続する

では、追加したAnimation Pose
ノードを出力ポーズに接続しましょう。
Animation Poseの出力部分を左ボタン
でドラッグし、出力ポーズのResultにド
ロップしてつないでください。

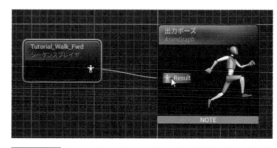

図5-112 Animation Poseノードから出力ポーズに接
続をする。

ブループリントをコンパイル

これでプログラムができました。修正したら、ブ
ループリントをコンパイルします。ツールバーにあ
る「コンパイル」ボタンをクリックしてコンパイル
をしてください。アニメーションブループリントは、
このように内容を変更するとコンパイルする必要が
あります。「編集したらコンパイルして保存」という
基本となる作業よく頭に入れておきましょう。

図5-113 ブループリントをコンパイルす
る。

プレビューで確認する

これでプログラムはでき
ました。ブループリントエ
ディタに表示されているプレ
ビューで動作を確認しましょ
う。プレビューでは、キャラ
クタが銃を構えた姿勢で前
進しているアニメーション
が表示されます。用意した
Animation Poseのアニメー
ションが出力ポーズに送ら
れ、再生されていることがわ
かります。

図5-114 プレビューでアニメーションを確認する。

ブループリントでスケルタルメッシュを動かす

では、作成したアニメー
ションブループリントを使っ
て、キャラクタをアニメー
ションさせましょう。

まず、作成したアニメー
ションブループリントを
キャラクタに設定します。
レベルエディタで、レベ
ルに配置したキャラクタ
（Character）を選択し、詳
細パネルから「アニメーショ
ン」内にある「Animation
Mode」を「Use Animation
Blueprint」に変更します。

図5-115 CharacterのAnimation ModeをUse Animation Blueprint
に変更し、Anim ClassをMyTPP_BP1にする。

これで、下に「Anim Class」という項目が追加されます。これはアニメーションとして利
用するブループリントのクラスを指定するものです。値部分から「MyTPP_BP1」を選択し
てください。作成したMyTPP_BP1が設定され、ビューポートのCharacterがTutorial_
Walk_Fwdのポーズに変わります。

プレイしてアニメーションを確認しよう！

これでアニメーションブループリントがスケルタルメッシュに設定されました。では、ツールバーから「プレイ」アイコンを選んで、実際に再生してみましょう。そして配置したCharacterを見てみると、アニメーションブループリントで設定したアニメーションが再生されることがよくわかるでしょう。

図5-116 再生すると、アニメーションブループリントに用意したアニメーションアセットを使ってアニメーションが表示される。

２つのアニメーションを切り替える

これでアニメーションブループリントを使ってアニメーションを再生させる基本はわかりました。では、ちょっとアレンジをしてみましょう。特定の値をチェックし、アニメーションを切り替えるような処理を考えてみます。

Tutorial_Idleを配置する

　では、再びブループリントエディタに戻りましょう。そして、再生ノードをもう1つ用意することにします。コンテンツドロワーで、先ほどの「Character」フォルダーから「Tutorial_Idle」というアセットを探し、アニメーショングラフ内にドラッグ＆ドロップしてください。

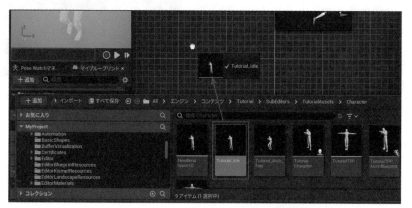

図5-117 Tutorial_Idleというアセットを探してグラフに配置する。

再生ノードを追加する

　これで2つ目のアニメーション再生ノードが追加されました。この2つのノードを切り替えて動かすことにします。

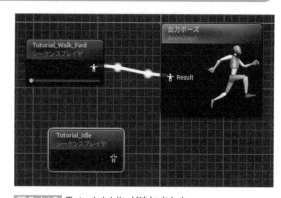

図5-118 Tutorial_Idleが追加された。

🎮 ブレンドポーズを利用しよう

　状況に応じてアニメーションポーズを切り替えるには「ブレンドポーズ」と呼ばれるノードを使います。これは、値をチェックし、それによって使用するアニメーションポーズを切り替えるものです。

では、このノードを追加しましょう。Anim Graphの何もノードがない部分をマウスで右ボタンクリックしてください。これでノードを選択するメニューがポップアップして現れます。

ブレンドポーズは、この中の「Blends」というメニューの中にまとめられています。この「Blends」メニューの左端にある▼マークをクリックして内部を展開表示し、そこから「ブレンドPoses by bool」メニューを選びましょう。これでブレンドポーズのノードが作成されます。

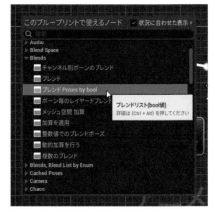

図5-119 「ブレンドPoses by bool」メニューを選んでノードを追加する。

Bool型によるブレンドポーズについて

作成される「ブレンドPoses by bool」ノードは、Bool値をチェックし、その結果によって再生するアニメーションポーズを設定するものです。

「Bool」というのは「正しいか、どうでないか」といった二者択一の状態を示すのに使われる値です（真偽値といいます）。例えばチェックボックスのON/OFFなどの値を表すのに用いられます。

ブレンドPoses by boolの入出力

このノードは、5種類の入力と1つの出力からなる、かなり複雑なノードです。以下にそれぞれの説明をまとめておきましょう。

図5-120 「ブレンドPoses by bool」の入出力。

入力項目

Trueポーズ	Active ValueのチェックがONのときに実行するアニメーションポーズを指定します。
Falseポーズ	ActiveValueのチェックがOFFのときに実行するアニメーションポーズを指定します。
Trueブレンド時間	値がTrueに変わったときにアニメーションが切り替わるのにかかる時間です。

Falseブレンド時間	値がFalseに変わったときにアニメーションが切り替わるのにかかる時間です。
Active Value	現在の値を指定するものです。チェックボックスが付いていますが、何も値が接続されていない場合は、これをON/OFFして値を設定します。

出力項目

出力	出力は1つだけです。現時点でのアニメーションポーズが出力されます。

ⓤ ブレンドポーズを設定しよう

では、ブレンドポーズに必要な設定をしていきましょう。まず、先ほど接続した「Tutorial_Walk_Fwd」と出力ポーズの接続を切りましょう。「Result」項目を右クリックし、「すべてのピンリンクを切断...」メニューを選びます。

図5-121 右クリックしたメニューを選んで接続を切断する。

Tutorial_Walk_FwdをTrueポーズに接続

では、接続を行っていきましょう。まず「Tutorial_Walk_Fwd」の出力部分をドラッグし、ブレンドポーズの「Trueポーズ」にドロップして接続します。

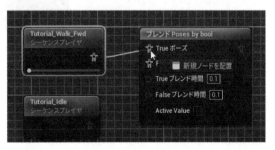

図5-122 Tutorial_Walk_FwdをTrueポーズに接続する。

Tutorial_Idle を False ポーズに接続

　続いて、もう1つの再生ノードである「Tutorial_Idle」の出力部分をドラッグし、ブレンドポーズの「Falseポーズ」にドロップして接続しましょう。

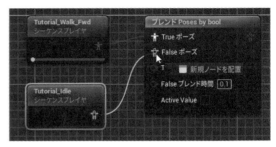

図5-123 Tutorial_Idle を False ポーズに接続する。

ブレンド時間を設定する

　ブレンドポーズの入力にある「Trueブレンド時間」「Falseブレンド時間」の値をそれぞれ変更します。今回はどちらも「1.0」にしておきましょう。これでアニメーションが切り替わる際、1秒かけてなめらかにアニメーションが変更されるようになります。

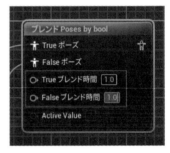

図5-124 ブレンド時間をそれぞれ1.0に設定する。

ブレンドポーズを出力ポーズに接続

　最後に、ブレンドポーズの出力をドラッグし、出力ポーズの「Result」にドロップして接続します。これでプログラムの基本的な流れができました。

図5-125 ブレンドポーズと出力ポーズのResultを接続する。

変数を追加する

これで基本的なしくみはできました。最後にブレンドノードに値を設定するための「変数」を作成しましょう。

エディタウィンドウの左側にあるプレビュー表示の下に、「マイブループリント」という表示があります。同じ場所に「Pose Watchマネージャ」というパネルもあるので、もしこちらが表示されているなら「マイブループリント」タブをクリックして表示を切り替えてください。

ここには、「変数」「関数」「マクロ」……といったアイコンが並んだパネルが表示されます。これは、ブループリントのプログラミングで使うために作成する部品を管理するものです。

図5-126 マイブループリントの表示。

変数を作成する

では、ここにある「変数」という項目の右側の「＋」アイコンをクリックしてください。下に、新しい変数の項目が作成されます。そのまま名前を記入できるようになっているので、そのまま「flag」と入力しておきましょう。

図5-127 「変数」アイコンをクリックし、「flag」という名前の変数を作る。

変数を公開する

作成された変数の項目は、右端に目を閉じたアイコンが表示されています。これは、この変数が非公開（外部から利用できない）ことを示します。このアイコンをクリックすると、目を開いたアイコンに変わります。これで変数は公開され外部から使えるようになります。

図5-128 アイコンをクリックし、目を開いたアイコンに変える。

変数flagの設定を行う

　作成した「flag」を選択すると、右側の詳細パネルに細かな設定が表示されます。ここで、以下の設定をしておきましょう。その他のものはデフォルトのままでOKです。

図5-129 詳細パネルで変数flagの設定を行う。

変数名	変数の名前です。「flag」と設定してあります。これはそのままでいいでしょう。
変数タイプ	これは、変数に保管する値の種類（タイプ）を指定するものです。ここでは「Boolean」を選択しておきます。これで真偽値が保管できるようになります。
インスタンス編集可能	これは値を編集できるかどうかを指定するものです。チェックをONにしておきます。

変数をグラフに配置する

　作成できたら、変数flagをアニメーションググラフに配置しましょう。マイブループリントにある「flag」をドラッグし、Anim Graphの適当な場所にドロップしましょう。その場にメニューがポップアップして現れるので、「Get flag」を選んでください。

図5-130 変数flagをドラッグ＆ドロップして配置する。

ノードが用意される

　ドロップした地点に「Flag」と表示されたノードが作られます。これが、変数flagの値を取り出すノードです。これには、値を取り出す出力項目が1つしかついていません。ここから、変数の値を取り出すのです。

図5-131 作成されたflagノード。変数flagの値を取り出すためのもの。

Flag を Active Value に接続する

　作成したFlagノードの出
力をドラッグし、ブレンド
ポーズの「Active Value」に
ドロップして接続をします。
これでアニメーションの処理
が完成しました。

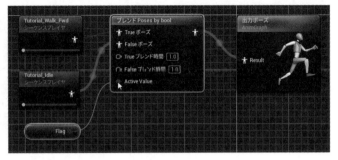

図5-132 FlagをActive Valueに接続する。

プレビューで表示を確認しよう

　プレビューで表示を確認してみましょう。一度ブループリントエディタを閉じ、もう一度開
きなおしてみてください。プレビューでアニメーションが表示されます。更にはグラフに配置
した再生ノードでゆっくりとバーが動き、アニメーションの状態が確認できるでしょう。

　デフォルトの状態では、静止した状態のアニメーションが再生されているはずです。ブレ
ンドポーズの値がOFFになっている（False）ため、Falseに接続したTutrial_Idleが再生
されているのです。

図5-133 ブレンドポーズに値を渡している変数flagがFalseのため、Falseポーズのアニメーションが再生
される。

変数flagを変更してみる

では、変数flagの値を変更してみましょう。グラフに配置してある「Flag」を選択し、右側の詳細パネルの下にある「アニメーション」というパネルを選択してください。ここに「デフォルト」という項目があり、その中に「Flag」が用意されています。これが、このアニメーションでのFlagの値を示すものです。

では、「Flag」のチェックをONにしてみてください。これでFlagの値がTrue（ONの状態）に変わります。

図5-134 「アニメーション」にあるFlagの値をONにする。

アニメーションが変化する

ONにすると、アニメーションがゆっくりとTutorial_Walk_Fwdに切り替わります。グラフの処理の流れを示す表示も、Trueポーズのアニメーションに変わっているのが確認できるでしょう。

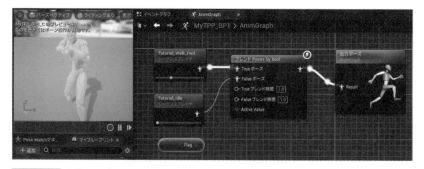

図5-135 変数flagをTrueにすると、アニメーションがTutrial_Walk_Fwdに切り替わる。

アニメーションの切り替わりを確認

アニメーションの切り替わりがわかったら、Flag変数の値をON/OFFしてアニメーションが切り替わることを確認してください。グラフでは、現在実行中の接続のラインが白く目立つように表示されていますが、FlagをON/OFFすると、ブレンドポー

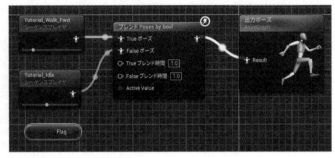

図5-136 実行中を表す表示がゆっくりと切り替わっていくのがわかる。

ズに接続されているアニメーションアセットの実行中を表す接続の表示が一方から他方へとなめらかに変化していくのがわかります。

ⓤ ステートマシンの利用

これで「変数を使ってアニメーションを操作する」というやり方はわかりました。このやり方は変数利用で簡単にアニメーションを切り替えることができ便利です。ただし、キャラクタのアニメーションが多数になり、さまざまな状況に応じてアニメーションを切り替えるようになると、自分ですべての切り替え処理を管理しなければならないため、かなりわかりにくくなります。

こうした場合、Unreal Engineでは状況に応じてアニメーションを遷移していく「ステートマシン」と呼ばれるものを利用することが多いでしょう。

ステートマシンは、さまざまなキャラクタの状態を「ステート」として用意し、それらをビジュアルに接続して遷移を作成していきます。それぞれのステートの遷移には「こういう条件に合致したら遷移する」といった条件を設定することができます。

そうして、さまざまなステートの遷移を作成し、条件付けをしていくことで、状況に応じ自動的に必要な状態が表示されるようにできるのです。

ステートマシンの作成

ステートマシンの作成は、アニメーショングラフ
で行えます。グラフ部分をマウスで右クリックし、
現れた一覧リストの中から「State Machines」とい
う項目内にある「新規のステートマシンを追加」を
選んでください。

図5-137 「新規のステートマシンを追加」
を選択する。

ステートの設定を行う

作成されたステートを選択すると、右
側の詳細パネルに細かな設定が現れま
す。ここから「名前」の値を「MyState1」
と変更しておきましょう。

図5-138 ステートの詳細パネルで名前を設定する。

ステートを出力ポーズに接続

作成されたステートを使ってアニメー
ションを表示するようにノードの接続を
変更しましょう。「MyState1」の出力ピ
ンから出力ポーズのピンまでドラッグ＆
ドロップして接続をしてください。

これで、それまでの接続が切れ、新た
にMyState1と出力ポーズの接続が作成
されます。これ以後は、MyState1の結
果を元にアニメーションが再生されるよ
うになります。

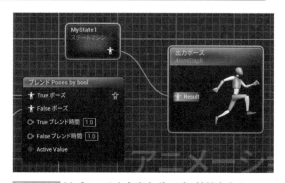

図5-139 MyState1から出力ポーズに接続をする。

ステートマシンを開く

では、作成されたMyState1をダブルク
リックして開いてみましょう。すると新た
なグラフが開かれます。デフォルトでは、
「Entry」という項目が1つだけ表示されて
いるのがわかるでしょう。これは、ステー
トマシンのスタート地点を示します。

ここにアニメーションの設定をしてある
ステートを必要に応じて作成し、Entryから
各ステートの遷移を接続していくのです。

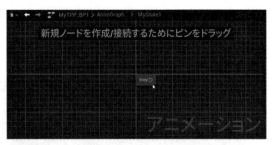

図5-140 ステートマシンを開くと「Entry」が1つだけ用
意されている。

ステートの作成

では、最初のステートを作成しましょう。「Entry」
のノードの中心部分をマウスで左ボタンドラッグす
ると、Entryからマウスポインタまで直線が伸びて
きます。

そのまま適当なところでマウスボタンをはなす
と、作成する項目がポップアップして現れます。こ
の中から「ステートを追加」を選んでください。ス
テートのノードが作成されます。そのまま「Idle」と
名前を入力しましょう。

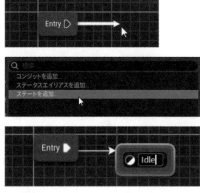

図5-141 Entryからドラッグし、「ステー
トを追加」メニューを選ぶ。

ステートを開く

作成された「Idlc」ステートをダブルク
リックすると、新たなグラフが開かれます。
ここには「アニメーションポーズを出力」
というノードが1つだけ用意されています。

これは、このステートで再生するアニ
メーションを設定するものです。再生す
るアニメーションをここに接続すれば、
このステートが選択されると指定のアニ
メーションが再生されるようになります。

図5-142 ステートを開くと「アニメーションポーズを出
力」というノードが表示される。

Tutorial_Idleを接続する

では、アニメーションアセットを追加し、「アニメーションポーズを出力」につなぎましょう。コンテンツドロワーを開いて、チュートリアル用に用意されている「Tutorial_Idle」アセットをグラフにドラッグ＆ドロップして配置してください。

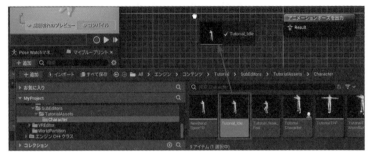

図5-143 Tutorial_Idleアセットをドラッグ＆ドロップして追加する。

追加された「Tutorial_Idle」の出力ピンをドラッグし、「アニメーションポーズを出力」にドロップして接続します。これでIdleアセットにTutorial_Idleが設定されました。

図5-144 Tutorial_Idleをアニメーションポーズに出力につなぐ。

「Walk」ステートを作る

では、2つ目のステートを作りましょう。これは「Idle」ステートから遷移して利用します。ステートマシンを開いたグラフに戻り、「Idle」の周囲の枠部分をマウスの左ボタンでプレスし、そのままドラッグしてください。Idleからマウスポインタまで線が延びて表示されます。

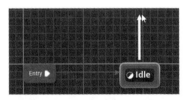

適当なところでマウスボタンをはなし、「ステートを追加」メニューを選びます。これでステートが作成されます。そのまま「Walk」と名前を入力しましょう。

図5-145 「Idle」から遷移するステートを作成する。

Tutorial_Walk_Fwdを追加する

作成した「Walk」ステートをダブルクリックして開きます。そしてコンテンツドロワーから「Tutorial_Walk_Fwd」アニメーションアセットを選択し組み込んでください。

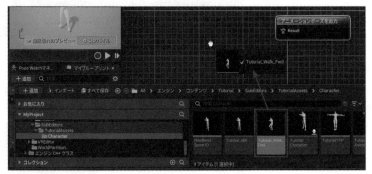

図5-146 Tutorial_Walk_Fwdをドラッグ＆ドロップしてグラフに配置する。

Tutorial_Walk_Fwdを接続する

作成されたTutorial_Walk_Fwdの出力ピンをドラッグし、「アニメーションにポーズを追加」にドロップして接続をしてください。これでWalkステートのアニメーションができました。

図5-147 Tutorial_Walk_Fwd を「アニメーションにポーズを追加」に接続する。

🎮 トランジションルールの設定

ステートが準備できたら、次は遷移の条件を設定します。これは「トランジションルール」と呼ばれるものとして用意されています。

再び「MyState1」ステートマシンのグラフに戻ってください。ここでは「Idle」から「Walk」に遷移を示す線がつなげられていますね。この線のすぐ横にあるアイコン（左右の矢印が表示されているもの）がトランジションルールです。これをダブルクリックしましょう。

図5-148 IdleからWalkへのトランジションルールを開く。

トランジションルールのグラフ

新たにグラフが開かれます。ここには「結果」と表示されたノードが1つだけ用意されています。このノードに、条件となる値をつなげることで、条件に応じた遷移が作成できます。

図5-149 トランジションのグラフ。

Flagの値をチェックする

では、条件を作成しましょう。グラフ部分を右クリックし、「Flag」「==」といったノードを探して追加してください。

図5-150 「Flag」「==」ノードを追加する。

「Flag」は、ポップアップして現れたリストで「flag」と入力すると「Get Flag」という項目が見つかります。これを選んでください。また「==」は、リストで「==」を検索すると「等しい」という項目が見つかるのでこれを選びましょう。

ノードを接続する

では、作成したノードを接続しましょう。「Flag」から「==」の上の入力ピンに、そして「==」から結果の入力ピンに、それぞれドラッグ＆ドロップして接続をしてください。

図5-151 3つのノードを接続する。

接続ができたら、「==」の下の入力ピン（Flagから接続したピンの下にあるもの）にチェックボックスがあるのでこれをONにしましょう。これで、Flag == Trueをチェックする式が完成します。この式の結果が正しければ、この繊維が実行されるようになります。

⑪ WalkからIdleに戻る遷移を作る

再びMyState1のグラフに戻ります。これで「Idle」から「Walk」への遷移の条件ができました。今度は「Walk」から「Idle」に戻る遷移を設定しましょう。

「Walk」の枠部分を左ボタンでプレスし、そのまま「Idle」までドラッグ＆ドロップしましょう。これでWalkからIdleへの遷移が作成されます。

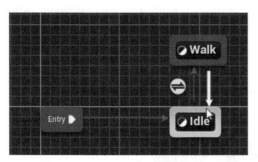 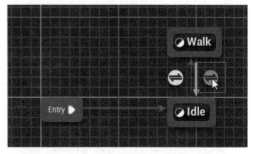

図5-152 WalkからIdleへの繊維を作る。

トランジションルールを作成する

作成された遷移をダブルクリックして開き、トランジションルールを設定しましょう。先ほどと同じように「Flag」「==」のノードを追加し、接続します。今回は、「==」ノードの2の入力はチェックをOFFにしておきます。これで、Flag == Falseの条件が設定されます。

図5-153 「Flag」「==」ノードを作成し接続する。今回は「==」のチェックはOFFにしておく。

アニメーションの表示を確認しよう

これで「Idle」と「Walk」の2つのステートの間を行き来するステートマシンができました。では、ツールバーの左端にある「コンパイル」ボタンでコンパイルをし、「保存」ボタンで保存して動作を確認しましょう。

ステートマシンのグラフは、プレビューを動かしていると実行状況がビジュアルにわかるようになっています。そのまま実行すると、「Idle」ステートが実行されるのが確認できるでしょう。

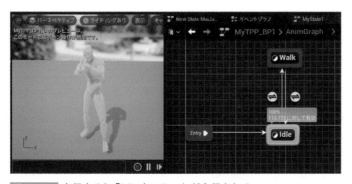

図5-154 実行すると「Idle」ステートが実行される。

Flag変数を変更する

そのままFlag変数のチェックをONにしてみてください。ステートが遷移し、「Walk」ステートが実行されるようになります。

再びFlagをOFFにすればIdleに戻り、またONにすればWalkに……というように、Flagの値によって実行されるステートが自動的に切り替わるのがわかるでしょう。

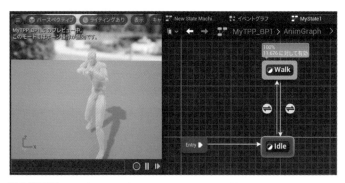

図5-155 FlagをONにするとWalkステートが実行される。

ⓤ 後はブループリント次第！

このように、変数の値が変わると、それに応じてアニメーションが切り替わるようなしくみをブループリントで作成できます。これだけでは具体的な使い方が思い浮かばないかも知れません。が、「プログラムの中から、必要に応じて変数flagの値を変更すればアニメーションを切り替えられる」ということは漠然と想像できるでしょう。

ブループリントによるプログラミングをマスターすれば、状況などに応じて値を変更し、アニメーションを切り替えたりすることもできるようになります。

これより先は、ブループリントについてある程度の知識がないとちょっと難しいでしょうが、とりあえずここまでの説明だけでも「アニメーションのプログラミングって、こんな感じなんだ」ということは、少しはわかったのではないでしょうか。

Chapter 6

ブループリントを使う

Unreal Engineに用意されているプログラミングシステムは
「ブループリント」というビジュアルな言語です。
ここでブループリントの基本的な使い方を覚えましょう。
また合わせてUIを作る「ウィジェット」や、
接触したときのイベント処理を行う「トリガー」についても説明しましょう。

Section 6-1 ブループリントを使おう！

ブループリントとは？

　ここまでの説明のほとんどは、Unreal Engineに用意されている「3Dグラフィック関連の機能」の使い方でした。レベルに配置するアクタにしろ、マチネなどのアニメーションにしろ、それらはすべてUnreal Engineというソフトに組み込まれている機能を使っているだけです。これで3Dのゲームシーンの基本はだいぶ作れるようになってきました。が、それだけではゲームは作れません。

　ゲームを作るためには、「こう操作したらこう動く」「これがこうなったらこの処理を行う」というように、プレイ時に必要となるさまざまな動作や処理をまとめて組み上げていかなければいけません。そのために必要なのが「プログラミング」です。

　そして、Unreal Engineに用意されているプログラミングのためのシステムが「ブループリント」なのです。

ブループリントは「ビジュアル言語」だ！

　ブループリントは、ここまでの間に何度か登場しました。マテリアルやエミッタ、アニメーションブループリントなどですね。

　このブループリントは、いわゆるプログラミング言語とはかなり扱いが違います。これは、「ビジュアル言語」なのです。マウスを使ってビジュアルに部品を並べていくことでプログラムを書いているのですね。

　もちろん、どんな部品があって、そういう働きをするかとかいったことはちゃんと勉強しないといけませんが、それでも難しそうな命令を書いていくよりはずっと簡単でしょう。何より、命令を書き間違えたりすることもありませんし、ノードとノードがちゃんと線でつながれば動いてくれるんですから。

　というわけで、この「ブループリント」というプログラミング言語をこれから覚えていくことにしましょう。

新しいレベルを用意する

では、今回も新しいレベルを作って試
してみることにしましょう。「ファイル」
メニューから「新規レベル」メニュー
を選び、新しいレベルを作成しましょ
う。テンプレートのダイアログでは、
「Basic」を選択しておくことにします。

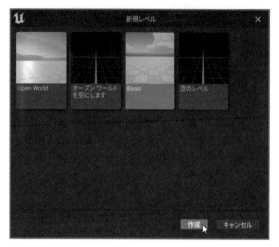

図6-1 「Basic」テンプレートで新しいレベルを作る。

レベルを保存

レベルが作成されたら、
ついでに保存もしておきま
しょう。ツールバーから「保
存」アイコンをクリックし、
「MyMap4」という名前で保
存しておいてください。

図6-2 保存ダイアログで「MyMap4」という名前で保存する。

カメラを固定する

作成されたレベルは、実行すると自動生成される
カメラを使い、マウスやキーボードで視点を自由に
動かせるようになっています。これは、すぐに一人
称視点のゲームを作るなら便利ですが、今回はマウ
スやキーでアクタを操作するつもりなのでカメラは
固定にしておきましょう。

まずワールドセッティングでゲームモードを変
更しておきます。ワールドセッティングの「ゲー
ムモードオーバーライド」の値を、先に作成した
「MyGameModel」に変更しておきます。そして
「Default Pawn Class」を「None」に変更します。

図6-3 ワールドセッティングでゲームモー
ドとデフォルトポーンクラスを変更する。

カメラを用意する

続いて、レベルにカメラ
を作成しましょう。ツール
バーの「追加」ボタンから
「CameraActor」を選んでレ
ベル内にカメラアクタを追加
してください。そして位置を
以下のようにしておきます。

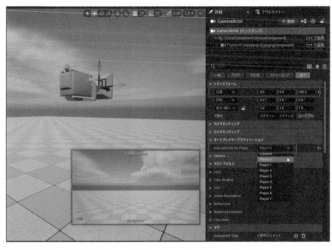

X	0.0
Y	0.0
Z	200.0

図6-4 カメラを追加し、位置とAuto Activate for Playerの値を変
更する。

更に、「Auto Activate for Player」の値を「Player0」に設定します。これでスタート時
にこのカメラアクタが使われるようになりました。

ⓤ Sphereを用意しよう

では、ブループリントで操作するアク
タを1つ用意しましょう。ツールバーの
「追加」ボタンをクリックし、「形状」か
ら「Sphere」を選んで画面に球を1つ作
成してください。位置は、カメラから見
える場所であれば適当に配置してかまい
ません。

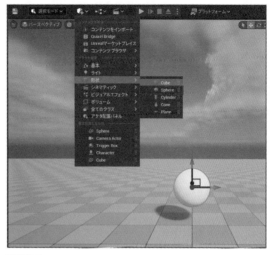

図6-5 Sphereを1つ配置する。

マテリアルを設定する

配置した球にマテリアルを
設定しておきましょう。コン
テンツドロワーから適当なマ
テリアルを球にドラッグ＆ド
ロップして設定してくださ
い。「StarterContent」内の
「Materials」フォルダーに
あるものを利用すると良いで
しょう。

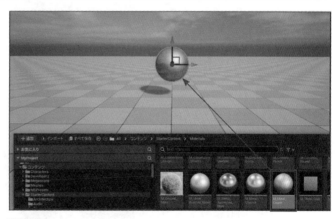

図6-6 マテリアルを球にドラッグ＆ドロップする。

ムーバブルに変更する

球の詳細パネルから、「可動性」の項目を「ムーバ
ブル」に変更しておきます。これでブループリント
内から動かせるようになります。

とりあえず、これでレベルの準備はできました！

図6-7 可動性を「ムーバブル」に変更する。

レベルブループリントを作ろう

さて、ようやくブループリントが作れるようになりました。では、さっそくブループリントを作成していくことにしましょう。

ブループリントは、すでにあちこちでちょこちょこと登場したことからもわかるように、さまざまなところで使われています。ゲームのプログラミングのために作成する場合は、「レベルブループリント」と呼ばれるものが基本といっていいでしょう。

これは、文字通り「レベルに組み込まれるブループリント」です。Unreal Engineでは、ゲームシーンを「レベル」として作成していきますね。この1つ1つのレベルにブループリントで処理を組み込んでいくわけです。

レベルブループリントを開く

このレベルブループリントは、ツールバーの「ブループリント」のアイコンをクリックし、プルダウンして現れたメニューから「レベルブループリントを開く」メニューを選んでください。

図6-8 「ブループリント」アイコンから「レベルブループリントを開く」メニューを選ぶ。

ブループリントエディタについて

画面に新しいウィンドウが現れます。これが「ブループリントエディタ」です。といっても、同じようなものはすでに何度も見ていておなじみですね。

ウィンドウ内には、大きく4つのパネルが用意されています。簡単に整理しておきましょう。

図6-9 ブループリントエディタ。ここでブループリントのプログラムを作る。

ツールバー

一番上にあるアイコンが並んだバーですね。ここでブループリントのプログラムのコンパイルや実行などの基本的な操作を呼び出します。

図6-10 ツールバー。

マイブループリント

ブループリントのプログラム内で使う変数や関数などの管理を行うものです。ある程度、複雑なプログラムを作るようになったら必要となります。最初のうちはあまり使うことはないでしょう。

図6-11 マイブループリント。

詳細パネル

マイブループリントの下にあるものですね。これは、選択したノードの設定などを表示するものです。まだ何も作ってないので、何も表示されていないはずですが、これからいろいろとノードを作るに従い、さまざまな設定情報がここに表示されることになります。

図6-12 詳細パネル。これはブループリントの設定を表示したところ。

グラフ

ウィンドウの中央に広く表示されている部分ですね。ここにノードを置いてプログラムを作成していきます。ブループリントの編集画面といっていいでしょう。

このグラフには、デフォルトで「イベントグラフ」というタブが表示されていますね。これが、デフォルトで用意されるグラフです。グラフは、実は1つしかないわけではなくて、いくつも作ることができます。その場合、ここに開いているグラフのタブが表示され、切り替えることができるようになります。

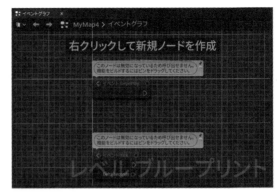

図6-13 「イベントグラフ」のグラフ画面。

⛏ プログラムとイベント

作ったプログラムはプリントの第一歩として、簡単なメッセージを表示させてみましょう。そのためには、何が必要か？　それは「メッセージを表示するノード」と、そして「それを実行するイベント」です。

ブループリントのプログラムというのは、黙っていても勝手に実行されるわけではありません。必要がなければ、作ったプログラムは呼び出されないのです。では、どういうときに呼び出されるのか？　それは「イベント」が発生したときなのです。

「イベント」というのは、さまざまな操作や状況に応じて発生する信号のようなものです。ゲームが開始したとき、ユーザーがマウスを動かしたとき、キーを押したとき、アクタが衝突したとき、というように、何かあるとUnreal Engineはそれに対応したイベントを発生させます。

ブループリントには、それぞれのイベントをキャッチするノードがあります。何かのイベントが発生すると、それをキャッチするノードがイベントを受け取り、そこにある処理を実行する、という仕組みになっているのです。

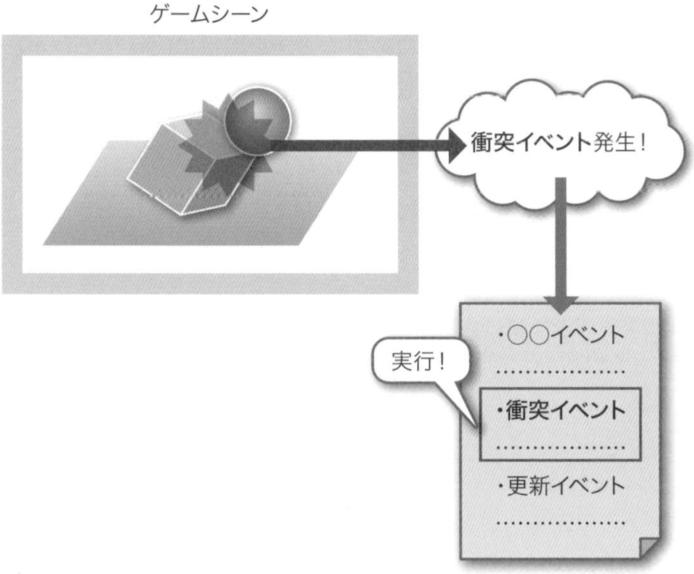

ゲームシーン

衝突イベント発生！

・○○イベント
....
実行！
・衝突イベント
....
・更新イベント
....

図6-14 ゲームのシーン内で何かが起きると、そのイベントが発生する。するとブループリントの中から、そのイベントをキャッチするノードがイベントを受け取り、そこにある処理を実行する。

開始したらメッセージを表示する

では、メッセージの表示をしてみましょう。まずは、イベントキャッチのノードからです。

ここで使うイベントは、「レベルが開始されたときのイベント」です。これは「Begin Play」というイベントになります。

イベントグラフをよく見ると、デフォルトで2つのノードが用意されているのに気がつきます。そのうちの1つに「イベント BeginPlay」と表示されていますね。これが「Begin Play」イベントのノードです。

図6-15 デフォルトで用意されている「イベント BeginPlay」ノード。

Begin Play ノードについて

今までこうしたノードはいくつか利用してきましたが、このノードはそれまでのものとはちょっと違う点があります。それは、出力の部分が白い五角形（野球のホームベースみたいな形）になっている点です。

実は、このイベントBegin Playにあるものは、入出力の項目ではないのです。これは、「処理の順番」を示すものです。実行するノードをこれでつないでいくと、左にあるものから順番に実行されていくようになっているのです。

プログラミングでは、単に「この値をこれに設定する」といったことだけでなく、「まずこれを実行し、次にこれを実行し……」という具合に必要な処理を順番に実行していかないといけません。そこで、この白い五角形のマークを使って、ノードの実行順を設定するようになっているのです。

このマークは「実行」というピンを表すものです。実行ピンは、一般的な値の入出力ピンとは性質の異なるものなので、実行ピンを値のピンにつないだりすることはできません。実行ピンどうしでのみ接続できます。

「Print String」ノードを作る

続いて、メッセージを表示するノードを作りましょう。これは「Print String」というものになります。グラフを右クリックし、現れたメニューから、「Utilities」メニュー内にある「String」メニューの中の「Print String」メニューを選んでください。

図6-16 「Print String」メニューを選ぶ。

Print Stringが作成された

グラフに「Print String」というノードが作られました。これがテキストを表示するためのノードになります。ノード下部には「開発のみ」と表示がされていますね。これは、開発している間だけ使えるもので、アプリとしてリリースされて以後は動作しないことを表しています。

図6-17 Print Stringノードが追加された。

Column

「String」と「Text」

「Print String」を作成したとき、そのすぐ下に「Print Text」という項目もあったのに気がついたかもしれません。こちらもテキストを出力するためのものです。両者の違いは、出力するのがStringかTextか、の違いです。

StringもTextも、どちらも「テキストの値」には代わりありません。両者の違いは「変更できるかどうか」です。Stringは、自由に値を変更できるテキストです。これに対し、Textは「変更できないテキスト」なのです。

テキストを設定する

では、テキストを設定しましょう。「In String」の右側にある「Hello」というところをクリックし、「This is Sample Message!」と記入しておきましょう。

図6-18 In Stringの値を書き換える。

ノードを接続する

ノードを接続します。「イベントBegin Play」の実行ピンから、Print Stringの左側の実行ピンまでマウスでドラッグ＆ドロップして接続をしてください。これでプログラムは完成です。

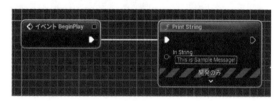

図6-19 イベントBegin PlayからPrint Stringに接続をする。

ⓤ ブループリントを実行しよう！

では、実行してみましょう。まず、ブループリントエディタのツールバー左端にある「コンパイル」ボタンをクリックし、プログラムをコンパイルしてください。もし作成したプログラムに問題があれば、この段階でグラフの問題があったノードに「ERROR」とエラーメッセージが表示されます。問題なくコンパイルできたら、緑のチェックマークがボタンに表示されます。

図6-20 「コンパイル」ボタンでコンパイルを実行する。

レベルを実行する

レベルを実行しましょう。ブループリントエディタのウィンドウをどこかに移動するなりウィンドウを最小化するなりして、レベルエディタの再生ボタンでレベルを実行してください。

ビューポートで表示が再生され、左上のあたりに小さく「This is Sample Message!」と水色のメッセージが表示されます。ちゃんとプログラムが動いていることがわかりますね！

このメッセージは、時間が経過すると自然と消えてしまいます。一時的に画面に表示するだけのものなのです。

図6-21 プレイすると、ビューポートの左上あたりにメッセージが表示される。

⑪ コメントで整理しよう

これで、実行してメッセージを表示する、という処理はできました。この先、ブループリントのグラフには、こんな具合にさまざまなイベントのノードを追加して、それらの処理を組み込んでいくことになります。

そうなると、たくさんのノードが入り混じって表示されることになります。何が何だかわからなくなってくるかもしれません。そこで、ノードをひとまとめにしてコメントをつけて整理することを覚えましょう。

ノードをまとめて選択

まず、今回作成した2つのノードを選択しましょう。マウスでなにもないところからドラッグを行うと、ドラッグした範囲にあるノードをすべて選択することができます。2つのノードの左上あたりからドラッグを開始し、右下ぐらいまで動かしてボタンをはなせば、2つのノードが選択できるはずです。

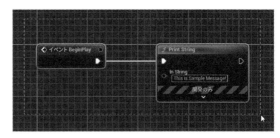

図6-22 グラフ内をドラッグすると、その範囲にあるノードをまとめて選択できる。

コメント追加のメニューを選ぶ

　グラフ内を右クリックしてメニューを呼び出し、「選択対象にコメントを追加します」メニューを選んでください。

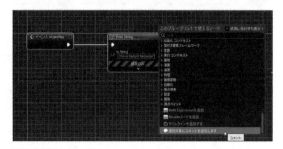

図6-23 「選択対象にコメントを追加します」メニューを選ぶ。

コメントが作成される

　2つのノードを囲むようにコメントのノードが作成されます。そして上の部分にコメントのテキストを記入できるようになります。

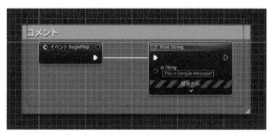

図6-24 コメントが作成される。

コメントを記入する

　では、そのままコメントのテキストを入力しましょう。ここでは「スタート時にメッセージを表示する」と書いておきましょう。そのままEnterキーを押すか、他のところをクリックすればテキストが設定されます。

図6-25 コメントのテキストを記入する。

完成したノードを折りたたむ

　今回の処理は、これで完成です。もう後で編集したりすることもほとんどないでしょう。このように「完成して、もう書き換えたりすることがあまりない処理」は、グラフにいつまでも表示しておく必要はあまりありません。

　こうしたものは、折りたたんで1つのノードにまとめてしまうことができます。やってみましょう。まず、マウスを

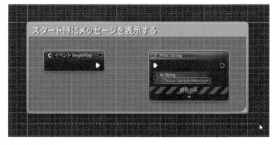

図6-26　マウスドラッグでコメントと2つのノードを選択する。

ドラッグして、コメントとその中の2つのノードをすべて選択しましょう。コメントを選択しただけでは、その中にあるノードは選択されません。3つとも選択しないといけないので注意してください。

「ノードを折りたたむ」メニューを選ぶ

　選択されたノード内あるいはコメントのタイトル部分をマウスで右クリックするとメニューがポップアップして現れます。そこから、「ノードを折りたたむ」メニューを選んでください。

図6-27　「ノードを折りたたむ」メニューを選ぶ。

新しいノードが作られる

　選択したノードが消え、新たなノードが作られます。これが折りたたまれたノードです。そのままノードに名前をつけましょう。今回は「スタート時の処理」としておきます。入力後、Enterキーを押すか他の場所をクリックすれば確定します。

図6-28　名前を入力して確定する。

作成されたノードをチェック

マイブループリントのところを見ると、「イベントグラフ」という項目のところに「スタート時の処理」という項目が新たに追加されているのがわかります。これが、作成されたノードです。

また、グラフに表示されたノードの上にマウスポインタをもっていくと、折りたたんだノードが縮小表示（サムネイル）がされます。これで、どういう内容のものを折りたたんだのかわかるでしょう。

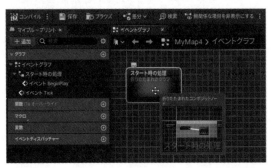

図6-29 マイブループリントには「イベントグラフ」内に「スタート時の処理」が追加される。またマウスポインタをノードの上に移動するとサムネイルが表示される。

縮小ノードを開く

縮小されたノードをダブルクリックすると、その中身が開かれます。このとき、上部にある「←」アイコンが選択できるようになっているはずです。これはWebブラウザの「戻る」ボタンと同じで、これをクリックするともとのEventGraphの表示に戻ります。

図6-30 縮小されたノードを開く。「←」アイコンで戻れる。

開いた縮小ノードのグラフでは、縮小したノード類の左右に「入力」「出力」というノードがつけられているのがわかります。これは、例えば一連の処理を行っているノードの一部を縮小したようなときに、そこに接続されている入力やそこから続く出力などが設定されます。このあたりは、もう少し複雑な処理を作るようになってから覚えればいいでしょう。今は「なんか入出力のノードがあるけど放っといていいらしい」と思ってください。

デバッグとブレークポイント

ブループリントの基本的な使い方がだいぶわかってきたところで、最後に「デバッグ」について触れておきましょう。

プログラムが大掛かりになってくると、実行してどこかで問題が起こっても、どこが悪いのか見つけるのが大変になります。そこで必要になってくるのが「デバッグ」です。デバッ

グは、プログラムのバグ（問題点）を探し出す作業です。

　これにはさまざまなやり方があるのですが、とりあえず最初に覚えるべきは、「ブレーク
ポイントで止めながら動かす」ということでしょう。ブループリントでは「ブレークポイン
ト」というものをノードに設定できます。これはプログラムをそこで一時停止しデバッグ
モードにするためのものです。このブレークポイントというのを設定することで、実行中の
プログラムをそこで停止し、状況を確認することができます。

ブレークポイントの追加

　では、先ほどの「スタート時の処理」グラフを開い
てください。これにブレークポイントを設定してみ
ましょう。「Print String」にブレークポイントを設
定します。配置しているPrint Stringノードを選択
してください。

　選択したノードを右クリックし、現れたメニュー
から「ブレークポイントを追加」メニューを選びま
す。

図6-31 「ブレークポイントを追加」メ
ニューを選ぶ。

ブレークポイントのマークが表示される

　ノードの左上に、赤いマークが表示さ
れます。これが、ブレークポイントを設
定している、という印になります。

図6-32 ブレークポイントのマークが表示された。

プレイしてみよう！

では、ツールバーの「プレイ」アイコンをクリックして再生をしてみましょう。すると、スタートするとほぼ同時にプログラムが停止し、「イベントBegin Play」ノードから「Print String」ノードへの接続部分にオレンジ色のラインがアニメーション表示されるようになります。これは、「現在、この部分で停止してますよ

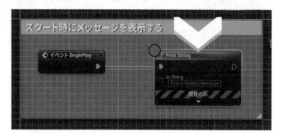

図6-33 デバッグモードに切り替わり、停止した。

という印です。ブレークポイントを設定した「Print String」にプログラムが差し掛かったところでデバッグモードに切り替わり、プログラムが停止します。

停止したプログラムは、ツールバーのアイコンで実行の状況を操作できます。「再開する」アイコンを押せば再びプログラムは続きを実行します。

まぁ、今の段階では、2つしかノードがないので、あんまり「順番に実行していく」というのがイメージできないかもしれません。デバッグのやり方は、「これから本格的なプログラムを書くようになればいずれ役に立つことだ」と考えてください。

なお、設定したブレークポイントは、再度ノードを右クリックして「ブレークポイントを取り除きます」というメニューを選び、削除しておきましょう。

フレームの表示とTickイベント

では、ブループリントの基本的な使い方がわかったところで、少しずつブループリントを使っていくことにしましょう。まずは、「常に動き続ける処理」から考えてみましょう。

Unreal Engineのような3Dゲームのソフトウェアでは、3Dの部品がなめらかに画面を動き回っています。これは、別に1つ1つの部品が画面の中で生き物のように勝手に動いているわけではありません。

3Dの画面は、映画のような仕組みで動いています。まず、画面にさまざまな部品が配置された「絵」を描画します。そして、それぞれの部品がほんの少し動いた「絵」を描いて、表示を書き換えます。また少しだけ動いた「絵」を描いて書き換える。また……というように、少しずつ変化していく静止画を高速で切り替え表示することで、動いているように見せているのです。

この1枚1枚の表示を「フレーム」と呼びます。もしも、私たちが「何かがリアルタイムに動いているような処理を作りたい」と思ったら、1枚1枚のフレームを切り替える際に必要な処理を呼び出すようにすればいいことになります。例えば、「アクタがゆっくり動いているようにしたい」と思ったなら、1枚フレームを切り替えるごとにアクタの位置を少しだけ移動する、といった処理を用意すれば、なめらかにアクタが動き続けることになります。

この「フレームを切り替える」という処理の際に発生するのが「Tick」というイベントです。このイベントを利用して処理を用意すれば、常に動き続ける処理を作ることができます。

スクリーン

図6-34 Unreal Engineでは、画面を短い時間で書き換えながら動いている。この1枚1枚の画面をフレームという。フレームを切り替える際に「Tick」イベントが発生する。

Tickイベントを使う

では、Tickイベントを使ってみましょう。イベントグラフ内にデフォルトで用意されているもう1つのノードを見てください。「イベントTick」と表示されていますね。これがTickイベントのノードです。

図6-35 デフォルトで用意されている「イベントTick」ノード。

「イベントTick」ノードについて

このノードには、処理の順番を設定するためのexec出力のほかに「Delta Seconds」という出力があります。これはTickの呼び出し間隔を示す値です。Tickイベントは、常に一定間隔で呼び出されるわけではありません。たくさんのアクタがあって描画が重くなれば呼び出し間隔は広がります。あるいはCPUのパワーによっても変わってきます。「前回のTickから今回のTickまでどれだけの時間が経過しているか」がDelta Secondsで得られます。

まぁ、「一体何に使うのか？」と思ったかもしれませんね。これは後で改めて使い方を説明するので、今は忘れてかまいません。

アクタを移動する

では、このイベントTickを使って、アクタを動かしてみましょう。Tickイベントを利用し、アクタがゆっくりと移動するような処理を作ってみます。

まずグラフ部分を右クリックし、現れたリストの最上部にある「状況に合わせた表示」のチェックボックスをOFFにしてから、検索フィールドに「local offset」と入力してください。offsetを含む項目が検索されます。その中から「Add Actor Local Offset」という項目を選んでください。

図6-36 「Add Actor Local Offset」を選択する。

「Add Actor Local Offset」ノードが作成される

グラフに「Add Actor Local Offset」というノードが追加されます。これが位置移動のためのノードです。このノードには、いくつかの入力項目があります。以下に整理しましょう。

図6-37 追加された「Add Actor Local Offset」ノード。複数の入力がある。

ターゲット	Add Actor Local Rotationと同じです。操作する対象となるアクタを指定します。
Delta Location	移動する距離を指定します。3次元の各方向それぞれの移動幅を指定できます。
Sweep	スイープ(何かにぶつかると止まる)するかどうかを指定します。
Teleport	テレポート(ワープ)するかどうかを指定します。

ターゲットには、デフォルトでSphereノードが接続されています。後は、Delta Locationに移動する量を指定するだけです。後の2つは、当面使うことはないので忘れていいでしょう。

Sphereノードを追加する

続いて、操作する球アクタのノードを追加しましょう。レベルエディタのアウトライナーから球アクタ(「Sphere」という名前)の項目をドラッグし、ブループリントエディタのグラフ内にドロップしてください。これでSphereノードが追加されます。

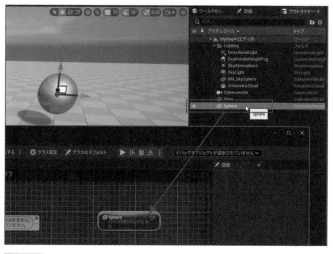

図6-38 Sphereをグラフにドラッグ＆ドロップする。

ノードを設定する

では、ノードを設定しましょう。今回は3つのノードそれぞれの接続と、Add Actor Local Offsetの設定を行います。

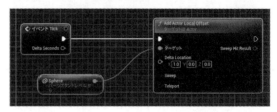

図6-39 ノードを接続し、Delta Locationの値を変更する。

- ◆1.「イベントTick」の出力側のexecを「Add Actor Local Offset」の実行ピンに接続します。
- ◆2.「Sphere」ノードの出力ピンを「Add Actor Local Offset」の「ターゲット」ピンに接続します。
- ◆3. Add Actor Local Offsetの「Delta Location」の値を設定します。今回は「X」の項目に「1.0」と入力しておきます。

プレイで動作をチェック！

では、ツールバーの「プレイ」アイコンをクリックして動かしてみましょう。再生すると、アクタがゆっくりと向こうに遠ざかっていきます。

 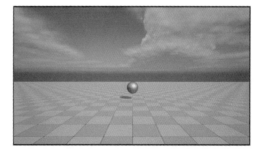

図6-40 プレイすると、アクタがゆっくり遠ざかっていく。

⑪ 環境による「差」をなくすには？

これで、アクタ操作の基本である「移動」ができるようになりました。まだまだ思った通りに動かすのは大変ですが、「こうすれば動かせる」ってことはわかりましたね。

ただし、ただ移動や回転のノードで動かすだけだと、ちょっと問題があります。それは、「環境によって、動くスピードが違ってしまう」ということです。動かす角度や幅は変わりませんが、「それが呼び出される頻度」が違えば、移動量は変わってしまいます。

Tickイベントは、画面の表示が切り替わる際に呼び出されるものでした。ということは、切り替えにかかる時間が異なれば、実行される頻度も変わってしまいます。

例えば、Add Actor Local Locationで1.0移動するように設定してあったとしましょう。遅いマシンの場合、1秒に10回しかTickが呼び出されませんでした。この場合、1秒間に「10.0」だけ移動することになります。が、速いマシンの場合には、1秒に30回もTickが呼び出されました。ということは、1秒間に「30.0」も移動することになりますね。

こんな具合に、Tickが呼ばれる間隔が変わると、実際のスピードが変わってしまいます。では、どうやってそれを調整すればいいのか？ それは、「Delta Seconds」を使うのです。

Delta Secondsは、前回のTickからの間隔を示す値です。遅いマシンの場合、1秒に10回Tickが呼ばれますから、Delta Secondsは「0.1」になるでしょう。速いマシンの場合、1秒に30回呼び出されるのでDelta Secondsは「0.0333...」となるはずです。

ということは、例えば移動量を「Delta Seconds × 100」と設定すれば、1秒当たりの移動量は、遅いマシンなら$0.1 × 100 × 10 = 100$、速いマシンなら$0.0333... × 100 × 30 = 100$。どちらも同じ移動量になるのです！

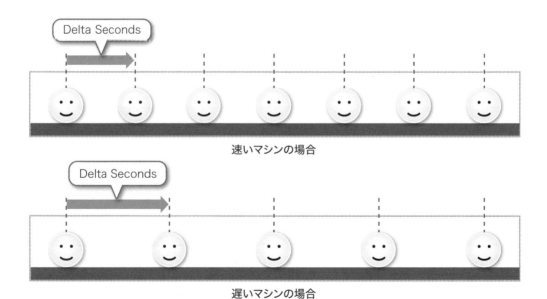

図6-41 Delta Secondsの値は、遅いマシンでは大きく、速いマシンでは小さくなる。

Delta Secondsを掛け算して使う

では、先ほどのAdd Actor Local
Locationを使った処理を改良し、Delta
Secondsを利用して動かしてみましょ
う。これには、いくつかのノードを追加
しないといけません。

まずは、「Delta Location」に設定する
値を作成しましょう。これは、Vectorと
いう値として用意します。前にマテリア
ルのところでConstant4Vectorなどの
値を使いましたね？ いくつかの値をひと
まとめにして扱うものがVectorでした。

では、Add Actor Local Locationの
「Delta Location」の入力項目をドラッ
グしてください。ドラッグしているマウ
スポインタ部分に「新規ノードを配置」
という表示が現れます。そのまま、グラ
フのなにもないところにドロップしま
しょう。メニューがポップアップして現
れます。

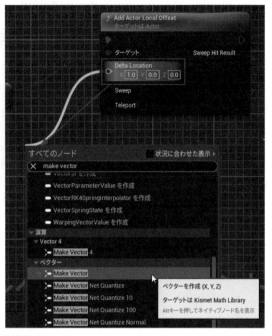

図6-42 メニューから「Make Vector」を選ぶ。

メニューのフィールドに「make vector」と入力すると、「Make Vector」というメニュー
項目が見つかります。これを選択しましょう。

「Make Vector」が作成される

グラフに「Make Vector」というノー
ドが追加されました。このノードは、す
でにDelta Locationに接続された形に
なっているので、いちいち接続をする必
要もありません。

このMake Vectorは、3つの値の入力
をもとにVectorの値を作成し、それを
出力します。3つの値は、直接記述して
指定してもいいし、外部から入力しても
いいようになっています。

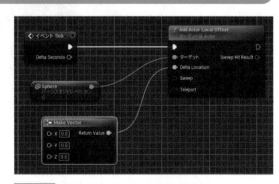

図6-43 Make Vectorノードが作成された。

掛け算のノードを作る

続いて、掛け算を行うためのノードを作ります。グラフを右クリックし、現れたメニューのフィールドに「*」と入力してください。「乗算する」というメニューが見つかるのでこれを選んでください。

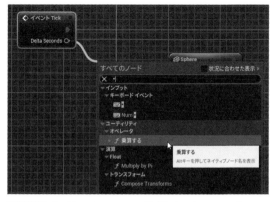

図6-44 右ボタンクリックし、「乗算する」メニューを選ぶ。

乗算ノードについて

新たに乗算ノードが作成されました。これは、Floatの値（実数の値）どうしを掛け算するためのものです。入力側には2つのFloat値の項目があります。この2つの値を掛け算した結果が出力されるのです。

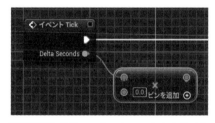

図6-45 乗算ノード。2つの入力を掛け算した結果を出力する。

ノードを接続する

では、これらのノードを接続してプログラムを完成させましょう。以下のように作業をしていってください。

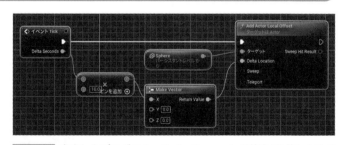

図6-46 完成したプログラム。Delta Secondsの値を10倍したものでVectorを作り、Delta Locationに設定している。

◆ 乗算ノードの2つ目の入力項目に「10.0」と記入する。
◆ 乗算ノードの出力から「Make Vector」の「X」までドラッグ＆ドロップして接続する。

これで、プログラムが完成します。Delta Secondsの値に10をかけた値を計算し、それをXに指定してVector値を作り、Add Actor Local LocationのDelta Locationに設定する、という一連の流れが完成しました。

なお、乗算ノードでかける値によって動く速度が変わります。ここでは「10.0」をかけていますが、実際に動かしてみて値を調整して下さい。

プレイしてみよう！

では、プレイして動作を確認してみましょう。先ほどと動きそのものはほとんど違いありませんが、ハードウェアなどの違いによるスピードの差がなくなっているはずです。もし、複数のマシンが用意できるような環境なら、それらで比較してみると先ほどとの違いがわかるでしょう。

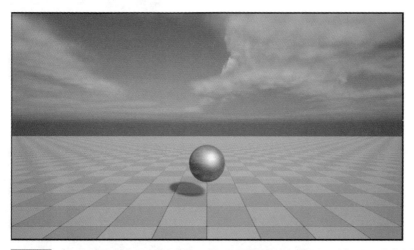

図6-47 プレイする。見た目は変わらないが、環境に影響されず同じスピードで動くようになる。

マウスを使うには？

Tickイベントの使い方はなんとなくわかってきましたね。では、他のイベントも使ってみましょう。まずは「マウス」関連からです。

Unreal Engineでは、プレイ中にビューポート内をマウスクリックするとマウスポインタが消えてしまいますが、別にマウスが使えなくなるわけではありません。マウスボタンをクリックすればちゃんとクリックできますし、マウスポインタも見えないだけでちゃんと活きています。

が、表示されないのでは、マウスをゲームで利用するのは難しいですね。そこで、マウスが表示されるようにしてみましょう。

ゲーム中のマウスの利用は、そのゲームの「プレイヤーコントローラー」によって管理されます。プレイヤーコントローラー、覚えてますか？ 先にゲームモードを作成したとき、

ゲームモードの中で設定する項目として用意されていましたね。

このプレイヤーコントローラーを作成し、そこでマウスが使えるように設定してやればいいのです。

ⓤ プレイヤーコントローラーを作成しよう

では、プレイヤーコントローラーを作成しましょう。まず、レベルエディタの「ワールド設定」を表示してください。ブループリントエディタは、ドラッグして邪魔にならないところに移動してもいいですし、一度閉じてしまってもかまいません。そしてコンテンツドロワーを開き、「追加」ボタンをクリックして「ブループリントクラス」を選びましょう。

図6-48 「追加」ボタンから「ブループリントクラス」を選ぶ。

Player Controller を作成する

親クラスを選ぶためのダイアログが現れます。ここから「Player Controller」を選択してください。ファイルが作成されるので、名前を「MyController1」と設定しましょう。

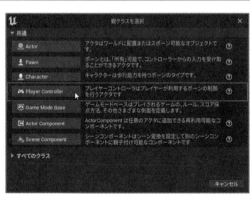

図6-49 「Player Controller」を選び、名前を「MyController1」と入力する。

ブループリントエディタで開かれる

プレイヤーコントローラーが作成されると同時に、ブループリントエディタでMyController1が開かれます。実は、プレイヤーコントローラーというのもブループリントのプログラムだったのです。ここで必要な処理を作成できるようになっているのですね。

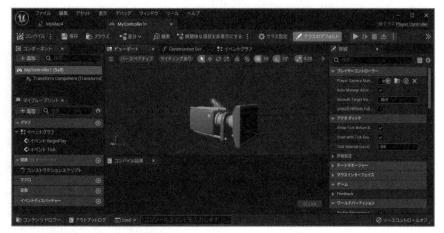

図6-50 MyController1がブループリントエディタで開かれる。

マウスインターフェイスを変更する

　では、マウスの設定を行いましょう。右側に詳細パネルが表示されています。この中から、「マウスインターフェイス」という項目を探してください。この中にあるのが、マウスの操作に関する設定です。今回は、以下の2つを変更しておきましょう。

図6-51 Show Mouse CursorとDefault Mouse Cursorの値を変更する。

Show Mouse Cursor	マウスカーソル（マウスポインタのこと）を表示するためのものです。これは「ON」に変更しましょう。
Default Mouse Cursor	これはマウスポインタの形を設定するものです。値のプルダウンメニューの名から「Hand」メニューを選んでおきます。

MyController1 を設定する

これでMyController1の設定は完了です。コンパイルし、ファイルを保存してください。

続いて、作成したMyController1をプレイコントローラーに設定します。ワールドセッティングを開き、「Game Mode」のところにある「Player Controller Class」の値を「MyController1」に変更してください。これで、作成したMyController1が使われるようになります。

図6-52 Player Controller Class を MyController1 に変更する。

プレイしてみよう！

では、レベルエディタで再生をし、動作を確認しましょう。ビューポートの表示をクリックすると、マウスポインタが手の形に変わり、表示されるようになります。これで、プレイ中もマウスを利用できるようになりますね！

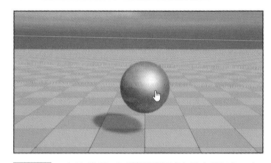

図6-53 マウスポインタが常時表示されるようになった。

Ⓤ クリックして操作する

では、クリックして何かの処理を行わせてみましょう。レベルブループリントを開いて下さい。先ほど作成したTickイベントの処理は、今回はもう必要ないので削除しましょう。マウスでドラッグしてTick関連のノードを選択してください。これは「Sphere」以外のものはすべ

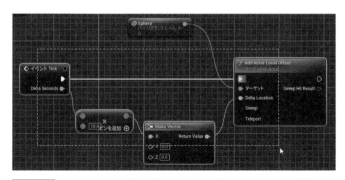

図6-54 マウスドラッグでTickイベント関係のノードを選択して Delete キーを押せば削除される。

て選んでおきます。そして、Delete キーを押して削除しましょう（「Sphere」については、この後でまた使うので残しておきます）。

「マウスの左ボタン」メニューを選ぶ

　グラフをマウスで右クリックし、メニューを呼び出してください。そしてフィールドに「マウス」と入力しましょう。マウス関連の項目が現れます。この中から「マウスの左ボタン」メニューを選びましょう。

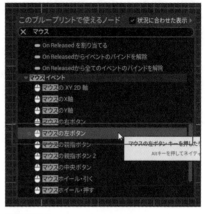

図6-55 「マウスの左ボタン」メニューを選ぶ。

「マウスの左ボタン」ノードが作成された！

　これでグラフに「マウスの左ボタン」というノードが作成されます。このノードには、実行ピンの出力が2つあります。「Pressed」と「Released」です。Pressedはマウスの左ボタンを押したとき、releasedは離したときに処理を実行するためのものです。

図6-56 左マウスボタンが追加された。

アクタを回転する

　では、このイベントを利用してみましょう。今回はアクタの回転を行ってみます。グラフを右クリックし、メニューのフィールドに「local rotation」とタイプしましょう。これで「Add Actor Local Rotation」という項目が見つかります。これを選んでください。

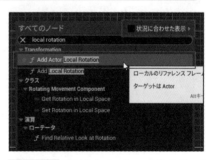

図 6-57 「Add Actor Local Rotation」ノードを追加する。

Add Actor Local Rotationが追加される

追加された「Add Actor Local Rotation」とい
うノードは、アクタを回転するためのものです。こ
れは、先ほど使った「Add Actor Local Offset」と
同様に、「ターゲット」と「Delta Rotation」という
入力ピンが用意されています。ターゲットで操作す
るアクタを指定し、Delta Rotationで回転する角度
をX, Y, Zそれぞれの軸について設定できます。

図6-58 Add Actor Local Rotationノー
ド。ターゲットとDelta Rotationの入力が
ある。

ノードの設定と接続を行う

では、プログラムを完成さ
せましょう。作成した2つの
ノードと、先に残しておいた
「Sphere」ノードを接続し設
定します。

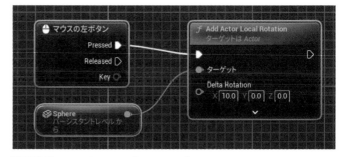

図6-59 アクタをドラッグ＆ドロップしてノードを追加し、これをター
ゲットに接続する。

- ◆1. マウスの左ボタンの「Pressed」を「Add Actor Local Rotation」の実行ピンに接
    続します。
- ◆2.「Sphere」の出力ピンを「Add Actor Local Rotation」の「ターゲット」に接続し
    ます。
- ◆3.「Add Actor Local Rotation」の「Delta Rotation」の「X」の値を「10.0」に変更
    します。

これで左ボタンを押すとアクタが回転する処理ができました。「コンパイル」ボタンを押
してコンパイルしておきましょう。

プレイしてみよう

では、レベル実行してみましょう。ビューポート内をマウスでクリックすると、アクタが少しだけ回転します。何度か回転すると、そのたびに少しずつ動いていくのがわかるでしょう。

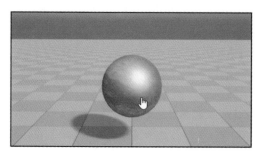 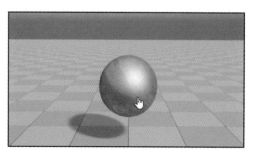

図6-60 マウスの左ボタンをクリックすると、少しだけアクタが回転する。何度もクリックすれば少しずつ回転していく。

ボタンを押してる間動かすには？

これはこれで、まぁ動くのですが、ちょっと皆さんが想像したのとは動作が違うんじゃないですか？ マウスでアクタを回転する、といったら、「ボタンを押している間、回転していて、離すと止まる」というように、押しているときと離したときで動作を変える、というような処理をイメージしていたことでしょう。

これは、実はマウスのPressedとReleasedではうまくいかないんです。これらは、「押したとき」「離したとき」に1回だけ発生するイベントなのです。「押している間、ずっと実行される」というようなものではないんです。

それじゃあ、「押している間、ずっと何かの処理をしている」というのはどういうイベントを使えばいいんでしょう？ 実は、これはすでに皆さん、使っています。そう、「Tick」です。

リンクを切断する

では、プログラムを改良しましょう。まず、「マウスの左ボタン」の「Pressed」を右クリックして「全てのピンリンクを切断」メニューを選び、リンクを切ってください。

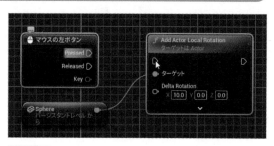

図6-61 PressからAdd Actor Local Rotationへのリンクを切る。

🎮 変数を使おう

「ボタンを押している間、回転する」「離すと止まる」という処理は、「変数」を利用するとうまく作れます。

「変数」というのは、値を保管しておくための入れ物です。プログラミングを本格的にやったことのない人でも、「変数」という言葉ぐらいはどこかで聞いたことがあるでしょう。Unreal Engineでは、値を保管するための変数を用意できます。ここに値を保管し、必要なときに取り出したり、値を変更したりできるのです。そうすることで、さまざまな処理で値を共有できるのですね。

今回は、「マウスボタンの状態」を保管しておく変数を用意すればいいでしょう。左マウスボタンのPressedで「押した」、Releasedで「離した」と値を保管しておくのです。そしてTickで、この変数が「押した」になっていたら回転させるようにすればいいわけです。

変数を作る

では、変数を作成しましょう。これは、実は簡単です。マイブループリントの「変数」と表示された項目の「＋」アイコンをクリックするだけです。

図6-62 マイブループリントの変数にある「＋」をクリックする。

変数に名前をつける

マイブループリントの「変数」というところに、新しい項目が追加されます。これが変数です。そのまま名前を設定できるようになっているので、「flag」と名づけておきましょう。横にある「Boolean」という項目は、値の種類です。今回はBoolean（真偽値）をそのまま使うことにします。

図6-63 変数名を「flag」とつけておく。

変数flagをグラフに追加する

では、この変数flagをグラフに追加して利用しましょう。マイブループリントの「flag」をドラッグし、グラフにドロップしてください。その場に「Get flag」「Set flag」というメニューがポップアップして現れます。「Get flag」メニューは変数flagの値を取り出すもので、「Set flag」メニューは変数に値を保管するものです。今回は「Set flag」メニューを選んでください。

図6-64 「flag」をドラッグ＆ドロップし、「Set flag」メニューを選ぶ。

2つの設定ノードを作る

メニューを選ぶと、値を設定するためのノード「セット」が作成されます。同様に、もう1つ「設定」メニューでノードを作り、2つの「セット」ノードを用意してください。

図6-65 2つのflagを設定する「セット」ノードを用意する。

左マウスボタンと接続する

先に用意してあった「マウスの左ボタン」の「Pressed」と「Released」から、2つの「セット」の実行ピンに接続をしてください。そして、Pressedと接続したセットの「Flag」のチェックをONにしてください。

これで、マウスの左ボタンを押したら変数flagがONに、離したらOFFに変更する、という仕組みができました。

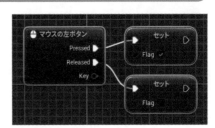

図6-66 マウスの左ボタンをセットに接続し、Pressed側のセットのFlagをONに変更する。

枝分かれ処理を作る

続いて、Tickイベントの処理を作ります。まず、グラフを右クリックし、フィールドに「tick」と入力して「イベントTick」メニューを探して選んでください。

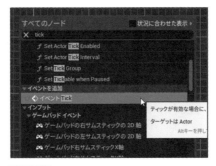

図6-67 「イベントTick」を作成する。

「ブランチ」を作成する

次に、変数flagがONかOFFかによって処理を変更するために、「ブランチ」というノードを作ります。これは、条件をチェックして実行する処理を設定するためのものです。

グラフを右クリックし、フィールドに「if」とタイプしてください。「ブランチ」という項目が見つかるので、これを選んでください。

図6-68 「ブランチ」メニューを選ぶ。

「ブランチ」ノードについて

この「ブランチ」ノードは、条件をチェックし、その結果によって実行する処理を変更するというものです。左の入力側には、実行ピンと「Condition」という真偽値をつなぐ項目があります。そして右の出力側には「True」「False」という2つの実行ピンがあります。

「ブランチ」は、Conditionに接続されている値をチェックし、その値がTrueならば「True」を、Falseならば「False」をそれぞれ実行します。

図6-69 作成された「ブランチ」ノード。Conditionの値をチェックし、TrueかFalseを実行する。

変数flagの「取得」ノードを作る

では、このブランチで利用する変数flagのノードを作りましょう。マイブループリントから「flag」をグラフまでドラッグ＆ドロップし、「Getflag」メニューを選んでノードを作ってください。

図6-70 flagをドラッグ＆ドロップし、「Get flag」メニューを選んでノードを作成する。

ノードを接続する

では、用意したノード類を接続していきましょう。いくつもあるのでやり忘れのないように順番に作業してくださいね！

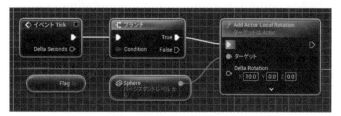

図6-71 ノード類をすべて接続すれば完成だ。

- 1.「イベントTick」のexec出力を「ブランチ」の実行ピンに接続する。
- 2.「Flag」の出力を「ブランチ」の「Condition」に接続する。
- 3.「ブランチ」の「true」を「Add Actor Local Rotation」の実行ピンに接続する。
- 4.「Sphere」を「Add Actor Local Rotation」の「ターゲット」に接続する（すでに接続済み）。

プレイしてチェック！

すべての接続が完了したら、プレイして動作をチェックしましょう。今度は、マウスボタンを押している間、ずっと物体が回転し続けるようになります。そしてマウスボタンをはなせば停止。マウスボタンの状態で動作がきちんと変わるようになりました！

図6-72 ボタンを押している間、アクタが回転し続けるようになった。

キーボードでカメラを動かす

　続いて、キーボードの利用についても考えてみましょう。キーボードも、やはり押したキーごとにイベントのノードが用意されています。これらを利用することで、特定のキーを押したときの処理を簡単に作成できます。

　では、実際にイベントのノードを作ってみましょう。グラフを右クリックし、現れたメニューのフィールドに「右」と記入してください。「インプット」の「キーボードインプット」というところに「右」という項目が表示されます。これを選択しましょう。

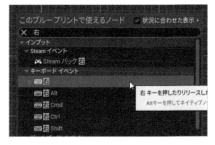

図6-73 メニューから「右」を選択する。

右アローキーのイベントノード

　作成されるのは「右」ノードです。これは何かというと、右向きのアローキーを押したときのイベントなのです。

　同様に「左」「上」「下」といったアローキー用のイベントも用意されています。これらのノードを一通り作成しましょう。これで上下左右のキーのイベントが用意できます。

　これらキーのイベントノードは、いずれも同じ形をしています。右側に3つの出力ピンが用意されています。

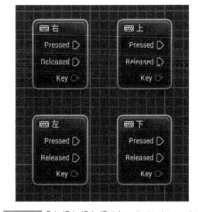

図6-74 「右」「左」「上」「下」のイベントノード。

Pressed	キーが押されたときに実行する処理を作ります。
Released	キーが離されたときに実行する処理を作ります。
Key	イベントが発生したキーが渡されます。

　これらの「Pressed」「Released」といった実行ピンに処理をつなげれば、キーを押したときや離したときの処理を作ることができます。

Add Actor Local Offsetを追加する

では、アクタを動かすためのノードを用意しましょう。これは、すでに使いましたね。「Add Actor Local Offset」です。グラフを右クリックし、メニューからこの項目を探してノードを追加してください。

図6-75 Add Actor Local Offsetノードを用意する。

カメラアクタのノードを追加する

操作するカメラのアクタをグラフに用意しましょう。レベルエディタのアウトライナーから「CameraActor」をドラッグし、ブループリントエディタのグラフにドロップしてください。これで「CameraActor」ノードが作成されます。

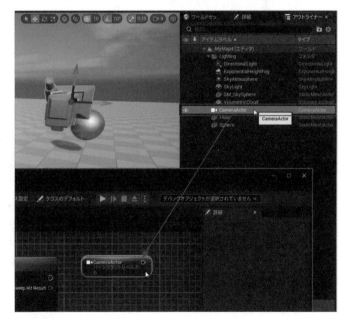

図6-76 CameraActorをグラフにドラッグ＆ドロップしてノードを追加する。

イベント、アクタ、Add Actor Local Offsetをつなぐ

では、プログラムを作りましょう。今回は4つのイベントノードがあり、それぞれに同じようにプログラムを作ります。プログラムは、イベント用のノード、アクタ（CameraActor）、そしてAdd Actor Local Offsetの3つがセットになります。

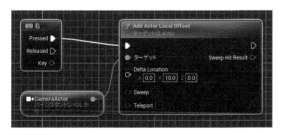

図6-77 右アローキーのイベント処理を作る。

まず、例として右イベントの処理を作りましょう。

- ◆ 1.「右」のPressedを「Add Actor Local Offset」につなぎます。
- ◆ 2.「CameraActor」を「Add Actor Local Offset」の「ターゲット」につなぎます。
- ◆ 3.「Add Actor Local Offset」のDelta LocationのY値を「10.0」にします。

これで右アローキーのイベント処理が完成です。

上下左右のイベント処理を作る

では同様にして、残る「左」「上」「下」のアローキーの処理を作成しましょう。CameraActorとAdd Actor Local Offsetをそれぞれ3つずつ追加しておく必要があります。これは、すでにあるものをコピー＆ペーストして作成すればいいでしょう。

図6-78 上下左右のアローキーの処理を作成する。

ノードの接続は同じですが、Add Actor Local OffsetのDelta Locationの値だけは違います。それぞれ以下のように設定しておきましょう。

右イベントの場合	X:0.0	Y:10.0	Z:0.0
左イベントの場合	X:0.0	Y:-10.0	Z:0.0
上イベントの場合	X:10.0	Y:0.0	Z:0.0
下イベントの場合	X:-10.0	Y:0.0	Z:0.0

　これで上下左右のアローキーの処理が完成しました。後はコンパイルして保存するだけですね。

動作を確認しよう！

　では、実際にレベルを動かして動作を確かめてみましょう。ビューポートをクリックするとビューポートでキーのイベントを受け取るようになります。そのまま上下左右のアローキーを押してください。押すと少しだけ前後左右に移動します。何度も繰り返しキーを押せば、押した回数だけ移動していきます。

　これでキーを使ったイベント処理もできました。「何度も押すのは面倒くさい」という人は、先に「マウスボタンを押している間の処理」で使ったテクニックを思い出して処理を考えてみてください。縦横の移動量を示す変数を用意して、上下左右のキーを押すとその値を変更するようにすれば自由に動かせそうですね。

　キー操作の基本をもとに、いろいろとプログラムを改良してみましょう。

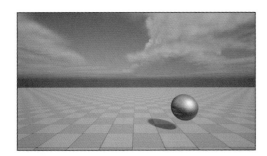

図6-79 アローキーを押している間、前後左右にカメラが動くようになった。

HUDとウィジェット

UIとウィジェット

　ゲームというのは、3Dワールドに表示されるアクタだけですべてが作られるわけではありません。3Dワールドではないところで必要となるものもあります。それは「UI（ユーザーインターフェイス）」です。

　例えばスコアの表示を考えてみましょう。スコアは、常に画面の上や下に表示されます。3Dの世界をどんなに動き回ってもこの表示は変わりません。つまり、スコアは3Dワールドとは別のところにあるのです。感覚的には、3Dワールドを撮影しているカメラの前に透明な板があって、それに表示されている感じでしょう。

　こうした「3Dの表示の手前に表示されるUI」が必要となることはよくあります。単純にスコアなどのテキストを表示するだけでなく、例えばゲームのアイテム操作や設定変更などのためのUIが必要となることもあるでしょう。

　こうしたものを操作するため、Unreal Engineでは「HUD（Head Up Display、3Dの手前に表示されるUI）」を作成できるようになっています。そのために用意されているのが「ウィジェット」です。

　Unreal Engineには、「UMG（Unreal Motion Graphics）」と呼ばれるグラフィック描画機能があります。これは3Dの世界とは別に、常に画面の手前に表示される平面グラフィックです。ウィジェットは、このUMGを使って表示されるUI部品です。あらかじめツールを使って表示するUIをウィジェットとして作成しておき、これをUMGで3Dの前に重ねるようにして表示するのです。これにより、3Dの表示とは関係なく、常に画面手前に表示されるUIを用意できます。

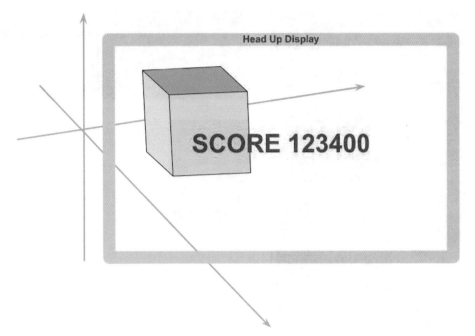

図6-80 HUDの考え方。3Dワールドの前に四角い透明のディスプレイがあり、そこにテキストなどのUIが表示されている。

ウィジェットブループリントを作る

ウィジェットは、「ウィジェットブループリント」と呼ばれるアセットとして作成します。名前からわかるように、これはブループリントのプログラムです。ただし専用のUIデザインツールを持っており、UIの作成はノンプログラミングで行えます。

ウィジェットブループリントを作成する

では、実際にウィジェットブループリントを作りましょう。コンテンツドロワーを開き、「追加」ボタンをクリックして「ユーザーインターフェイス」という項目内から「ウィジェットブループリント」メニュー項目を選択しましょう。

画面に「新しいウィジェットブループリントのルートウィジェットを選択」というダイアログが現れるので、そこにある「User Widget」というボタンをクリックします。これでウィジェットブループリントのアセットが作成されるので、ファイル名を設定しましょう。ここでは「MyWidget1」としておきました。

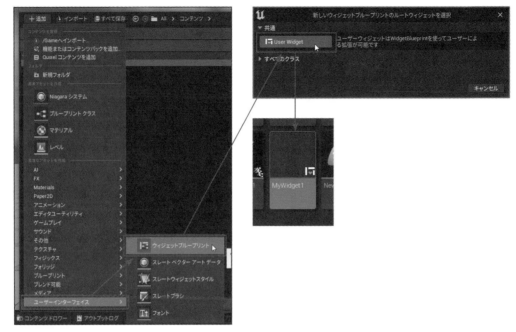

図6-81 「ウィジェットブループリント」メニューを選び、現れたダイアログで「User Widget」ボタンをクリックする。ファイル名は「MyWidget1」としておく。

ウィジェットエディタについて

作成されたウィジェットブループリントのファイルを開いてみましょう。画面に専用のエディタが開かれます。

これは、ブループリントエディタと似たような形をしています。上部にツールバーがあり、ウィンドウ中央にグラフのような表示が、そして左右に細かな項目を持ったパネルが用意されています。

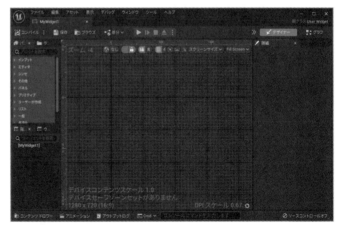

図6-82 ウィジェットエディタ。中央のエリアは、グラフとデザイナーが切り替わり表示される。

　左側のパネルでは、上下に2つずつ、計4つのパネルが組み合わされています。これらはすぐにすべての使い方を覚える必要はありません。作業しながら使い方を覚えていけばいいでしょう。そしてウィンドウの右側には、おなじみの詳細パネルがあります。

　ブループリントエディタに似ていますが、実は中央のグラフ部分はブループリントのグラフではありません。ウィジェットエディタでは、「デザイナー」と「グラフ」の2つのモードが用意されており、右上にあるボタンで切り替えるようになっています。

　デフォルトでは、グラフではなく「デザイナー」が表示されています。ブループリントのグラフにそっくりですが、ここではノードは配置せず、マウスでUIのデザインをするのです。

ⓤ Canvas PanelにTextを配置する

　では、UIを作成しましょう。ウィンドウの左上に見える「パレット」というところには、UIの部品がまとめられています。この中に「パネル」という項目があります。これは、さまざまなUI部品を配置するパネルという部品をまとめたところです。

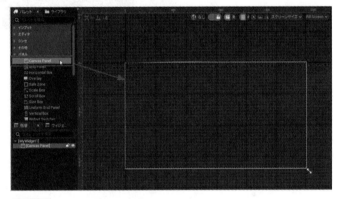

図6-83 Canvas Panelを配置する。

　左側の▼をクリックすると表示が展開され、内部に用意されているパネル類が一覧表示されます。この中から「Canvas Panel」という項目をドラッグし、デザイナー（中央のグラフのようなエリア）にドロップしてください。これでCanvas Panelという部品が配置されます。適当に大きさを調整しておきましょう。

　このCanvas Panelは、さまざまなUI部品を配置するベースとなるものです。UI設計は、まずCanvas Panelを画面に配置し、その中に各種のUIを追加していきます。

Textを追加する

では、Canvas Panelにテキストを表示してみましょう。テキストなどのUIは、「一般」というところにまとめられています。この項目を展開すると、そこにさまざまなUI部品が用意されていることがわかるでしょう。

その中から、「Text」という項目をドラッグし、デザイナーに配置してあるCanvas Panelの中にドロップしてください。これでTextが作成されます。配置したら、位置と大きさを適当に調整しておきましょう。

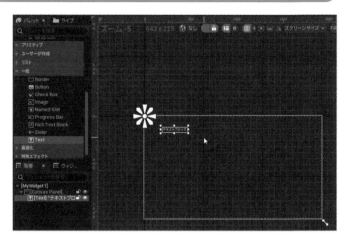

図6-84 Textをドラッグ＆ドロップして追加する。

詳細パネルで表示を調整する

配置されたTextを選択し、表示を調整しましょう。Textの表示は、右側の詳細パネルで操作します。

詳細パネルには「コンテンツ」という項目があり、ここに表示されるテキストが設定されています。また「アピ

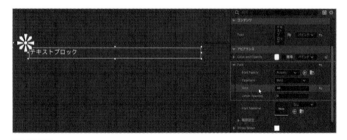

図6-85 Textの詳細パネルから「Font」の設定を調整する。

ランス」という項目を展開すると、その中に「Font」という項目があり、この中に使用するフォントやテキストサイズ、スタイル、カラーなどの設定がまとめられています。とりあえず、これらを調整するだけでTextの基本的な表示は調整できるでしょう。

まだテキストを1つ配置しただけですが、一応、何かを表示するウィジェットはできました。では、これを画面に表示してみましょう。

ⓤ レベルブループリントでウィジェットを表示させる

作成したウィジェットは、そのままで
は画面に表示されません。ブループリン
トを利用して画面に組み込む必要があり
ます。

では、レベルブループリントに処理を
用意しましょう。レベルエディタのツー
ルバーから「ブループリント」アイコン
をクリックし、「レベルブループリント
を開く」メニューでブループリントエ
ディタを開いてください。

図6-86 レベルブループリントで、「イベント
BeginPlay」と「Print String」の接続を切る。

今回は、スタート時にテキストを表示させることにします。先に「イベントBeginPlay」
ノードを使って、スタート時にメッセージを表示させる処理を作りましたね？ あれを再利
用しましょう。まず、「イベントBeginPlay」から「Print String」への接続を切っておきま
す。接続されたピンの部分を右クリックして「全てのピンリンクを切断」メニューを選べば
切断できます。

「ウィジェットを作成」ノードを作る

では、ウィジェットを利用するための
ノードを用意しましょう。グラフ内を右
ボタンクリックし、現れたメニューの
フィールドに「create widget」と入力
します。これで「ウィジェットを作成」と
いう項目が見つかります。これを選んで
ください。

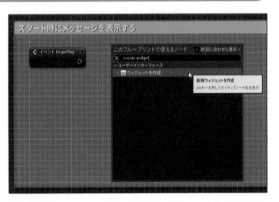

図6-87 「create widget」で「ウィジェットを作成」が見
つかる。

「ウィジェットを作成」ノードについて

このノードは、実行ピン以外に2つの入力と1つの出力を持っています。これらはそれぞれ以下のようなものです。

図6-88 「ウィジェットを作成」ノード。

Class	作成するウィジェットのクラスを指定します。
Owning Player	ウィジェットを所有するプレイヤーを指定します。
Return Value	作成されたウィジェットオブジェクトを出力します。

ウィジェットを作成するためには、Classを必ず指定する必要があります。Owning Playerは、プレイヤーのビューポートにそのまま表示するだけなら特に指定する必要はありません。

Classに「MyWidget1」を設定する

では、作成するウィジェットのクラスを指定しましょう。「Class」ピンの値部分をクリックすると、利用可能なウィジェットクラスがプルダウンメニューとして表示されます。その中から、「MyWidget1」を選択してください。これでノードの名前が「MyWidget1を作成する」に変わります。

図6-89 「ウィジェットを作成」ノードのClassから「MyWidget1」を選択する。

「Add to Viewport」ノードを作成する

「MyWidget1を作成する」ノードの出力ピン（Return Value）をマウスでドラッグし、グラフの適当なところでボタンをはなしてください。その場にメニューが現れます。このメニューのフィールドに「add to」とタイプすると、「Add to Viewport」という項目が見つかります。これを選んでください。

図6-90 「MyWidget1を作成する」ノードからドラッグ＆ドロップでメニューを呼び出し、「Add to Viewport」を選ぶ。

「Add to Viewport」が作成された！

これで、「Add to Viewport」というノードが作成されます。これは、入力ピンで渡されたウィジェットをビューポートに追加する（つまり、画面に表示されるようにする）ものです。

図6-91 Add to Viewportノードができたら、イベントノードと「MyWidget1を作成する」を接続して完成。

作成されたノードには、「ターゲット」という入力ピンが用意されています。これと実行ピンは、作成された段階ですでに「MyWidget1を作成する」ノードに接続されています。

これで、MyWidget1のウィジェットを作成し、画面に表示する処理ができました。最後に、「イベントBeginPlay」ノードと「MyWidget1を作成する」ノードの実行ピンを接続して完成です。

表示を確認しよう

では、MyWidget1とレベルブループリントについて、それぞれツールバーからコンパイルを行い、ファイルを保存しておきましょう。そして保存できたらレベルを実行し、表示を確認しましょう。

画面には、MyWidget1に配置したTextのテキストが表示されます。これでウィジェットをHUDで画面に表示する、という基本部分ができるようになりました！

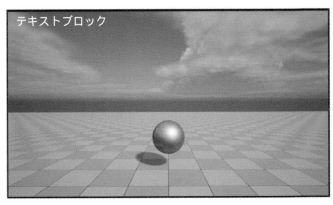

図6-92 実行するとTextのテキストが画面に表示される。

🟦 Textのテキストを操作するには？

とりあえず、作ったものをそのまま表示するのはこれでできました。では、必要に応じて表示されているテキストを変更したいときはどうすればいいのでしょう。

これは、「Textのコンテンツの値を操作する」というように考えるとうまくいきません。ウィジェットは、UIを画面に表示するだけのものであり、アクタのように直接アクセスして操作するようなものではないのです。

Textのテキスト操作は、「表示するテキスト」の扱い方そのものを変更する必要があります。あらかじめウィジェット内にテキストを保管する変数を要しておき、これを表示するようにTextを設定しておくのです。そして表示テキストを変更したい場合は、ウィジェットに用意した変数を操作するのです。こうすることで、その変数を使ったTextの表示も変更されるようになります。

Textのコンテンツをバインドする

ウィジェットの設定には「バインディング」と呼ばれるものが用意できます。バインディングは、ウィジェットの設定項目の値をブループリントで作成し、それを表示するようにする機能です。

では、Textを選択し、詳細パネルから「コンテンツ」項目の右側にある「バインド」と表示された部分をクリックしてください。そしてプルダウンされたメニューから「バインディングを作成」を選びます。

図6-93 コンテンツの「バインディングを作成」メニューを選ぶ。

関数グラフが開かれる

バインディングが作成さ
れ、ブループリントのグラフ
が作成されます。これは、ブ
ループリントに作成された関
数のグラフです。左側のマイ
ブループリントの「関数」と
いう項目に「Get_Text_0」
といった名前の関数が作成さ

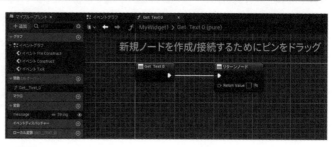

図6-94 作成されたバインディング用関数のグラフ。

れているでしょう（違った名前になっている場合もあります）。これが、作成された関数で
す。バインディングというのは、値を設定する関数を作成し、その関数を使って値を設定す
るものだったんですね。

このグラフには、「Get_Text_0」といった関数名のノードと「リターンノード」という
ノードが用意されています。関数名のノードが、この関数が呼び出されたときの開始ノード
になります。ここから処理をつなげていけばいいわけですね。そしてリターンノードが実際
に使われる値を返すためのもので、これのReturn Valueの値がコンテンツに値として設定
されるのです。

変数を用意する

では、コンテンツに表示するのに使う変数を用意
しましょう。マイブループリントの「変数」にある
「＋」をクリックし、新しい変数を作成してくださ
い。名前は「message」としておきましょう。そして
値の種類を「String」に変更しておきます。

図6-95 マイブループリントで「message」
という変数を作成する。

message変数のノードを追加する

変数messageをグラフに追加しましょ
う。変数にある「message」をグラフに
ドラッグ＆ドロップし、ポップアップし
て現れたメニューから「Get message」
を選びます。これで「message」ノード
が作成されます。

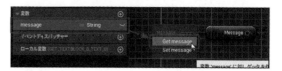

図6-96 message変数をドラッグ＆ドロップし、「Get
message」メニューを選んでノードを追加する。

messageをリターンノードに接続する

ドロップして作成した「message」
ノードを、リターンノードの「Return
Value」ピンに接続します。するとそ
の間に、自動的に「To Text」という
ノードが挿入され、「message」→「To
Text」→リターンノードという接続が完
成します。

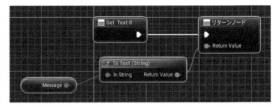

図6-97 messageをReturn Valueに接続する。「To Text」ノードが自動挿入される。

この「To Text」というのは、Stringの値をTextに変換するものです。message変数は
Stringなので、それをTextに接続する際にはこのように値の種類を変換するノードが自動
的に追加されます。

これで、バインディングの処理は完成です。ただ変数の値をReturn Valueにつなぐだけ
なので簡単ですね！

⑪ 変数messageを操作する

後は、用意した変数
messageの値を変更し、表示
するメッセージを設定するだ
けです。レベルブループリン
トに表示を切り替え、グラフ
を右クリックしてフィールド
に「message」と入力してく
ださい（「状況に合わせて表
示」はOFFにしておきます）。
これでMyWidget1という
項目内に「GetMessage」
「SetMessage」という項

図6-98 ノードのリストから「SetMessage」メニューを選ぶ。

目が見つかります。前者がmessageの値を取り出すもので、後者が値を変更するためのも
のです。

今回は値を変更するので、「SetMessage」メニュー項目を選択しましょう。これで「セッ
ト」と表示されたノードが追加されます。この「セット」ノードには、左側にMessageの値
を設定するピンと、ターゲットとなるウィジェットを設定するピンが用意されます。

「セット」を接続する

では、先に作成してあった「イベントBeginPlay」の処理の最後に、この「セット」をつなぎましょう。「AddとViewport」の実行ピンを「セット」の実行ピンにつなぎます。そして「MyWidget1ウィジェットを作成」ノードの「Return Value」を「セット」の「ターゲット」につなぎます。これで接続完了です。

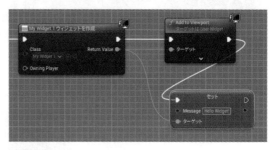

図6-99 「セット」に接続をする。

最後に、「Message」ピンの値に表示したいテキストを入力しておきましょう。

実行して表示を確認！

完成したらコンパイルして保存し、レベルを実行しましょう。ビューポートに、「セット」のMessageに入力してあったテキストが表示されます。外部から表示テキストを操作することができました！

Hello Widget!

図6-100 設定したテキストが表示された！

トリガーを利用する

⑪ Sphereを操作する

テキスト操作の基本がわかったら、実際にアクタを操作してテキストの表示が変わるようなプログラムを作ってみましょう。

まず、これまでキーボードでカメラを動かしていたものを修正して、キーボードでアクタ（Sphere）を操作するようにしましょう。レベルエディタのアウトライナーから「Sphere」項目をドラッグし、レベルブループリントのグラフ内にドロップして「Sphere」ノードを追加します。

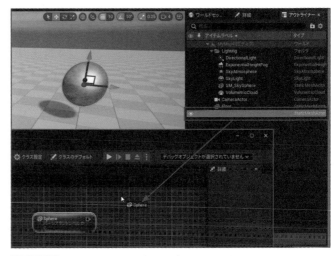

図6-101 Sphereをレベルブループリントに追加する。

「右」「左」「上」「下」イベントを修正する

アローキーを押したときのイベント「右」「左」「上」「下」を修正しましょう。これらのイベントには、それぞれターゲットに「CameraActor」ノードが接続されていましたね。この接続をすべて切ってください。

そして、追加した「Sphere」ノードを、4つのイベントノードのターゲットに接続します。これでアローキーでSphereが操作されるようになりました。

図6-102 4つのイベントノードのターゲットにSphereを接続する。

動作を確認しよう

コンパイルして保存し、実際にレベルを実行して動作を確認しましょう。ビューポートをクリックしてキーイベントを受け取るようにし、アローキーを押してください。上下左右のキーで球が前後左右に動くのが確認できるでしょう。

なお、先に作成したTickイベントの処理が残っていると、回転により動く方向が変化して予想外の方向に動き回ることになります。動作確認の前にTickイベントの処理が実行されないようにしておきましょう。

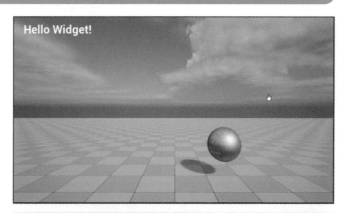

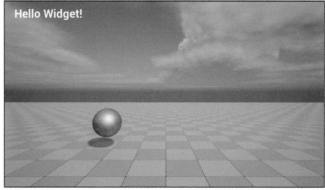

図6-103 アローキーで球が動くようになった。

トリガーを利用する

アクタを操作してなにかの処理を実行させるという場合、「どういう状況で処理が実行されるか」を考えなければいけません。これには「イベント」を使います。

Unreal Engineのアクタには、さまざまな状況に応じて発生するイベントが用意されています。ここまでアローキーを押したときやマウスボタンを押したときに処理を実行させましたが、これらもキーを押したりボタンを押したときに発生するイベントを利用していたわけです。

では、アクタのイベントを利用してみましょう。まずは「トリガー」と呼ばれるものを使ってみます。

トリガーとは？

トリガーは、「触れるとイベントを発生させる、見えに見えず存在もしていないアクタ」です。レベルエディタで配置し位置などを調整できるのですが、実際にレベルを実行すると画面には一切表示されないし他のアクタがぶつかったりすることもない、まるで存在していないかのように扱われるアクタなのです。

「そんなもの、何の役に立つんだ？」と思うでしょうが、モノとして触ったりできないだけで、実はちゃんと存在しています。トリガーのある場所にアクタが重なると、「トリガーに触れた！」というイベントが発生し、処理を実行できるのです。

例えばアドベンチャーゲームなどでは、ある場所に来るとなにかのアイテムが得られたり、次のステージに進んだり、といった操作をすることがありますね。こうしたときにトリガーは利用されます。

トリガーボックスを追加する

トリガーには、標準で2つのものが用意されています。「トリガーボックス」と「トリガースフィア」です。前者は立方体のトリガーで、後者は球のトリガーです。

ここでは、トリガーボックスを使ってみましょう。レベルエディタでツールバーの「追加」ボタンをクリックし、プルダウンして現れたメニューから「基本」内にある「Trigger Box」メニューを選びます。これでレベル内にトリガーボックスが追加されます。

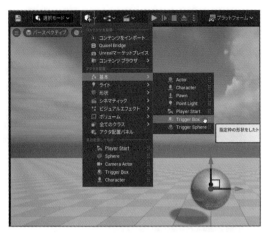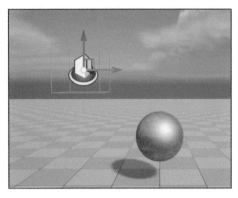

図6-104 追加ボタンから「Trigger Box」メニューを選んでトリガーボックスを追加する。

トリガーボックスを配置する

　トリガーボックスはいくつ
でも用意することができま
す。作成したトリガーボック
スをコピー＆ペーストしてい
くつか作成しておきましょ
う。サンプルでは4つのトリ
ガーボックスを配置しておき
ました。位置は適当に配置し
てかまいません。ただし球ア

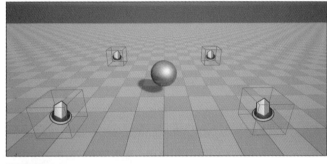

図6-105 全部で4つのトリガーボックスを配置した。

クタと触れてイベントが発生するものなので、高さは球とほぼ同じ位置に調整しておきま
しょう。

Generate Overlap EventsをONにする

　トリガーと接触したときのイベントは「オーバー
ラップイベント」と呼ばれます。これは詳細パネル
にある「Generate Overlap Events」という項目を
ONにすると発生します。

　レベルに配置した球（Sphere）とすべてのトリ
ガーボックスについて、詳細パネルの「物理」ボタン
を選択し、「Generate Overlap Events」をONに
しておきましょう。

図6-106 Generate Overlap Eventsを
ONにする。

Chapter 1

Chapter 2

Chapter 3

Chapter 4

Chapter 5

Chapter 6

Chapter 7

⛨ ウィジェットを変数に保管する

では、トリガーを利用した処理を作成しましょう。今回は、トリガーに接触すると数字をカウントアップする処理を作ってみます。

レベルブループリントを開き、まずウィジェットを変数に保管してほかから使えるようにしましょう。マイブループリントの「変数」にある「＋」をクリックし、変数を1つ追加してください。名前は「mywidget1」としておき、右端のアイコンをクリックして目を開いた状態（公開されている状態）にしておきます。

図6-107 変数を作成する。「mywidget1」という名前で、MyWidget1のオブジェクト参照を値のタイプに設定する。

そして変数のタイプの値をクリックし、現れたメニューのフィールドに「mywidget1」と入力しましょう。これで「オブジェクトタイプ」というところに「MyWidget1」が表示されます。これにマウスポインタを移動すると、サブメニューが現れるので、そこから「オブジェクト参照」というメニュー項目を選んでください。これで「MyWidget1」が変数のタイプとして設定されます。

Get mywidget1 を用意する

ではブループリントの処理を作りましょう。先に作成した「イベントBeginPlay」を使った処理を表示してください。ここに更に処理を追加することにします。

マイブループリントの「イベントグラフ」という項目の▼をクリックして展開す

図6-108 マイブループリントの「イベントグラフ」から「イベントBeginPlay」を選んでイベントを開く。

ると、その中に「イベントBeginPlay」が見つかります。これをダブルクリックすると、このイベントの処理が表示されます。作成したイベントが増えてくると、グラフを動かして探すのも大変になります。ブループリントの「イベントグラフ」を利用して、編集したいイベントに素早く移動できるようになりましょう。

マイブループリントの「mywidget1」変数をグラフにドラッグ＆ドロップし、「Set mywidget1」メニューを選んで「セット」ノードを作成してください。

図6-109 mywidget1変数をグラフにドラッグ＆ドロップし、「Set mywidget1」を選んで「セット」ノードを作る。

セットを接続する

追加したmywidget1の「セット」を処理の最後に接続します。先に変数Messageの「セット」を最後に接続していましたが、その後にmywidget1の「セット」の実行ピンをつなぎます。「Mywidget」入力ピンには、「MyWidget1を作成」ノードの「Return Value」ピンをつなげてください。

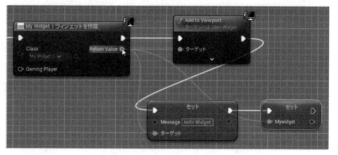

図6-110 mywidget1の「セット」を処理の最後につなぐ。

OnActorBeginOverlapイベントを作成する

では、トリガーのイベントを作成しましょう。トリガーと接触したときのイベントは2つあります。

OnActorBeginOverlap	トリガーと接触したときのイベント
OnActorEndOverlap	接触しているトリガーから離れたときのイベント

トリガーに触れたときと離れたときでそれぞれイベントが用意されているのですね。では、今回は「触れたとき」のイベントを使いましょう。

レベルエディタのアウトライナーから、配置してあるトリガーボックスを1つ選んでください。そのままレベルブループリントのグラフを右クリックし、現れたメニューのフィー

ルドから「Trigger_Box_0にイベントを追加」内の「コリジョン」内にある「On Actor Begin Overlapを追加」を選択します。

（なお、「Trigger_Box_0にイベントを追加」のTrigger_Box_0は、選択したトリガーボックスの名前です。場合によってはこの部分が違うものになっている場合もあります）

作成されたノードには、「Overlapped Actor」と「Other Actor」という出力ピンがあります。これは、イベントが発生したアクタとそれに触れたアクタが渡されます。

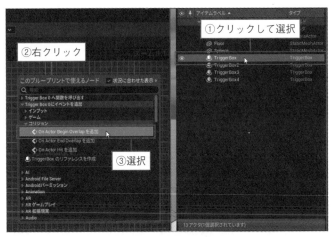

図6-111 「On Actor Begin Overlapを追加」メニューを選び、ノードを追加する。

counter変数を用意する

カウントする数字を保管するための変数を作成します。マイブループリントの「変数」にある「＋」をクリックし、「counter」という名前で変数を作成してください。タイプは「Integer」を選び、整数の値を保管するようにします。また右端のアイコンは、目を開いた状態（公開されている）にしておきましょう。

図6-112 「counter」変数を作成する。

変数messageの「セット」を用意

処理に使うノードを作成していきましょう。まず変数messageの値を変更する「セット」を作成します。これは先に作成したものをコピー＆ペーストして使ってもいいでしょう。

図6-113 変数messageの「セット」を作成する。

変数counterのノードを用意

変数counterのノードと「セット」ノードを作成します。これはグラフに変数counterをドラッグ＆ドロップし、「Get counter」「Set counter」を選べば作れますね。

図6-114 変数counterのノードを用意する。

変数mywidgetのノードを用意

先ほど追加した変数mywidgetのノードを追加します。グラフを右クリックし、「mywidget」と検索すれば、「変数」の「デフォルト」内に「Get Mywidget」「Set Mywidget」が見つかります。ここから「Get Mywidget」を選べばノードが作成されます。

図6-115 「Get Mywidget」メニューを選んでノードを追加する。

「加算する」ノードを用意

足し算するノードを用意しましょう。グラフを右クリックし、「＋」と記入して検索してください。これで「加算する」という項目が見つかります。

これは入力ピンにつなげた値をすべて足すノードです。デフォルトでは2つのピンが用意されていますが、ピンは必要に応じて増やすことができます。

図6-116 「加算する」ノードを作る。

「Append」ノードを用意

次は、テキストを足すノードです。これは「Append」というものになります。右クリックして出てくるメニューで「append」を検索してください。「ストリング」という項目内にある「Append」が今回使うものです。

これは、入力ピンにつなげたテキストを1つのテキストにつなげるものです。ピンはいくらでも増やすことができます。

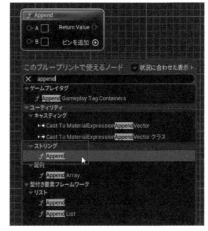

図6-117 「Append」ノード。テキストを1つにつなげる。

ノードを接続する

では、作成したノード類を接続しましょう。今回はけっこうノードの数も多いので、間違えないように順につないでいってください。

●実行ピンの接続

- ◆「OnActorBeginOverlap」→「セット（Counter）」→「セット（Message）」

●入出力ピンの接続

- ◆「Counter」→「＋」の1つ目のピン
- ◆「＋」→「セット（Counter）」のCounterピン
- ◆「セット（Counter）」→「Append」のBピン（間に値の変換ノードが自動追加される）
- ◆「Append」→「セット（Message）」のMessageピン
- ◆「Mywidget」→「セット（Message（」のターゲット

●ピンの値の設定

- ◆「＋」ピンの2つ目のピン→「1」と記入する
- ◆「Append」のAピン→「Count:」と記入する

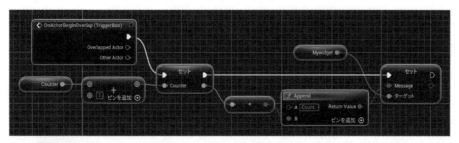

図6-118 用意したノードを接続し、プログラムを完成させる。

その他のターゲットのイベントを接続する

これで基本的なプログラムは完成しました。後は、その他のトリガーボックスにも同じ処理を割り当てるだけです。

今回使ったトリガーボックス（Trigger_Box_0）以外のトリガーボックスを順に選択してはメニューの「On Actor Begin Overlapを追加」を選んで各トリガーボックスのOnActorBeginOverlapイベントのノードを作成します。そしてそれらの実行ピンを「セット（Counter）」ノードにつなぎます。

これで、すべてのトリガーボックスで同じ処理が実行されるようになります。

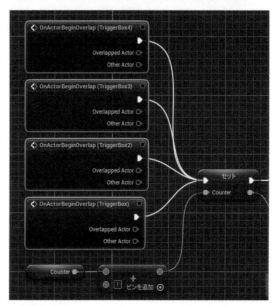

図6-119 各トリガーボックスのOnActorBeginOverlapを同じように「セット」につなぐ。

実行して動作を確認しよう

完成したらレベルを実行し、アローキーで球を動かして動作を確認しましょう。球が配置してあるトリガーボックスに触れると、「Count: ○○」という表示の数字が1増えます。トリガーに触れるたびに数字が1ずつ増えていくのが確認できるでしょう。

図6-120 トリガーに触れると数字が増えていく。

トリガーでさまざまな処理を作ろう

これで、トリガーを利用してさまざまな処理を作れるようになります。まだ使い方がわかるノードはわずかですが、簡単な計算ができるようになっただけでもいろいろな処理が作れるようになります。「＋」で加算ノードを検索したように、「-」「*」「/」で検索すれば引き算掛け算割り算のノードも見つかります。こうした四則演算は、さまざまな処理を作る上で非常に重要なものです。「トリガーイベント」と「値の計算」の2つだけは、ここでしっかりと覚えておきましょう。

Chapter 7

ゲーム開発を始めよう

ゲームを作るためには、いろいろと知っておきたいことがあります。
ここではテンプレートプロジェクトやマーケットプレイスで
配布されているプロジェクトを使い、実際に簡単なゲームを作りながら
ゲーム作成の方法を学んでいきましょう。

テンプレートプロジェクトの利用

ⓤ テンプレートプロジェクトで始めよう！

ここまでの説明で、Unreal Engineを使ったさまざまな機能の基本的な使い方がだいぶわかってきたことでしょう。アクタの配置、マテリアルの作成、エフェクトや地形の作成、ブループリントによるプログラミングの基本、等々……。

もちろん、どの機能もまだ初歩の段階ですから本格的な開発を行うには知識も経験も足りません。けれど、ごく簡単な「ゲームのように動くもの」ぐらいは作れるようになっているはずです。後は、実際に自分なりに何かを作りながら足りない部分を学んでいけばいいのです。

とはいえ、いきなり「何か作れ」といわれても困ってしまうでしょう。そもそも何をどう作り始めたらいいのかさっぱりわからない、という人も多いに違いありません。

こうした人のために、ゲームづくりの最初の一歩として勧めたいのが「テンプレートプロジェクトの活用」です。Unreal Engineでは、新しいプロジェクトを作成する際、テンプレートがいくつか用意されています。これを使うことで、とりあえず「すぐに動くゲームの土台」を作ることができます。

新しいプロジェクトを作る

では、実際に新しいプロジェクトを作ってみましょう。Epic Games Launcherを開いているならば、「ライブラリ」の「Engineバージョン」にあるUnreal Engineのバージョンから「起動」ボタンをクリックして指定したエンジンプログラムを起動してください。既にUnreal Engineのプロジェクトを開いているならば、「ファイル」メニューから「新規プロジェクト」を選びましょう。

図7-1 Epic Gams Launcherのエンジンの「起動」ボタンを押すか、レベルエディタの「新規プロジェクト」メニューを選んで新しいプロジェクトを作る。

プロジェクトブラウザで作成する

　画面にプロジェクトを作成するためのプロジェクトブラウザが現れます。ここで左側にある「ゲーム」を選択すると、ゲーム作成のためのプロジェクトテンプレートが現れます。この中で、キャラクタを操作するタイプのゲームを作るためのテンプレートは以下の3つになります。

ファーストパーソン (1stPerson)	プレイヤーが操作するキャラクタ目線で動くタイプ。キャラクタ自身を操作するので、キャラクタそのものは画面には表示されません。キャラクタから見える世界が表示されます。
サードパーソン (3rdPerson)	プレイヤーが操作するキャラクタを少し離れたところから表示するタイプ。常に一定距離を離した位置でキャラクタが表示されます。
トップダウン (TopDown)	プレイヤーが操作するキャラクタをその上方から俯瞰して表示するタイプ。プレイヤーの動きに合わせて常に追随して表示されます。

図7-2 プロジェクトブラウザ。「ゲーム」を選択し、現れたテンプレートから利用したいものを選んでプロジェクトを作成する。

　いずれもキャラクタの操作に合わせてリアルタイムに表示も動いていくもので、違いは「自身の目線」か、「第3者の目線」か、「神（？）の目線」か、です。テンプレートに用意されている機能そのものはどれもだいたい同じです。

　では、今回は「サードパーソン」テンプレートを使うことにしましょう。このテンプレートを選択し、プロジェクト名を「My3rdPerson」と入力してプロジェクトを作成してください。

サンプルのレベルについて

　プロジェクトが作成されると、サンプルとして用意されているレベルが開かれます。これは四角く区切られたエリア内にいくつかの障害物があるシンプルなものです。ここで実際にサードパーソンのキャラクタを動かして動作を確認できるようになっているのですね。

図7-3 サンプルで用意されているレベル。

レベルを動かそう

では、実際にレベルを実行してみましょう。用意されている四角いエリア内にキャラクタが作成され、その後ろからカメラが撮影しているような画面になります。このキャラクタが、サードパーソンに用意されているキャラクタです。

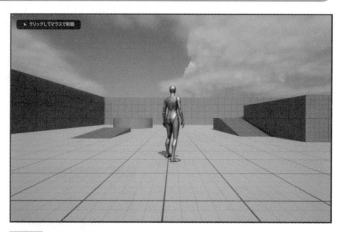

図7-4 実行するとサードパーソンのキャラクタが表示される。

キャラクタを操作する

表示されるキャラクタは、既に基本的な動作が組み込まれています。キーボードのアローキーを使えば上下左右に動かすことができます。またスペースバーでジャンプすることもできます。

マウスは視点（カメラ）の移動を行います。マウスを動かすことで、カメラ位置を上下左右に動かすことができます。実際にマウスとキーボードを使ってキャラクタをいろいろと動かしてみましょう。

図7-5 アローキーで走り、スペースバーでジャンプする。

新しいレベルでキャラクタを使う

このキャラクタは、用意されているレベルでしか使えないわけではありません。自分でレベルを作成し、そこで利用することもできます。

実際に新しいレベルを作ってみましょう。「ファイル」メニューから「新規レベル」を選び、新規レベルのダイアログを呼び出しましょう。今回は「Open World」テンプレートを選んで作成することにしましょう。

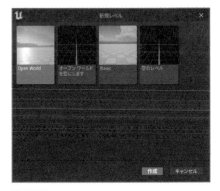

図7-6 「Open World」でレベルを作る。

Open Worldレベルが作成された！

これで、新しいOpen Worldのレベルが作成されます。既にOpen Worldのレベルは使ったことがありましたね。これは非常に広々とした世界が作成されています。このときは、カメラ目線で世界を移動することだけができました。

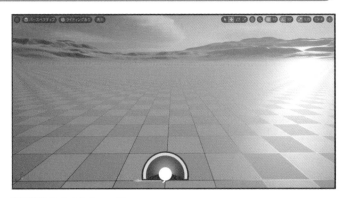

図7-7 作成されたレベル。

Open Worldを探索しよう

作成されたレベルを実行すると、サードパーソンのキャラクタが作成され、キーとマウスで操作できるようになります。あたり一帯を走り回ってみましょう。

かなり広い世界ですが、ずっと走り回っていると、遠くに見える山並みが実はただの「絵」ではなくて、ちゃんとした地形として作られていることがわかります。走っていけば、山（丘？）に登っていくことも可能です。

図7-8 広い世界を自由に走り回れる。遠くに見える山は、実は地形として作ってあり、ちゃんと登ることもできる。

マップの移動

Open Worldの世界はかなり広いため、走って移動しようとするとかなり大変です。このレベルでは、右側に「ワールドパーティション」というパネルが用意されています。ここには、レベル全体のマップが表示されています。

これを見ればわかるように、いくつもの正方形の地表が縦横にずらっと並んで地形を作っていることがわかるでしょう。先にランドスケープの作成で縦横にセクション数を指定して作成したのを思い出してください。そう、Open Worldの世界は、ランドスケープツールで作られていたのですね。

このワールドパーティションは、表示の移動に使えます。マップにはオレンジ色の小さな矢印のようなものが表示されていますが、これが現在表示している場所と向いている方向を示します。マップから移動したい場所をダブルクリックすると、その区画に移動します。試しにあちこちをダブルクリックして移動してみましょう。広い世界を簡単に移動できることがわかるでしょう。

なお、移動は簡単に行えますが、高さの調整までは行ってくれません。このため、周囲の

山のセクションに移動すると、山の下に埋もれてしまうこともあります。高さだけは手動で調整してください。

図7-9 右側のワールドパーティションから場所をダブルクリックするとその区画に移動する。

レベルを保存していこう

Open Worldの世界がどんなものかざっとわかったところで、レベルを保存しておきましょう。ツールバーの「保存」ボタンをクリックし、「MyMap1」と名前をつけて保存しておいてください。

図7-10 「MyMap1」という名前でレベルを保存する。

地表のマテリアルを設定する

このままでは、いかにもサンプルで用意した世界という感じがしてしまうので、地表にマテリアルを設定してもう少し自然な感じにしておきましょう。

アウトライナーで配置されているアクタを見ると、「Landscape」という項目内に多数のアクタが保管されていることがわかります。これが、ランドスケープとして配置されているアクタ類です。この「Landscape」内にあるすべてのアクタを選択してください。そして詳細パネルから、「ランドスケープマテリアル」を好みのものに変更します。これで、選択され

たすべての区画の地表が変更されます。

なお、本書サンプルでは「M_Ground_Grass」というマテリアルを使いました。これは標準で用意されている草原のマテリアルです。

図7-11 「Landscape」にあるアクタをすべて選択し、ランドスケープマテリアルを設定する。

実行して表示を確認

変更したら、実際にレベルを実行して表示を確認しましょう。無機質なチェック模様だったときよりも、だいぶ自然な世界に近い雰囲気に変わりましたね。実際に遊べるゲームづくりには、これに必要なものをいろいろと足していけばいいでしょう。

図7-12 レベルを実行する。より自然な風景に変わった。

植物を植えよう

自然な世界を表現する場合、地表だけでなく他にも必要となるものはいろいろとあります。中でも重要なのが「植生」でしょう。さまざまな木や植物が植えてあれば、それだけでより自然な雰囲気になります。

植物については、Unreal Engineには「フォリッジ」ツールという専用のツールが用意されています。これを利用することで、簡単に植物を配置することができます。

　ただし、そのためには「植物のデータ」が必要になります。植物のスタティックメッシュや、それに割り当てるマテリアルといったものですね。これは自分で作ることもできますが、簡単に済ませるには「Megascans」を利用するのが一番でしょう。Megascansのデータは、「Quixel Bridge」を使って簡単にインポートできました。

Quixel Bridgeを開く

　では、ツールバーの「追加」アイコンから「Quixel Bridge」メニューを選び、Quixel Bridgeのウィンドウを開いてください。

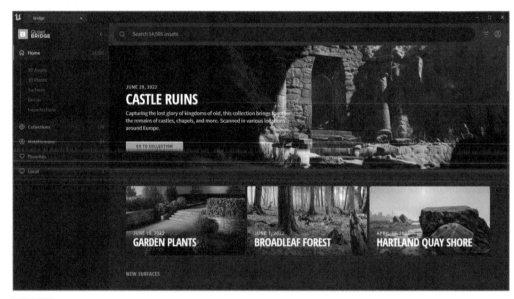

図7-13 Quixel Bridgeのウィンドウを開く。

3D Plantsを開く

　植物のデータは、左側にあるリストから「3D Plants」という項目を選ぶとそこにまとめられています。ここに、植物の種類ごとにさまざまな項目が用意されています。この中から使いたいものを選びます。

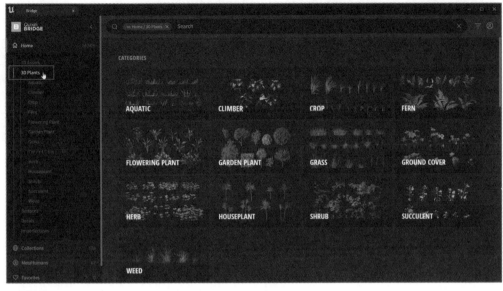

図7-14 「3D Plants」を選択すると植物の種類が表示される。

BOXWOOD を利用する

今回は、「Shrub」という項目にある「BOXWOOD」を使ってみましょう。これを選択し、右側にあるパネル下部の「Download」ボタンをクリックします。これでダウンロードが開始されます。

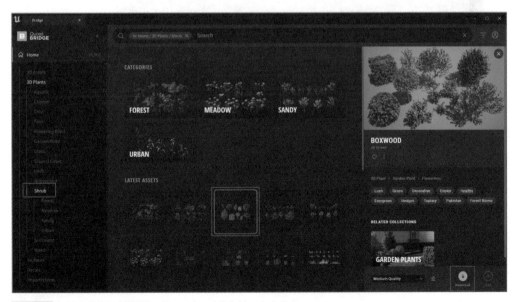

図7-15 BOXWOODを選択し、Downloadをクリックする。

ダウンロードしたらAddする

ダウンロードが完了すると、Downloadボタンにチェックマークが表示され、右側の「Add」ボタンが利用可能になります。この「Add」をクリックすると、プロジェクトにBOXWOODが追加されます。

図7-16 ダウンロード完了したら「Add」ボタンでプロジェクトに追加する。

コンテンツブラウザで確認

インストールが完了すると、コンテンツブラウザというウィンドウが開きます。これは、いつも使っているコンテンツドロワーのパネルを切り離したウィンドウです。ここでコンテンツ内の「Megascans」フォルダー内に「3D_Plants」というフォルダーが追加され、その中に「Boxwood_xxx（xxxは任意の文字列）」といった名前のフォルダーが作成されているのがわかります。

このフォルダーの中に、スタティックメッシュやマテリアル、ノリッジのデータファイルなどが保管されています。このフォルダーが、インストールしたBOXWOODの本体といっていいでしょう。

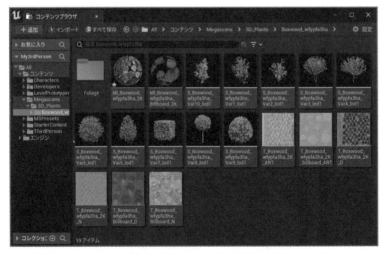

図7-17 コンテンツ内にBOXWOODのファイル類が保管されている。

フォリッジツールを開く

では、植物を植えるフォリッジツールを使ってみましょう。これはツールバーの保存アイコン右側にある「選択モード」と表示されたモード選択ボタンで開きます。これをクリックし、プルダウンして現れたメニューから「フォリッジ」を選んでください。

図7-18 モード選択のボタンで「フォリッジ」を選ぶ。

フォリッジツールについて

フォリッジツールは、先に利用したランドスケープツールなどと似た作りになっています。上部に各種の操作を選択するボタンが並び、そこで操作を選択すると、その下に必要な設定が現れるようになっています。

まず最初に、左端にある「選択」ボタンをクリックして選びましょう。すると下に、利用可能なフォリッジが並んで表示されます。フォリッジというのは、「ツールで配置する植物の設定データ」と考えていいでしょう。フォリッジには使用するスタティックメッシュ、作成する植物に関する細かな設定などがまとめられています。それらの情報を元に、フォリッジツールで植物を作成します。

図7-19 フォリッジツールの「選択」を選ぶと、BOXWOODに用意されているフォリッジが表示される。

デフォルトで用意されているフォリッジは、先ほどインポートしたBOXWOODに用意されているものです。Megascansの3D Plantsは、インストールするとすぐにフォリッジツールを使って植物として配置できるようになっているのですね！

フォリッジのメッシュ設定

では、用意されているフォリッジからどれでもいいので1つをクリックし選択してみてください。その下に、選んだフォリッジの細かな設定が現れます。

まず最初にあるのは「メッシュ」の設定です。これは、このフォリッジで使用するスタティックメッシュを指定するものです。BOXWOODに用意されているフォリッジは、すべて最初から設定がされていますが、自分でフォリッジを作成する場合は、「フォリッジ」ボタンで新しいフォリッジを作成後、まずメッシュにある「Mesh」で使用するスタティックメッシュを選択する必要があります。ここで選んだスタティックメッシュが、そのまま植物として配置されていくのです。

図7-20 「メッシュ」で植物のスタティックメッシュを指定する。

「ペインティング」設定

メッシュの下には「ペインティング」という設定が用意されています。これはフォリッジツールの「ペイント」を使って植物を描いていく（？）際の設定です。フォリッジツールのペイとは、マウスでドラッグすることで、そのエリアに植物を配置していきます。その際に用いられる設定です。

図7-21 「ペインティング」には植物をペイントする際の設定がまとめてある。

Density/1Kuu	これは植物を配布する密度を指定するものです。1000x1000の領域にいくつの植物を配置するかを指定します。
半径	配置する植物の境界の半径です。この半径内には別の植物は配置されません。
Scaling	植物の拡大縮小の際の設定を行います。デフォルトでは「Uniform」が選択されており、縦横高さを等倍に拡大縮小します。他、それぞれの倍率を指定したり、特定の軸のみ拡大縮小するモードが用意されています。
Scale X 〜 Z	拡大率を指定します。Scalingで選択したモードに応じて必要な項目が用意されます。

このペインティングの後にも多数の設定が用意されていますが、とりあえずペンディングだけ設定すれば、すぐにでも植物を描画できます。

🎮 「ペイント」ツールについて

フォリッジツールの上部にはいくつものボタンが並んでいますが、これらの中で実際に植物を配置するのに使われるものは以下のものになります。

ペイント	マウスで描くようにして配置します。
単一	クリックした場所に1つずつ配置します。
塗りつぶし	指定のレイヤーにすべて配置します。

この内、「塗りつぶし」はあらかじめレイヤーを用意しておく必要があるため、すぐに使えるわけではありません。どんなところでもいつでも使えるのは「単一」と「ペイント」と考えていいでしょう。

単一は1つ1つ配置するものなので、これはあらかじめ特定の場所に配置するようなときや、ペイントで塗りつぶした後の微調整に用いるものと考えていいでしょう。広い範囲に植物を配置していくのは「ペイント」で行います。

「ペイント」を選ぶと、その下に「ブラシのオプション」が表示されます。ここで、描画に使うブラシの設定を行います。

ブラシサイズ	ブラシの大きさ。大きくするほど大きなブラシになり、一度に広いエリアに描けます。
ペイントの密度	どのぐらいの密度で描くか。先にDensity/1Kuuで配置する密度を指定しましたが、1.0ではその密度で配置します。この値を変更することで、もっと密にしたり粗にしたりできます。
消去密度	「ペイント」では、Shiftキーを押しながらドラッグすると描いた植物を消していけます。これは、その際の消去する密度の指定です。ゼロにするとドラッグしたエリアの植物を完全に消去します。

とりあえず、ブラシサイズで描く大きさを、ペイントの密度でどのぐらい細かく配置するかを指定します。この2つは、描く前に必ず設定を確認しましょう。

図7-22 「ペイント」の設定。

フォリッジの選択

　ペイントで描くときは、「どのフォリッジを使うか」を指定する必要があります。これは、ただ単に「フォリッジ」の設定にあるフォリッジをクリックして選択するだけではないので注意が必要です。

　「フォリッジ」のところに表示されているフォリッジのアイコンは、いずれも少し暗い色で表示されています。この中から使いたいアイコンをダブルク

図7-23 フォリッジは複数を選択できる。

リックするか、マウスポインタを上に移動すると表示される左上のチェックをONにすると、そのフォリッジの色が明るく変わります。これが「選択された状態」です。

　ペイントでは、複数のフォリッジを組み合わせて描くことができます。各フォリッジをダブルクリックして、描画に使うものをすべて選択状態にしてから描画を行うのです。選択されたフォリッジは、再びダブルクリックすれば非選択の状態に戻せます。

ⓤ フォリッジを描画する

では、ブラシサイズとペイントの密度を適当に調整し、使用するフォリッジを選択状態にして、画面をドラッグします。これでフォリッジが配置されます。

最初は、ペイントの密度は小さく設定して試したほうがいいでしょう。0.01ぐらいにして、ブラシサイズを大きく（1000以上）設定してください。また、動かすキャラクタと大きさを合わせるため、使用するフォリッジのスケーリングは数倍程度に大きくしておくとよいでしょう。

図7-24 ビューポート内をドラッグしてフォリッジを配置する。

実行して表示を確認

適当に描いたら、実際にレベルを実行して表示を確認しましょう。キャラクタを動かしてフォリッジを配置した中を移動していくと、どんな感じに植物が配置されているのかがよくわかります。

思った通りのイメージで植物を配置できるようになるには、フォリッジの選択、スケーリング、密度といったものを細かく調整する必要があります。一度ドラッグして描

図7-25 作成されたフォリッジの中を動き回る。ちょっとした公園のような感じに作れた。

いたら実行してその中を動き回り、「ちょっと違う」と思ったならアンドゥすれば配置した植物を消せます。そうやって何度も試しながら最適な状態を探っていきましょう。

⑪ キャラクタの生成について

　レベルでは、実行すると自動的にキャラクタが作成され配置されます。これは、レベル開始時に自動的に指定されたキャラクタが生成されるように設定されているからです。

　この設定は、「ゲームモード」によって行われます。ゲームモード、以前ちらっと使ってみたことがありますが、覚えていますか？

　ゲームモードは、先にChapter-5で実際にゲームモードのアセットを作成して使ってみました（5-2「ゲームモードとワールドセッティング」）。このときに、ゲームモードというのがどういうものか簡単に説明をしましたね。

　ゲームモードは、ゲームのルールセットを定義するものです。プレイヤーがどのようにゲームに入り込むのか、どうやってプレイヤーをコントロールするのか、ゲームの設定情報はどこで管理するのか。そういったゲームの基本的なルールを設定するものです。

　これはプロジェクトでデフォルトの値を設定する他、レベルごとにワールドセッティングで設定を変更できました。実際に、ワールドセッティングを開いて「Game Mode」という項目にどのようなものが用意されているか見てみましょう。

ゲームモードオーバーライド	ゲームモードを上書き設定するためのものです。ここでゲームモードのアセットを選択すると、このレベルでのゲームモード設定がそのアセットに変更されます。
Default Pawn Class	ポーン（プレイヤーが操作可能なアクタ）として使うクラスを指定します。
HUD Class	HUD（Head Up Display）として使うクラスを指定します。
Player ControllerClass	プレイヤーの操作を定義するクラスを指定します。
Game State Class	ゲームの設定情報を管理するクラスを指定します。
Player State Class	プレイヤーの設定情報を管理するクラスを指定します。
Spectator Class	観戦中にプレイヤー用に使うポーンのクラスを指定します。

　初期状態では、ゲームモードオーバーライドは「None」になっており、すべての設定は変更不可になっています。ゲームモードオーバーライドで指定したアセットに上書きすると、その他の細かな設定が変更できるようになるのです。上書きしていないと設定は変更できません。

図7-26 ワールドセッティングに用意されているゲームモードの設定。

ポーンをNoneにする

では、ゲームの開始について、自分で設定をしてみましょう。まず、標準で自動生成されるポーンを取り外します。

ワールドセッティングで、ゲームモードオーバーライドの値を「BP_ThirdPersonGameMode」に変更します。これは、サードパーソンに標準で用意されているゲームモードのアセットです。これを設定することで、ゲームモードの設定が変更できるようになります。プロジェ

図7-27 ゲームモードオーバーライドを変更し、Default Pawn ClassをNoneにする。

クトで指定しているのと同じゲームモードアセットですが、このように「同じアセットに上書きする」ということもできるんですね。

これで、「選択したゲームモード」にある諸設定が変更可能になります。では、「Default Pawn Class」の値を「None」に変更してください。これでポーンがNoneになり、レベル開始時にポーンを自動生成しなくなります。

動作を確認しよう

変更したら実際にレベルを実行してみてください。3Dシーンがビューポートに表示されますが、キャラクタは表示されません。そしてマウスやキーを使っても全く表示が移動しなくなります。ポーンが作成されなくなったため、デフォルト状態のまま何も動かなくなっているのです。

実際に試してみるとわかりますが、3Dの表示は上半分に地形や植物などが表示さ

図7-28 実行すると上半分に地上の様子が、下半分にはただの青い空間が表示される。

れ、下半分にはただ青く塗りつぶされた表示だけがされるようになります。これは、カメラの視点が地表と同じゼロ地点にあるためです。ポーンがないため、実行時のカメラ視点は縦横高さすべてゼロの場所におかれます。そして地表と同じ高さであるため、上半分には地表の様子が、下半分には地表の下（つまり何もない空間）が表示されていた、というわけです。

🎮 カメラアクタを用意

とりあえず、ゲームを開始したときに
地上の様子が見える場所にカメラが来る
ようにしましょう。ツールバーの「追加」
ボタンから「CameraActor」を選んで
カメラを追加してください。

図7-29 「追加」ボタンから「CameraActor」を選ぶ。

位置とAuto Activate to Playerを設定

配置したカメラアクタを選択し、詳細パネルで設定を行います。位置は見やすい位置にな
るよう適当に調整しておきましょう。また、「Auto Activate to Player」を「Player0」に
変更するのを忘れないでください。これでPlayer0のプレイヤーの視点としてこのカメラが
使われるようになります。

図7-30 配置したカメラアクタの位置とAuto Activate to Playerを設定する。

実行して表示を確認

カメラが用意できたら、実行して表示を確認しましょう。今度は、配置したカメラの目線で表示がされるようになります。プレイヤーの視点の設定は、これでできました。

図7-31 設置したカメラから見た表示がされるようになる。

⑪ スタート地点を指定する

続いて、ゲームの開始地点を調整しましょう。開始地点とは、「プレイヤーのキャラクタがどこに配置されるか」です。

これは、「Player Start」というアクタを使って設定できます。ツールバーの「追加」ボタンから、「Player Start]」という項目を探して選択しましょう。これが、プレイヤーのスタート地点を指定するためのものです。

図7-32 「Player Start」を配置する。

位置を調整する

Player Startができたら、詳細パネルから位置を調整しましょう。これは、先ほど追加したカメラアクタから表示される位置にしておきます。後でキャラクタをスポーン設定したとき、カメラに映っていないと操作もできませんからね。

図7-33 配置したPlayer Startの位置を調整する。

Default Pawn Classを変更する

このPlayer Startは、ポーンが出現する場所を指定します。ではワールドセッティングで、Default Pawn Classを設定しましょう。今回は「TutorialCharacter」を選んでみます。これはChapter-5でキャラクタのアニメーションについて説明する際に使いましたね。サンプルで用意されているキャラクタです。

図7-34 Default Pawn Classを変更する。

実行して表示を確認

では、実行して表示を確認しましょう。実行すると、Player Startがあった場所にTutorialCharacterのキャラクタが作成されます。このキャラクタには操作の機能は全くないので、ただ表示されるだけです。が、Default Pawn ClassのキャラクタがPlayer Startの場所に配置される、という基本的な仕組みはこれでよくわかるでしょう。

図7-35 Player Startの場所にキャラクタが作成される。

再びBP_ThirdPersonCharacter をポーンにする

では、Default Pawn Classの値を「BP_ThirdPersonCharacter」に変更してください。これがBP_ThirdPersonGameModeのゲームモードでデフォルト設定されているポーンです。これで実行すると、Player Startの地点にサードパーソンのキャラクタが配置されます。これはマウスやキーボードで操作し動かすことができます。

図7-36 デフォルトのBP_ThirdPersonGameMode で Default Pawn Classを変更する。いつものキャラクタが表示されるようになった。

これで、ゲームモードとポーン、そしてPlayer Startの関係がよくわかったことでしょう。これらを組み合わせることで、ゲームをどのように開始するかを設定できるのですね！

マーケットプレイスのプロジェクト

　標準で用意されているテンプレートプロジェクトを使ってレベルを作成していく方法はだいぶわかってきました。では、先に進む前に、「マーケットプレイスで配布されているプロジェクト」についても触れておきましょう。

　テンプレート的に利用できるプロジェクトというのは、新規プロジェクトのテンプレートしかないわけではありません。マーケットプレイスでも、テンプレートとして使えるプロジェクトは配布されています。こうしたものを利用することで、より本格的なゲームのプロジェクトを作成することもできます。

　先にChapter-2で「Stack O Bot」というプロジェクトを利用してみましたね。あれも、そうしたプロジェクトの1つです。ただStack O Botは非常に完成度が高く、自分でゲームを作っていくにはちょっと複雑過ぎたかも知れません。もっとシンプルに、操作するキャラクタだけが用意されているようなプロジェクトのほうが、自分なりのゲームを作る土台としては適しているでしょう。

ウィンドウォーカーエコーについて

　今回は、「ウィンドウォーカーエコー」というプロジェクトを利用してみることにしましょう。これは、「古代の谷」というプロジェクトで登場したキャラクタを単体で使えるようにしたものです。

　Epic Games Launcherを起動し、マーケットプレイスで「ウィンドウォーカーエコー」を検索してください。これはEpic Gamesが提供する

図7-37 ウィンドウォーカーエコーを検索し、「無料」ボタンを押して入手する。

るフリー素材です。製品が見つかったら、「無料」ボタンをクリックして取得しましょう。

プロジェクトを作成する

　取得できたら、「プロジェクトを作成する」ボタンをクリックしてプロジェクトを作ります。画面にプロジェクト名と保存場所を指定する表示が現れるので、適当に名前を指定して作成してください。ここではデフォルトの「ウィンドウォーカーエコー」のまま作成することにします。

　プロジェクトの作成が完了すると、マイプロジェクトに追加され、いつでも起動できるようになります。

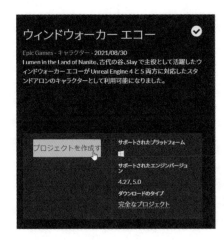
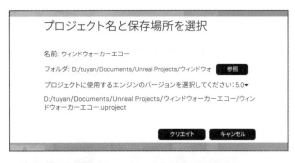

図7-38 「プロジェクトを作成する」ボタンをクリックし、名前と保存場所を指定する。これでマイプロジェクトにプロジェクトが追加される。

ウィンドウォーカーエコーを利用する

　では、作成されたウィンドウォーカーエコーのプロジェクトを開いてみましょう。このプロジェクトでは、デフォルトで地面とシンプルな障害物と、ウィンドウォーカーエコーのキャラクタが用意されています。キャラクタがあるだけのシンプルなレベルなので、自分なりにカスタマイズするのも容易でしょう。

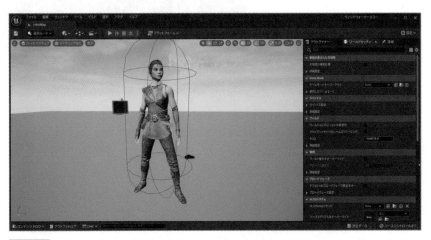

図7-39 ウィンドウォーカーエコーのデフォルトで用意されているレベル。

動かしてみよう

では、実際にレベルを実行してキャラクタを操作してみましょう。キャラクタの操作は、先ほどのサードパーソンのキャラクタと同じです。マウスでカメラ視点を動かし、キーボードで前後左右に動かします。

図7-40 キャラクタはマウスとキーボードで動かせる。

新しいレベルを作る

では、このプロジェクトでも新しいレベルを作ってみましょう。「ファイル」メニューの「新規レベル」を選び、現れた新規レベルのテンプレート選択画面から「Open World」を選んで作成をします。

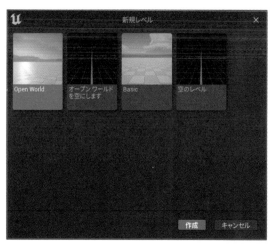

図7-41 Open Worldのレベルを作成する。

Open Worldレベルの設定

　新しいOpen Worldのレベルが作成されます。これをベースに、自分なりにカスタマイズしてオリジナルの世界を作成します。

図7-42 作成されたOpen Worldレベル。

Open Worldの表示を確認

　作成されたOpen Worldのレベルを実行してみましょう。すると、ウィンドウォーカーエコーのキャラクタが作成されます。これはつまり、ゲームモードでデフォルトのポーンにウィンドウォーカーエコーのキャラクタが設定されていることを示します。新しいレベルを作っただけで、自動的にキャラクタが配置され動かせるようになっているのですね！

図7-43 実行するとキャラクタが自動的に現れ操作できるようになる。

　ゲームモードとポーンの関係については、先ほど説明しました。テンプレートプロジェクトでも、マーケットプレイスでダウンロードしたプロジェクトでも、ゲームモードの使い方は同じです。

レベルをカスタマイズする

作成したレベルを必要に応じてカスタマイズしましょう。まずは、先ほどサードパーソンのプロジェクトでやったのと同じように、ランドスケープのマテリアルを変更しましょう。なお、マテリアルは、サードパーソンと同じものは用意されていません。既にあるものの中から選ぶか、自分で新たに作成するかしましょう。

図7-44 地表にマテリアルを設定する。

Column

マテリアルとテクスチャを移植する

先にMyProjectで使った草原のマテリアルなどは、ウィンドウウォーカーエコーのプロジェクトには用意されていません。これは、スターターコンテンツがないためです。MyProjectのフォルダーを開き、「Content」フォルダーの中を見ると、「StarterContent」というフォルダーが見つかります。これが、StarterContentのフォルダーです。これをコピーし、ウィンドウウォーカーエコーのプロジェクトの「Content」フォルダー内にコピーすれば、MyProjectで利用したマテリアルなどがすべて使えるようになります。

フォリッジを描画する

続いて、フォリッジツールを使って植物を配置しましょう。手順はサードパーソンのときと同じです。まず、Quixel Bridgeを使って3D Plantのデータをインストールし、ツールバーの編集モードの切り替えメニューで「フォリッジ」に表示を切り替えてフォリッジを描画します。

図7-45 フォリッジを配置したところ。これはBlack Locustという3D Plantを5〜10倍に拡大して配置したもの。

実行して表示を確認

ある程度レベルのカスタマイズができたら、実際に動かしてみましょう。ウィンドウォーカーエコーのキャラクタがOpen Worldの世界を歩き回るのはなかなか面白い光景です。こんなに簡単に、本格的なキャラクタを使ったレベルが作成できてしまうんですね！

図7-46 実行すると、ウィンドウォーカーエコーのキャラクタがOpen Worldの世界を歩き回る。

これで、サードパーソンとウィンドウォーカーエコーのプロジェクトでオリジナルのレベルが用意できました。後は、これらにさまざまな仕組みを作成してゲームらしいものに作り上げていけばいいのです。どちらのプロジェクトでも、開発の進め方は基本的に同じです。これ以後は、自分が使いたいプロジェクトのレベルで作業を進めていきましょう。

物理エンジンでアクタを動かす

物理エンジンとは？

　ここまで、アクタをいろいろと操作してきましたが、実は重要な「動かし方」について触れていませんでした。それは「物理エンジンによる動き」です。

　3Dの世界で「物を動かす」というとき、私たちはどうしてもつい「アニメーション」などの機能を思い浮かべてしまいますが、しかしそうした人工的な動きがすべてではありません。もっと自然な「動き」もあります。それは「物理的な力」による動きです。

　例えば、私たちが住む世界では、物を持ち上げて離せば下に落ちます。これは、別に「下に移動するアニメーションが設定されている」というわけではなくて、重力の影響のためです。

　あるいは、ある物が別のものにぶつかると、跳ね返ったりします。ぶつけられた物も吹っ飛んでいきます。これらは「作用反作用」という物理的な力によるものですね。また投げたボールが遠くまで飛んでいくのは「慣性の法則」でしょう。私たちの暮らしは、こうした物理的な法則に支配されています。それにより、さまざまなものが動いているのです。

　こうした「物理的な影響による動き」を、3Dの世界でも実現できないか？ということで考えだされたのが「物理エンジン」です。

　物理エンジンは、3D空間にある物体に、物理的な力を与えます。これにより、上にあるものは下に落ち、他のものにぶつかれば跳ね返るようになります。

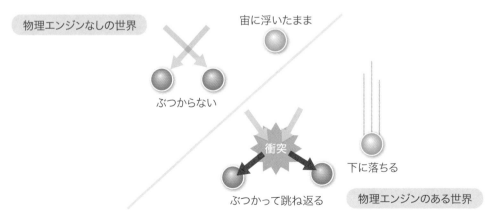

図7-47 3D空間にある物体は、そのままでは空中にあってもそのままだし、接触してもぶつからない。物理エンジンを組み込むことで、重力や作用反作用といった力が働くようになる。

球アクタを配置する

では、実際にアクタを配置して、物理エンジンを使ってみることにしましょう。ここでは球のアクタを1つ配置してみます。ツールバーの「追加」ボタンから「形状」にある「Sphere」を選び、レベル内に球のアクタを1つ追加してください。作成したら、マテリアルを適当に設定しておきましょう。

図7-48 球のアクタを1つ作成しマテリアルを設定する。

プレビューで確認！

レンダリングが完了すると、プレビューにマテリアルを設定した状態が表示されます。レンダリングが正常に完了するまで少し時間がかかります。

図7-49 プレビューでレンダリングした状態を確認する。

物理エンジンの設定

では、物理エンジンを設定することにしましょう。物理エンジンは、アクタの詳細パネルにある「物理」というボタンをクリックすると設定が現れます。この「物理」に用意されている設定は、更に「物理」と「コリジョン」という項目に分かれています。

「物理」に用意されているのは、そのアクタに関する物理的な情報の設定です。主な項目をまとめると以下のようになります。

Simulate Physics	物理エンジンを有効にするかどうかを指定します。
Mass	チェックをONにすると、アクタの質量を数値で設定できます。
Linear Dumping	平行移動の力を削減する抵抗の力を指定します。例えば空気抵抗をイメージすればいいでしょう。
Angular Dumping	回転の力を削減する抵抗の力を指定します。摩擦力をイメージすればいいでしょう。
Enable Gravity	重力を有効にするかどうかを指定します。

この他にも多数の設定がありますが、とりあえず上記のものだけ理解し設定できれば、物理エンジンは使えるようになります。最低でも「Simulate PhysicsとEnable GravityをONにすれば、重力で下に落下し、力を加えると転がったりするようになる」ということだけは覚えておきましょう。後のMassやDumping関係はデフォルトのままでも問題はありません。

図7-50 「物理」の設定。Simulate PhysicsとEnable GravityをONにすれば、重力で下に落ちるようになる。

コリジョンについて

コリジョンというのは、アクタに「物体としての境界」を与えるためのものです。Unreal Engineのレベルに表示されているアクタは、どんなものもすべて「物体」として存在しているわけではありません。ただ、3Dの表示があるだけで、物ではないのです。ですから衝突してもぶつかりませんし、重さもありません。ただ「見た目だけ」なのです。

そこで、これに「物」としての性質を与えるために用意されたのがコリジョンです。コリジョンは、目に見えない膜のような存在です。アクタの形状に合わせて、このコリジョンの膜で全体を覆うのです。

　コリジョンは物体としての性質をアクタに与えます。コリジョンにぶつかれば跳ね返るようになるのです。また他のアクタと衝突を検知し、プログラムなどを実行したりすることもできます。

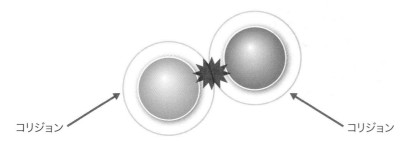

コリジョン　　　　　　　　　　　　　　　　　　　　　　　　　　　　コリジョン

図7-51 コリジョンによりアクタは衝突したりできるようになる。

コリジョンの設定

　このコリジョンの設定を行うのが、詳細パネルの「物理」にある「コリジョン」です。これも多数の設定が用意されているので、重要なものだけまとめておきましょう。

Generate Overlap Events	オーバーラップ（アクタが重なりあうこと）のイベントを有効にするかどうかを指定します。
Can Character Step Up On	キャラクタがこの上を歩けるかどうかを指定します。
コリジョンプリセット	コリジョンの基本設定を指定するものです。デフォルトでは「PhysicsActor」というものが設定されています。
Simulation Generates Hit Events	アクタが衝突したときのHitイベントを発生させるかを指定します。
Phys Material Override	物理マテリアルをオーバーライド設定するためのものです。

　これらの中でも特に重要なのが「Generate Overlap Event」と「Simulation Generates Hit Events」でしょう。これらは、アクタが接触したときのイベントに関する設定です。これらを設定しないと、ぶつかったときのイベントが発生せず処理が行えません。
　Generate Overlap Eventsは、接触したときのイベント全般を指定するもので、接触イベントを使うときは必ずこれをONにします。そしてSimulation Generates Hit Eventsは衝突時にHitイベントというのを発生させます。これは何かにぶつかったときに一度だけ発生するイベントです。これもGenerate Overlap EventsがONでないと発生しないので注意してください。

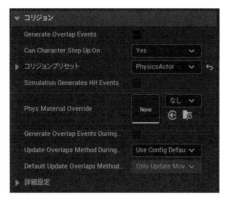

図7-52 コリジョンの設定。イベント関係の設定はしっかり理解しておきたい。

Column

物理マテリアルについて

コリジョンの設定で「物理マテリアル」というものが出てきました。これは物理的な細かな設定を行うためのものです。

例えば、ものが落下すると跳ね返りますが、これはバレーボールのボールとボーリングのボールでは全く違ってきますね。これは、それぞれの素材に応じて違ってきます。こうしたより細かな物理的な設定情報を作成したのが物理マテリアルです。

ここで使われているOpen Worldのランドスケープやキャラクタなどはデフォルトで物理マテリアルが用意されており設定されているので特に設定は必要ありません。また新たに作成したアクタも、物理マテリアルを設定しなくとも問題なく物理エンジンの機能は利用できます。

物理マテリアルは、「デフォルトの状態では違和感があるので細かく調整したい」というときに使うものと考えればいいでしょう。

可動性の設定

物理エンジンを利用するとき、もう1つ設定しておかないといけないものがあります。それは、アクタの可動性です。これはアクタの詳細パネルにあるものですが、「物理」ではなく、「一般」に用意されています。

可動性は、このスタティックメッシュが固定されたものか、動かせるものかを設定するものです。こ

図7-53 「一般」にある「可動性」は「ムーバブル」にしておく。

れは物理エンジンとは直接関係ありませんが、重要です。これが「ムーバブル」になっている（つまり、動かせる）と、重力で動きます。「スタティック」だと（つまり固定だと）、いくら重力があっても動かないのです。

というわけで、配置したSphereの可動性を「ムーバブル」にしておきましょう。これで物理エンジンの力で動くようになります。

① プレイして動作をチェック!

では、実際に動作を確認し
てみましょう。実行すると、
配置した球が床に落ちてか
すかにバウンドします。また
キャラクタを操作して球に
ぶつかると転がってきます。
ちゃんと物理的な力が働いて
いることがわかりますね。

図7-54 球は地面に落ちてくる。キャラクタがぶつかると転がっていく。

① 物理エンジンで動かすには?

では、物理エンジンを適用した場合のアクタの操作はどのようになるのでしょうか。

ここまでの説明で、アクタの移動はある程度できるようになりました。しかし、注意した
いのは「これらは、物理エンジンを使わない場合の移動である」という点です。物理エンジ
ンを使った場合、こうしたやり方はしないのです。

物理エンジンは、現実の世界の物理現象を再現するためのものです。ここまで使ったやり
方は、いわば「アクタを別の地点に瞬間移動する」というやり方です。

現実の世界をシミュレートする物理エンジンを使う場合は、やっぱり現実の世界と同じよ
うな動かし方をしないといけません。「その現実世界と同じやり方って?」と思った人。答
えは単純です。「押す」んですよ!

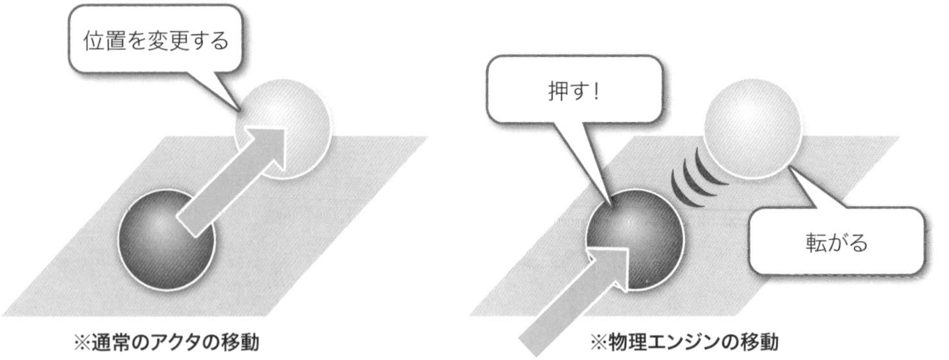

図7-55 通常のアクタは、位置を変更すれば瞬時にその場所に移動する。物理エンジンを使っている場合は、アクタを押してその位置まで移動させる。

🎮 球を押して動かす

では、実際の例として、配置している球を押して動かしてみることにしましょう。ツールバーのブループリントのアイコンから「レベルブループリントを開く」メニューを選んでレベルブループリントのエディタを呼び出してください。ここで、キャラクタに向かって球がゆっくりと転がってくるような処理を作成してみます。

これは、キャラクタと球の位置を調べ、その差を元にして球に力を加えればできます。早速ブループリントのプログラムを作成していきましょう。

「Get Actor Location」を作成

まず、球の位置の値を取得します。レベルエディタで、配置してある球（Sphere）を選択し、ブループリントエディタのグラフを右クリックして「location」と検索しましょう。すると、「Static Mesh Actor UAID ……」というような名前の項目内に「Get Actor Location」という項目が見つかります。このメニューの一番上にある「Static Mesh Actor UAID……」という項目は、選択したアクタを示すものです。この中に、選択したアクタに関する項目がまとめられているのです。

ここで使う「Get Actor Location」は、ターゲットとなるアクタの位置の値を取得するノードです。メニューを選ぶと、「Sphere」というノードに「Get Actor Location」ノードが接続された状態でグラフに追加されます。選択したノードのLocationを得る形でノードが作成されるようになっているのですね。

図7-56 「Get Actor Location」を選ぶと、選択したアクタのノードに接続される形でノードが作られる。

Player CharacterにGet Actor Locationを接続

続いて、キャラクタの位置の値を取得します。グラフを右クリックし、「character」と検索しましょう。これで「Get Player Character」という項目が見つかります。これを追加してください。

そして、先ほど使った「Get Actor Location」ノードを複製し、ターゲットにGet Player Characterをつなぎましょう。これでプレイヤーのキャラクタの位置を取得するノードができました。

図7-57 「Get Playere Character」を作成し、「Get Actor Location」のターゲットに接続する。

減算ノードで位置の差を計算する

　次は、減算（引き算）の
ノードを作成して2つの位置
の差を計算します。減算ノー
ドは、グラフを右クリック
し、「-」を検索するとすぐに
見つかります。

図7-58 減算ノードを使い、キャラクタの位置からSphereの位置を引き算する。

　追加された減算ノードの
1つ目の入力ピンに「Get
Player Character」の位置の値を、2つ目のピンにSphereの位置の値をそれぞれ接続しま
しょう。これでキャラクタの位置から球の位置を引いた、その差が得られます。この値は、
球からキャラクタへのベクトル値になります。

乗算ノードで値を10倍する

　こうして得られたベクトル値を元に力
を加えればいいのですが、これだけでは
ちょっと力が弱くて球は動かないかも知
れません。そこで、乗算（掛け算）ノード
を使い、得られた値を10倍にしましょう。

図7-59 乗算ノードを使い、減算の結果を10倍する。

　グラフを右クリックし、「*」を検索すると「乗算する」という項目が見つかります。これを
選択してノードを配置し、1つ目の入力ピンに先ほどの減算ノードの出力をつなぎます。そ
して2つ目の入力ピンには「10.0」「10.0」「10.0」と直接値を記入しておきます。

　これで、2つの位置の差を10倍した値が得られました。

🔵 Add Forceで力を加える

　後は、アクタに力を加えて動かすだけです。これは「Add Force」というノードを使いま
す。グラフを右クリックし、「add force」と入力してノードを検索しましょう。このとき、
「状況に合わせた表示」はOFFにしておいてください。これでAdd Forceという項目が2つ
見つかります。「キャラクタムーブメント」にあるAdd Forceはキャラクタを動かすものな
ので今回は使いません。もう1つの「物理」にあるAdd Forceを追加してください。

　このAdd Forceは、ターゲットに設定した対象にForceの力を加えます。物理エンジン
を使って物を動かす際の基本となるノードと考えていいでしょう。

図7-60 物理のAdd Forceノードを作成する。

Add Forceに接続する

では、配置した「Add Force」ノードに接続をしましょう。今回は全部で3つの接続を行います。

図7-61 Add Forceにノードを接続する。

- ◆1. 入力側の実行ピンに、「イベントTick」の実行ピンを接続します。「イベントTick」は、レベルプリントにデフォルトで用意されています。
- ◆2. 先ほど作成した乗算ノードの出力ピンを「Force」ピンに接続します。
- ◆3.「Sphere」をターゲットに接続します。接続すると、ターゲットのスタティックメッシュコンポーネントを取得するノードが間に自動挿入されます。

完成したプログラム

これでAdd Forceを使いSphereに力を加える処理が完成しました。全体をよくチェックし、間違いがないか確認しましょう。

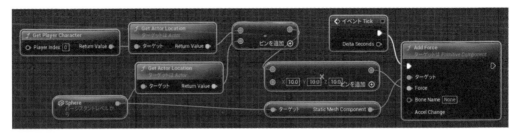

図7-62 完成したプログラム。間違いがないか確認しよう。

プレイしてみよう！

では、実際にプレイして動かしてみてください。配置した球が、キャラクタのほうにゆっくりと転がってくるのがわかります。キャラクタを動かして場所を移動しても、常にその場所に向けて近づいてくるのがわかるでしょう。

ごく簡単なものですが、Add Forceを使えばこのようにアクタに力を加えて動かせるようになります。

図7-63 球がゆっくりキャラクタに近づいてくる。

トリガーと衝突の利用

衝突判定について

次は、ゲームで必要となるアクタどうしのイベント処理について考えてみましょう。

ゲームでは、さまざまな処理がアクタの「衝突」によって実行されます。例えば、アイテムを取ったり、ダンジョンの入口に入ったり、ミサイルで敵機を破壊したり、といった操作はすべてアクタとアクタの衝突によって発生します。「衝突」という言葉がちょっと大げさなら、「接触」といってもいいでしょう。アクタが別のアクタと触れることでさまざまな処理が行われるわけです。

この衝突（接触）の処理も、もちろんブループリントで作成することができます。では、やってみましょう。Sphereとキャラクタが衝突したときの処理を作成してみます。まず、Sphereの詳細パネルから「Generate Overlap Events」と「Simulation Generates Hit Events」がONになっていることを確認しておきましょう。

図7-64 Sphereの詳細パネルでイベント用の設定がONになっているのを確認する。

On Actor Hit を追加する

では、レベルエディタでSphereを選択した状態で、レベルブループリントのグラフを右クリックしてください。メニューの上部に「Static Mesh Actor UAID ……」といった項目が2つ表示されています。これらは、選択したSphereのアクタに用意されている関数とイベントをまとめたものです。

この内の「Static Mesh Actor UAID ……のイベント」という項目（下の項目）を展開すると、「コリジョン」の中に「On Actor Hitを追加」という項目が見つかります。これを選択してください。

図7-65 Sphereを選択したままグラフを右クリックすると、選択したアクタの関数とイベントが最初に表示される。

OnActorHitノードが作成される

グラフに、「OnActorHit(Sphere)」と表示された
ノードが追加されます。これがSphereの衝突イベン
トのためのノードです。

このノードには、次の実行のための出力の他に4
つの出力項目が用意されています。ざっと整理して
おきましょう。

図7-66 OnActorHitには4種類の出力項
目が用意されている。

Self Actor	衝突した自身のアクタが得られます。
Other Actor	衝突した相手のアクタが得られます。
Normal Impulse	衝突した力を示す値です。X, Y, Zの各方向の力をまとめたVector値が得られます。
Hit	衝突に関する情報をまとめた構造体という特別な値が渡されます。とりあえず、忘れていいです。

衝突したらアクタを消す！

では、衝突したときの処理を作りましょう。今回は、ぶつかったらアクタが画面から消え
るようにしてみます。

レベルブループリントのグラフを右クリックし、「hidden」と検索をしてください。レン
ダリングというところに「Set Actor Hidden in Game」という項目が見つかります。これ
を選んでください。グラフに「Set Actor Hidden in Game」ノードが作成されます。

この「Set Actor Hidden in Game」ノードには、「New Hidden」という入力が1つだ
け用意されています。これが表示の状態を示すためのものです。このチェックをONにする
と、非表示状態になり、OFFにすると表示されたままになります。

図7-67 「Set Actor Hidden in Game」のノードを作成する。

その他のノードを作成する

　これでアクタを非表示にするためのノードができました。その他に必要となるノードを用意しましょう。以下の3つのノードを作成してください。

- ◆1.「ブランチ」。右クリックで現れるメニューで「if」と検索すると見つかります。条件に応じて処理を分岐するノードでしたね。
- ◆2.「Get Player Character」。先ほども使った、キャラクタのノードです。
- ◆3.「==」。メニューで「=」と入力すると、「等しい」項目が見つかります。これを選ぶと作成されます。

図7-68 その他に必要となるノードを用意する。

ノードを接続する

　では、接続しましょう。用意したノードを以下のように接続してください。

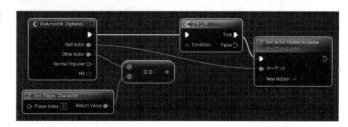

図7-69 ノードを接続をする。

●実行ピンの接続

- ◆「OnActorHit」→「ブランチ」（True）→「Set Actor Hidden in Game」

●値のピンの接続

- ◆「OnActorHit」の「Self Actor」を「Set Actor Hidden in Game」のターゲットに接続。
- ◆「OnActorHit」の「Other Actor」を「==」の1つ目の入力ピンに接続。
- ◆「Get Player Character」の「Return Value」を「==」の2つ目の入力ピンに接続。
- ◆「==」を「ブランチ」の「Condition」に接続。

●ノードの設定

- ◆「OnActorHit」の「New Hidden」をONにする。

　ここでは、SphereにOnActorHitのイベントが発生すると、Set Actor Hidden in Gameでアクタを非表示にします。ただし、ただ「イベントが発生したら非表示にする」だ

と、スタートしてすぐにSphereは消えてしまいます。なぜなら、最初にSphereが落下して地面にぶつかったときに、このイベントが発生するからです。従って、「ぶつかった相手がキャラクタのときだけ非表示にする」ようにしないといけません。

そこで「ブランチ」を使い、イベントでぶつかった相手（Other Actor）がキャラクタと等しい場合にのみSet Actor Hidden in Gameを実行するようにしています。

プレイして確認！

では、プレイして動作を確認しましょう。キャラクタを操作し、Sphereにぶつけてみましょう。すると、ぶつかった瞬間にSphereが画面から消えます。

これは表示が消えるだけで、物としてはちゃんと存在しています。削除とは違うのですね！

（※現状では、プレイ時に「AddForceを指定する場合……」という警告が表示されるかも知れません。これは、この後のゲームオーバーの処理まで全て完成すれば消えるはずなので今は気にしないで下さい。）

図7-70 Sphereにぶつかると、画面から消えてしまう。

存在を「消す」にはコリジョンを消す！

これで「衝突すると消える」という処理ができました。でも、ちょっと不満が残りますね。見えないだけで、アクタは存在していてぶつかるんですから。どうせなら、見えないだけでなく、ぶつかりもせず、存在しないように変えたいところです。

これは「コリジョン」を操作することでできるようになります。そもそも3D世界では、「物としてぶつかる」というのはコリジョンによって実現するものでした。ですから、コリジョンを使用不可にすれば、そこに存在しないも同然になるのです。

コリジョンのノードを作成する

　では、レベルエディタでSphereを選択したまま、ブループリントエディタのグラフを右クリックしてメニューを呼び出しましょう。そして、メニュー上部にある「Static Mesh Actor UAID ……」内の「コリジョン」内にある「Set Actor Enable Collision」というメニューを選んでください。グラフに「Set Actor Enable Collision」ノードが作成されます。

　ターゲットには「Sphere」が接続済みの状態で作られるでしょう。選択したアクタのノードが最初から用意されるようになっているのですね。今回はこれは使わないので、「Sphere」ノードは削除しておきましょう。

図7-71「Set Actor Enable Collision」メニューを選んでノードを作成する。

「Set Actor Enable Collision」ノードに接続する

　Set Actor Enable Collisionノードには「New Actor Enable Collision」という入力項目が1つだけ用意されています。これが、コリジョンの状態を設定するため

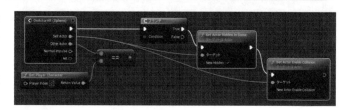

図7-72 ノードを接続して完成だ。

のものです。これがONならコリジョンは使える状態となり、OFFにすると利用不可な状態（つまり、ぶつからなくなる）となります。

　では、ノードの接続を行いましょう。先ほどの「Set Actor Hidden in Game」ノードの実行ピンを「Set Actor Enable Collision」の実行ピンにつなぎます。そして「OnActorHit」イベントの「Self Actor」を「Set Actor Enable Collision」のターゲットにつなぎます。

　「New Actor Enable Collision」の入力ピンの値は、OFFにしておきましょう。これでコリジョンが使用不可な状態になります。

では、プレイして動作を確認しましょう。先ほどと同じようにキャラクタをSphereにぶつけてみてください。消えると同時に衝突もしなくなります。といっても、見えないので動作はよくわからないかも知れませんが。

オーバーラップについて

アクタの衝突イベントは、Hitイベントの他にも実はあります。それは「オーバーラップイベント」というものです。

オーバーラップというのは、アクタが重なりあうことです。アクタとアクタがぶつかったとき、衝突して跳ね返る他に、「そのまま衝突せずに重なりあって表示される」ということもできるのです。このときの「重なり合い」のイベントがオーバーラップイベントです。

例えばアイテムのアクタが表示されていて、それに触れるとアイテムを取得する、というようなとき、ぶつかるごとに跳ね返されるのはちょっと不自然ですね。こうした場合のアクタは、いわば「マーク」のようなものですから、そのまま素通りできたほうが自然です。こうした場合にオーバーラップイベントは用いられます。

このオーバーラップイベント、実は既に使っています。Chapter-6で「トリガー」というものを利用しましたね。あれもオーバーラップイベントを利用したものだったのです。トリガーは、デフォルトでオーバーラップして扱えるように（つまりアクタに触れず重なりあうように）設定されていただけです。アクタをトリガーのようにオーバーラップして使うこともちろん可能なのです。

アクタをオーバーラップに設定する

では、オーバーラップを使ってみましょう。ツールバーの「追加」ボタンをクリックし、「形状」から「Cone」を選択し、円錐（Cone）を1つ作成しましょう。位置を調整し、適当にマテリアルを設定してください。

図7-73 レベルにConeを1つ配置する。

アクタのコリジョンを設定する

では、作成したConeを選択し、詳細パネルの「コリジョン」にある項目を設定してオーバーラップイベントが使えるようにしましょう。

図7-74 詳細パネルでコリジョンの設定を行う。

Generate Overlap Events	オーバーラップのイベントを発生させるためのものでしたね。オーバーラップを使うには、必ずこれをONにしておきます。
コリジョンプリセット	オーバーラップするには、他のアクタをブロックせず、オーバーラップするように設定をしておかなければいけません。それを行うのがこの項目です。値のメニューから「Overlap All」メニューを選択しておきましょう。これですべてのアクタとオーバーラップするようになります。

これで、アクタと重なってもぶつかったりせずそのまま中を通過するようになります。そしてオーバーラップ関係のイベントで接触したときの処理が行えるようになります。

オーバーラップイベントを作成する

では、オーバーラップのイベントを作成しましょう。レベルエディタでConeを選択し、そのままレベルブループリントのグラフを右クリックしてメニューを呼び出してください。下の方の「Static Mesh Actor UAID……」という項目内の「コリジョン」内にある「OnActorBeginOverlapを追加」メニューと「OnActorEndOverlapを追加」メニューを順に選びましょう。

オーバーラップのイベントは2つあります。それぞれ以下のような働きをします。

OnActorBeginOverlap	他のアクタと接触しオーバーラップした瞬間に一度だけ発生するものです。
OnActorEndOverlap	オーバーラップしていたアクタが離れていくとき、離れる瞬間に一度だけ発生するものです。

図7-75 「Collision」メニューにあるオーバーラップ関係のイベントを追加する。

Set Actor Hidden in Game を用意する

では、これもアクタを非表示にする処理を用意
しましょう。先に使った「Set Actor Hidden in
Game」アクタを追加してください。今回は2つの
イベントでそれぞれ利用するので2つ用意しておき
ましょう。

図7-76 「Set Actor Hidden in Game」を
2つ用意する。

ノードを接続する

作成されたノードを接続しましょ
う。「OnActorBeginOverlap」
「OnActorEndOverlap」からそれぞれ
「Set Actor Hidden in Game」の実行
ピンに接続します。そして各イベントの
「Self Actor」を「Set Actor Hidden in
Game」のターゲットに接続します。

最後に「OnActorBeginOverlap」に
接続している「Set Actor Hidden in
Game」の「New Hidden」のチェック

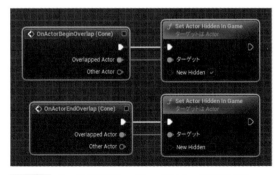

図7-77 ノードを接続し、New Hiddenを設定する。

をONに変更し、アクタを非表示にするように設定してください。これで完成です。

プレイでチェック！

完成したら、プレイして動作を確認しましょう。キャラクタを動かしてConeに触れるとその瞬間に消えてしまいます。そのまま通り過ぎてConeのあった場所を通り抜けると再びConeが表示されます。キャラクタがConeの位置にある間だけ非表示になることがわかるでしょう。

このように、アクタをトリガー的に利用することも可能です。アクタのヒットイベントと、トリガーとして使うオーバーラップイベントの使い方がわかれば、ゲームの基本的なイベント処理は作成できるようになりますよ！

図7-78 アクタがConeに触れると消え、通り過ぎると再び表示される。

ゲームっぽくSphereとConeを配置しよう

これでぶつかってくる障害物（Sphere）と、触れると消えるトリガー（Cone）ができました。これらは、いわば「もっともシンプルな敵キャラとアイテム」といっていいでしょう。これらをいくつか用意して扱えるようになれば、ゲームっぽい感じのものに少しだけ近づきますね。

実際にSphereとConeをコピー＆ペーストしていくつか配置してみます。

図7-79 SphereとConeをコピー＆ペーストして増やす。

ブループリントの処理を用意する

レベルブループリントを開き、ここまで作ったイベント処理を各アクタに設定していきます。利用したイベントは、アクタごとに用意されます。従って、ヒットイベントとオーバーラップイベントをそれぞれコピー＆ペーストしたアクタごとに作成していき、それぞれに同じ処理を追加していくことになります。ちょっと面倒ですが頑張って作りましょう。

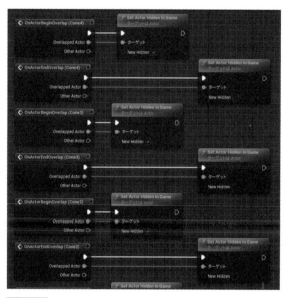

図7-80 オーバーラップイベントを各Coneごとに作成する。

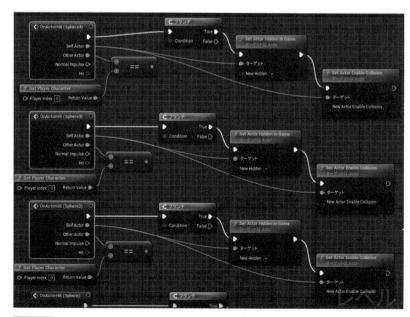

図7-81 ヒットイベントを各Sphereごとに作成する。

動作を確認しよう

　一通りできたら、実行して動作を確認しましょう。どのSphereに触れても消えるか、どのConeを通過しても触れた瞬間に消えて通り過ぎると現れるか。そのあたりの動作を確認してください。なお、まだ球が転がる処理は、増やした球のぶんはまだ作っていません。これはこの後で作成します。

図7-82 実行してすべてのConeとSphereでイベントが正しく働いているか確認する。

ゲームらしくまとめよう

(u) プログラムを関数化する

　アクタやキャラクタを配置し、動かしたりイベント処理をしたりできれば、次第にゲーム
らしいものになってきます。では、よりゲームらしくしていくにはどのようなことを考えて
いく必要があるでしょうか。そうした「ゲームらしくまとめる」ことを考えてみましょう。

　まず最初に考えるべきは、「プログラムの整理」です。先ほど、いくつかのSphereと
Coneを作成し、それぞれに処理を組み込みました。一応、どのアクタもちゃんと動くよう
になったことでしょう。けれど、1つ1つのアクタのイベントに同じ処理を作成していくと
いうのはあまりよいやり方とはいえません。例えば「Sphereにぶつかったときの処理を変
更しよう」となったとき、すべてのSphereの処理を1つ1つ変更しなければいけません。こ
れは大変ですし、間違って作成してしまう危険もありますね。

　このように「同じ処理を何度も使う」という場合は、その処理を「関数」として定義し利用
するのが一番です。

OnActionHitの処理を関数化する

　では、Sphereに触れたときのOnActionHitイベントの処理を関数にしてみましょう。レ
ベルブループリントのエディタでOnActionHitの処理を表示してください。そして接続さ
れているノードすべてを選択し、「OnActionHit」イベントだけ選択しない状態（Ctrlキー
＋クリックで個別に選択をON/OFFできます）にします。そして選択されたノードを右ク
リックし、現れたメニューから「関数に折りたたむ」を選んでください。

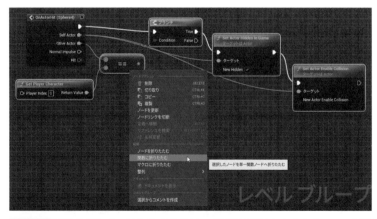

図7-83 関数化するノードをすべて選択し、「関数に折りたたむ」メニューを選ぶ。

関数が生成される

選択したノードがすべて消え、代わ
りに「New Function 0」と表示された
ノードが作られます。OnActionHitの
出力はすべてこの新しく作られたノード
に接続されます。この作成されたノード
が「関数」なのです。関数も、このように
ノードとして作成されます。

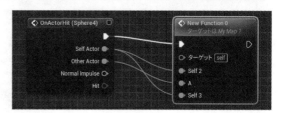

図7-84 関数ノードが作られ、OnActionHitイベントの
出力がすべてこれにつなげられる。

マイブループリントをチェック

左側にマイブループリン
トの「関数」というところ
を見てみましょう。ここに
NewFunction0という関数
が追加されているのがわかり
ます。これを右クリックして

図7-85 マイブループリントの「関数」に作った関数が追加されている。

「名前変更」メニューを選べば、関数名を変更できます。ここでは「SphereHit」という名前
にしておきましょう。

SphereHit関数を開く

では、グラフにある「SphereHit」関数のノードをダブルクリックして開いてみてくださ
い。関数の内容がグラフに表示されます。

ここでは左端に「SphereHit」というノードがあり、それに関数化した処理がつながって
いるのがわかるでしょう。関数化する前にあった処理がそのまま関数の処理として組み込ま
れているのですね。

この左端にある「SphereHit」ノードは、この関数の入口となるものです。グラフでは、
OnActionHitからSphereHitにいくつかの値が接続されていましたね。こうした「関数の
入力ピンに接続された値」が、このSphereHitノードで得られるようになっているのです。

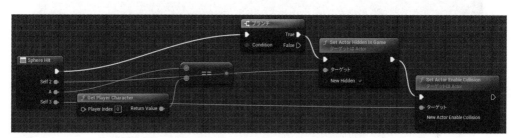

図7-86 SphereHit関数を開く。SphereHitノードで、入力した値を取り出せる。

SphereHitノードの設定

この関数入口となっているSphereHit
ノードを選択し、詳細パネルを見てみま
しょう。すると、このノードの細かな設
定が表示されます。

「グラフノード」の「名前」には関数名
が設定されています。「グラフ」には、こ
のノードに関する情報（カテゴリや説
明、キーワードの設定など）がまとめら
れています。そしてその下の「インプッ
ト」には、入力項目が定義されています。

この「インプット」の項目が、実際に

図7-87 インプットにactorとotherの2つのピンを用意する。

SphereHitノードに用意される入力ピンになります。ここでどのような値を用意するかで、
関数を呼び出す際に受け取れる値が決まります。

ここでは、以下の2つの項目をインプットに用意しましょう。

actor	値のタイプは「Actor」にしておきます。
other	値のタイプはやはり「Actor」にします。

これで、actorとotherの2つの項目が入力ピンとして用意されるようになります。

関数の処理を修正する

では、入力ピンの変更に合わせて、実行処理の接続を修正しましょう。といってもそ
う難しいものではありません。「Set Actor Hidden in Game」と「Set Actor Enable
Collision」の2つのノードのターゲットと「SphereHit」ノードの「Actor」を接続します。
またOtherの出力ピンは、「==」の1つ目の入力ピンにつなげられます。

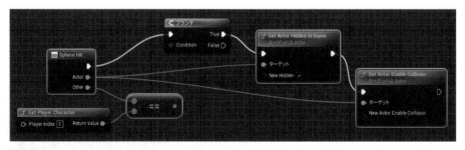

図7-88 関数の処理を完成させる。

SphereHit関数の接続を確認する

修正ができたら、グラフ左上の戻るボタン（「←」のアイコン）をクリックすると、レベルエディタを開いた元の画面に戻ります。ここで、OnActionHitとSphereHitの接続を確認しておきましょう。SphereHit関数の入力ピンが1つ減ったので、削除したピントの接続を切り、つなぎ直しておく必要があります。

図7-89 OnActionHitとSphereHitを接続し直す。

各SphereのイベントとSphereHit関数を接続する

他のSphereのOnActionHitイベントをSphereHit関数につなぎ直しましょう。イベントに接続しているノードをすべて削除し、SphereHit関数のイベントをコピー＆ペーストして増やして各イベントにつなぎ直します。

これでOnActionHitイベントの処理がだいぶすっきりと整理されました！

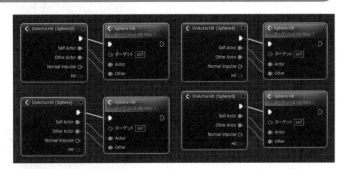

図7-90 各SphereのOnActionHitイベントとSphereHit関数ノードを接続し直す。

ⓤ オーバーラップイベントを関数化する

続いて、オーバーラップイベントを関数化しましょう。オーバーラップイベントは、「Set Actor Hidden in Game」を呼び出すだけなので関数化しなくとも問題はありませんが、今後、これらの処理を拡張していくようになると関数化したほうが管理しやすくなります。

関数を折りたたむ

では、OnActorBegin
Overlapイベントに接続され
ているノード（Set Action
Hidden in Game）を選択
し、右クリックして「関数に
折りたたむ」メニューを選ん
でください。

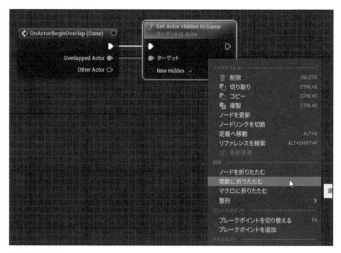

図7-91 OnActorBeginOverlapにつながるノードを選択し関数に折りたたむ。

ConeBeginOverlap関数を設定する

作成された関数ノードを
ダブルクリックして開き、
詳細パネルで関数の設定を
しましょう。名前は「Cone
Begin Overlap」としてお
きます。「インプット」には、
「actor」という名前の項目を
1つだけ用意します。これは、
値のタイプは「Actor」にし

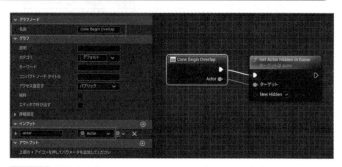

図7-92 関数名を「Cone Begin Overlap」にし、入力をactorにする。

ておきましょう。そして、このactorから「Set Actor Hidden in Game」のターゲットに
接続されるようにします。

ConeEndOverlap関数を作成する

やり方がわかったら、OnActorEndOverlapイベントの処理も同じようにして関数化しましょう。こちらは「ConeEndOverlap」という名前にしておきます。「インプット」は、先ほどと同じく「actor」という名前のActorタイプの値として用意します。

図7-93 OnActorEndOverlapの処理を「ConeEndOverlap」という関数にする。

オーバーラップイベントを関数につなぎ直す

では、各Cone用に作成したすべてのオーバーラップイベントを、作成した2つの関数につなぎ直しましょう。これでオーバーラップイベントの処理は2つの関数だけにまとめられました。

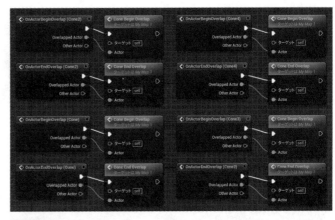

図7-94 すべてのオーバーラップイベントを2つの関数につなぎ直す。

Ⓤ Sphereを転がす処理を関数化する

最後に、「イベントTick」に作成してあったSphereをキャラクタのいるほうに転がす処理を関数化しましょう。「イベントTick」に接続されているノードの内、「イベントTick」と「Sphere」のノード以外のものをすべて選択して「関数に折りたたむ」メニューを選びます。

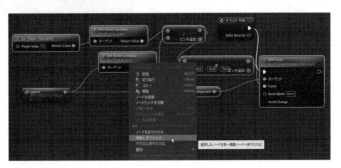

図7-95 Sphereを転がす処理を関数に折りたたむ。

SphereMove関数を設定する

作成された関数をダブルクリックして開き、名前を「SphereMove」と変更しておきます。「インプット」には「actor」という項目を1つだけ用意します。これは、値のタイプは「Static Mesh Actor」を指定します。「Actor」ではないので注意してください。

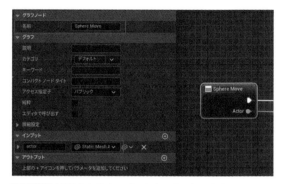

図7-96 関数名と「インプット」の項目を設定する。

SphereMoveとノードをつなぎ直す

修正した「SphereMove」ノードと、関数に用意されているノードをつなぎ直します。インプットがactor1つになったため、このactorを「Get Actor Location」と「Add Force」のターゲットにつなぎます。

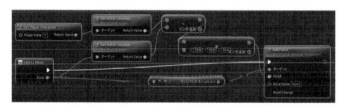

図7-97 SphereMove関数の接続を完成させる。

イベントTickにSphereMove関数をつなげる

では、Sphereを動かす処理を「イベントTick」につなぎましょう。作成したSphereの数だけ「SphereMove」関数ノードを作成し、すべてのSphere

図7-98 すべてのSphereをSphereMoveで転がすようにする。

を順に実行するようにつないでください。そしてそれぞれのactorに、転がすSphereのノードをつないでいきます。

これで、用意されたすべてのSphereがキャラクタに向けて転がっていくようになりました。

動作を確認する

では、動作を確認しましょう。配置した複数の球がキャラクタに向けて転がってくるようになります。またいくつか用意した円錐は、いずれもキャラクタが触れると消え、離れると再び表示されるようになります。問題なく動作していることを確認しましょう。

図7-99 実行して動作を確認する。すべての球がキャラクタに向けて転がってくるようになった。

HUDで表示をしよう

関数を使ってプログラムがだいぶ整理できてきました。これでいろいろな機能を組み込みやすくなりましたね。

ゲームらしい機能といえば、例えばどうやってゲームを進めるかは重要です。例えば敵キャラを破壊していくゲームなのか、アイテムを取ってクリアしていくゲームなのか、進め方を決め、それを実装する処理を考えていかないといけません。

そして、こうしたゲームを進める処理を作成するとき、同時に考えておきたいのが「表示」です。ゲームの進行をどうプレイヤーに伝えるのか。スコアを表示するのか、ゲットしたアイテム数を表示するのか。何も表示されないとゲームがどう進行しているのかわからず、プレイヤーは不安になります。

「どうゲームを進行するか」「進行をどう表示するか」——この2点をしっかりと決めなければ、ゲームのプログラムは作れないのです。

ゲームの進行と表示を決める

今回は、「敵キャラを避けながらアイテムをゲットしていく」というゲームを作ることにしましょう。「進め方」と「表示」はこんな感じになります。

●ゲームの進め方

- ◆ レベルに配置したアイテム（Cone）に触れてアイテムを集めていく。全部集めればゲームクリア。
- ◆ 敵キャラ（Sphere）はキャラクタに向けて転がってくる。これにぶつかるとゲームオーバー。

●**ゲームの表示**

◆ ゲームのスコアとして、開始してからの経過時間をリアルタイムに表示する。
◆ 進み具合を把握するため、ゲットしたアイテム数が表示されるようにする。

これらが実装できれば、とりあえず「遊べるゲームらしきもの」にはなるでしょう。では、これら1つ1つについて順に実装していくことにします。

ゲームの終了について

まず最初に考えておきたいのは、「ゲームの終了」についてです。ゲームはどうやって終わりにすればいいのでしょうか。それがわからないと、「敵キャラにぶつかるとゲームオーバー」というのもできませんね。

これには、ゲームのプレイ中かどうかを示す変数を用意しておき、その値を確認して処理を行うようにすればいいでしょう。では、実際に組み込んでみます。

ゲーム終了のためのノードを作成する

レベルブループリントのエディタを開き、マイブループリントの「変数」にある「＋」をクリックして変数を1つ作成します。名前は「KissOfDeath」、タイプは「Boolean」にしておきましょう。デフォルトの値はOFFになっているので、そのままにしておきます。また「インスタンス編集可能」は値がブループリントで変更できるかを示すものです。これはONにしておきます。

この変数KissOfDeathがONならばゲームは終了している、OFFならばまだプレイ中、と判断するようにします。

図7-100 マイブループリントで変数を1つ作成し、詳細パネルで設定する。

マクロ「Is Finished?」を作成する

続いて、この変数KissOfDeathの値をチェックするマクロを作成しましょう。「マクロ」というのは、関数のように処理を定義し、いつでも呼び出せるノードです。関数と違い、入出力のための実行ピンをいくつでも用意することができます。例えば、「ブランチ」ノードなどは、TrueとFalseという2つの実行出力ピンを持っていますね？ ああいう複数の実行ピンを用意できるのです。

図7-101 マイブループリントでマクロを1つ作成し、詳細パネルで設定する。

では、マイブループリントの「マクロ」にある「＋」をクリックして、新しいマクロを作成してください。作成するとすぐにマクロのグラフが開かれ、編集できるようになります。

作成されたマクロは、デフォルトでは「新規マクロ_0」のような名前になっています。マイブループリントでマクロを右クリックし、名前を変更しておきましょう。ここでは「Is Finished?」という名前にしておきました。

グラフには「インプット」「アウトプット」というノードが用意されています。これらは、それぞれマクロの入口と出口を示すノードです。このどちらかのノードを選択すると、詳細パネルにマクロの設定が表示されます。

図7-102 インプットとアウトプットの実行ピンを用意する。

ここで、下のほうにある「インプット」「アウトプット」のところに入力と出力のピンを用意しましょう。それぞれ以下のように作成をしておきます。

インプット	Exec
アウトプット	Playing, Finished

インプットには1つ、アウトプットには2つの項目を用意します。タイプは、すべて「実行」を選んでください。これで、1つの入力と2つの出力の実行ピンが用意されました。

ノードを用意し接続する

では、マクロの処理を作成しましょう。ここでは変数「KissOfDeath」と「ブランチ」の2つのノードを用意します。そして以下のように接続をします。

●実行ピンの接続

◆「インプット」→「ブランチ」
◆「ブランチ」（True）→「アウトプット」（Finished）
◆「ブランチ」（False）→「アウトプット」（Playing）

●値のピンの接続

◆「KissOfDeath」→「ブランチ」（Condition）

これで、KissOfDeathの値に応じてFinishedとPlayingのどちらかを実行する処理ができました。

図7-103 Is Finished?のノードを作成する。

マクロ「Is Finished?」を利用する

では、作成したマクロ「Is Finished?」を使ってみましょう。まずは「イベントTick」の処理に組み込んでみます。

このイベントでは、「イベントTick」から「SphereMove」に実行ピンが接続されています。この接続を切り、間に「Is

図7-104 「イベントTick」の開始時に「Finished?」関数を挿入する。

Finished?」ノードを左側にあるマイブループリントの「マクロ」からドラッグ＆ドロップして挿入しましょう。

つまり、

◆「イベントTick」→「Is Finished?」（Playing）→「Sphere Move」

このように実行ピンが接続されるようにするのです。これで、Tickイベントが開始されるとまずIs Finished?でプレイ中かチェックされ、プレイ中であればSphereMove以降の処理が実行されるようになります。

関数にマクロを組み込む

では、それ以外のイベントでもマクロを組み込みましょう。その他のイベントは、オーバーラップイベントもHitイベントも複数個が用意されており、1つ1つ組み込みを行うのはけっこう大変ですね。

これらは、いずれも関数を呼び出して実行しています。従って、関数の中でIs Finished?を呼び出してチェックするようにすればいいでしょう。

「ConeBeginOverlap」「ConeEnd Overlap」は、開始ノードと「Set Actor Hidden in Game」ノードの間に「Is Finished?」ノードを挿入し、

図7-105 ConeBeginOverlap, ConeEndOverlap, Sphere Hit関数にFinished?を組み込む。

◆ 開始ノード→「Is Finished?」（Playing）→「Set Actor Hidden in Game」

このように接続されるようにしておきます。

「Sphere Hit」関数も考え方は同じです。開始ノードと、その後の「ブランチ」の間に「Is Finished?」ノードを挿入し、Playingとブランチをつなぐようにしておきます。

動作を確認しよう

では、実行して動作を確認しましょう。変数「KissOfDeath」がOFFのままだと、アクタはすべて設定した通りに動作します。Sphereはキャラクタに向かって転がるし、Coneに触れると消え、離れると現れます。

では、変数「KissOfDeath」をONにして実行してみましょう。すると、Sphereは動

図7-106 変数をONにすると、Coneに触れても消えなくなる。

かず、触れても消えません。またConeに触れても消えなくなります。これらの機能がすべて働かなくなっていることがわかるでしょう。

HUDで表示を作成しよう

　ゲームの終了ができるようになったら、次は「表示」について考えてましょう。ゲームの進行をテキストなどで表示してみます。

　ここでは、経過時間と、ゲットしたアイテム数を表示させることにします。またゲーム終了後を表す表示も用意したほうがいいでしょう。

ウィジェットブループリントを作成する

　では、HUDのためのウィジェットブループリントを作成しましょう。コンテンツドロワーを開き、「追加」ボタンから「ユーザーインターフェイス」内の「ウィジェットブループリント」メニュー項目を選んでください。そして現れたダイアログから「User Widget」ボタンをクリックして新しいアセットを作ります。名前は「MiniGameUI」としておきます。

図7-107　「追加」ボタンの「ウィジェットブループリント」メニューを選び、「User Widget」ボタンでアセットを作成する。

ウィジェットでテキストを表示する

では、作成したウィジェットを開き、デザインツールで表示を作成しましょう。まず、パレットの「パネル」から「Canvas Panel」を画面に追加し、それから「一般」にある「Text」を3つ配置します。これらはそれぞれ以下のような役割を果たします。

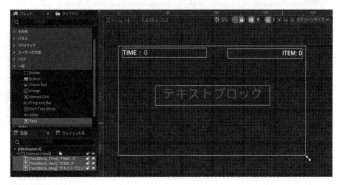

図7-108 Canvasのパネルを用意し、3つのTextを作成する。

1つ目	左上に配置します。経過時間を表示します。
2つ目	右上に配置します。ゲットしたアイテム数を表示します。
3つ目	中央に配置します。ゲーム終了のメッセージを表示します。

いずれも表示するフォントなどはそれぞれで見やすいように調整してください。3つ目のメッセージ表示用のTextは、他より大きめにしておくとよいでしょう。これらTextはデフォルトのままでは区別しにくいでしょうから、適当にわかりやすい名前に変えておくと良いでしょう。

アンカーについて

テキストを配置するとき、悩むのが「テキストの位置揃え」でしょう。左上はまだいいのですが、右上や中央に配置するとき、「ぴったり右端にテキストが表示」「常に中央に表示」というにはどうすればいいのでしょうか。

これは、フォントの位置揃えだけではうまくできません。これを設定するには「アンカー」の働きを知る必要があります。

図7-109 アンカーでどこを基準に位置を調整するかを指定する。

アンカーは、「UI部品のどの地点を基準に位置や大きさを調整するか」を示すものです。詳細パネルの「アンカー」の値をクリックすると、UI部品がどの位置に整列するかを示す図がポップアップして現れます。これで、例えば右上のアンカーを選択すれば、画面の右上を基準にして位置が調整されるようになります。

このアンカーを右上や中央に設定してから位置を調整すると、画面の大きさなどが変わっても常に右上や中央に部品が配置されるようになります。

コンテンツのバインディングを作成する

各Textが配置できたら、表
示するコンテンツの設定をし
ます。これは「バインディン
グ」を使います。バインディ
ングは以前使いましたね。ブ
ループリントで変数などを
使って表示するコンテンツを
作成し設定する機能でした。

図7-110 Textの「バインディングを作成」メニューを選ぶ。

まずは、左上の経過時間を表示するTextのバインドを作成しましょう。詳細パネルか
ら、「コンテンツ」にある「Text」の「バインド」をクリックし、「バインディングを作成」メ
ニューを選びます。

Textバインディングが作成される

Textに値を設定するバインディングが作成され、
グラフが開かれます。ここには値の入力を行うノー
ドと、結果を返すノードが用意されています。値を
作成し、リターンノードの「Return Value」に設定
すれば、その値がテキストとして表示されます。

図7-111 Textのバインディングのグラ
フ。ここに処理を作成する。

バインディングを作成する

では、バインディングの処
理を作成しましょう。ここで
は値を設定する変数と、いく
つかのノードを作成し接続を
します。

図7-112 変数「TimeValue」を作成し、「TimeValue」と「Append」
ノードをグラフに追加して接続をする。

● **作成する変数**

◆名前：TimeValue（タイプ：Integer　※右端アイコンをクリックし公開しておく）

●作成するノード

TimeValue	変数から「Get TimeValue」で作成
Append	ストリングのもの

●実行ピンの接続

- ◆ 入力ノード→リターンノード

●値ピンの接続／設定

- ◆ 「Append」（A）に「TIME:」と入力
- ◆ 「TimeValue」→「Append」（B）※間に値の変換ノードが自動挿入される
- ◆ 「Append」（Return Value）→リターンノード（Return Value）※間に「ToText」ノードが挿入される

アイテム数Textのバインディング

やり方がわかったら、続いてアイテム数を表示するTextのコンテンツにバインディングを作成しましょう。これも、先ほどの経過時間表示のTextとたいだい同じ内容になります。

図7-113 変数「ItemValue」を作成し、「ItemValue」と「Append」ノードを追加して接続する。

●作成する変数

- ◆名前：ItemValue（タイプ：Integer　※右端アイコンをクリックし公開しておく）

●作成するノード

ItemValue	変数から「Get ItemValue」で作成
Append	ストリングのもの

●実行ピンの接続

- ◆ 入力ノード→リターンノード

● 値ピンの接続

- ◆「Append」（A）に「ITEM: 」と入力
- ◆「ItemValue」→「Append」（B）※間に値の変換ノードが自動挿入される
- ◆「Append」（Return Value）→リターンノード（Return Value）※間に「ToText」ノードが挿入される

メッセージTextのバインディング

　残るはメッセージ表示用のTextのバインディングです。Textの値のバインディングを作成し、変数とノードを以下のように作成します。今回はテキストの変数なのでタイプの変換なども必要とせず、非常にシンプルになります。

図7-114 変数とノードを追加して処理を作る。

● 作成する変数

- ◆名前：MsgValue（タイプ：Text）
- ◆タイプ：Text

● 作成するノード

MsgValue	変数から「Get MsgValue」で作成

● 実行ピンの接続

- ◆入力ノード→リターンノード

● 値ピンの接続

- ◆「MsgValue」→リターンノード（Return Value）

HUDを画面に表示する

　ウィジェットブループリントが作成できたら、これを作成して画面に組み込む処理を作りましょう。レベルブループリントを開き、変数と「イベントBeginPlay」のイベント処理を作成します。

変数を作成する

まず、変数から作成しましょう。マイブループリントの「変数」にある「+」をクリックし、以下のような変数を作ります。

◆名前：UI（タイプ：Mini Game UIの参照）

これは、HUD用のウィジェットを保管しておくためのものです。作成したウィジェットブループリントを保管します。

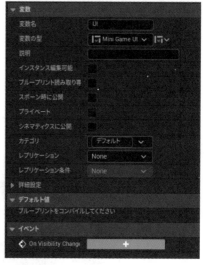

図7-115 Mini Game UIを保管する「UI」変数を作成する。

「イベントBeginPlay」の処理を作成する

では、HUDを表示する処理を作りましょう。今回は、3つのノードを追加し、接続します。これは既にやったことがありますから、簡単にまとめておくだけにします。

図7-116 「イベントBeginPlay」にウィジェットを表示する処理を追加する。

●作成するノード

「Mini Game UIウィジェットを作成」	UIウィジェットを作成するノードです（作り方は6-3を参照）。
「セット」	変数Mini Game UIのSetノードとして作成します。
「Add to Viewport」	ビューポートにウィジェットのHUDを組み込みます。

●実行ピンの接続

◆「イベントBeginPlay」→「Mini Game UIウィジェットの作成」→「セット」→「Add to Viewport」

●値ピンの接続

◆「Mini Game UIウィジェットの作成」（Return Value）→「セット」（UI）
◆「UI」（出力ピン）→「Add to Viewport」（ターゲット）

これで、MiniGameUIのオブジェクトを作成して変数UIに設定し、画面に表示する処理が作成できました。

表示を確認しよう

では、実際にレベルを実行して表示を確認しましょう。経過時間とアイテム数が画面に表示されるようになります。

まだこれらの値を更新する処理は作ってないので、何も変化はありません。とりあえずHUDでテキストを表示することはこれでできるようになりました。

図7-117 経過時間とアイテム数が表示されるようになった。

経過時間を表示する

では、HUDに表示するテキストを更新する処理を作っていきましょう。まずは経過時間の表示です。これは「イベントTick」の処理にノードを追加します。以下のように作成してください。

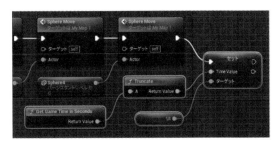

図7-118 イベントTickの終わりにTimeValueを更新する処理を追加する。

●作成するノード

「Get Game Time in Seconds」	ゲーム開始してからの経過秒数を得るものです。
「セット」	変数TimeValueの「Set Time Value」メニューで作成します（右クリックして現れるパネルの「状況に合わせて表示」をOFFにして「TimeValue」で検索して下さい）。

●**実行ピンを接続する**

◆〜「SphereMove」→「セット」

●**値ピンを接続する**

◆「Get Game Time in Seconds」→「セット」（TimeValue）※間に「Truncate」というノードが自動的に挿入されます。

◆「UI」→「セット」（ターゲット）

「Get Game Time in Seconds」を使えば、ゲームが開始してから何秒たったかが実数で得られます。これを「セット」でTimeValue変数に設定しようとすると、値にタイプを変換するノードが自動的に追加されます。

TimeValueに値をセットすることで、経過時間を表示するテキストの値が更新されます。

実行して動作を確認

では、実際にレベルを実行してみましょう。すると時間の経過がリアルタイムに「TIME: ○○」という形で画面に表示されるようになります。

図7-119 経過時間表示の処理を追加する。

u Sphereに触れたらゲームオーバー

続いて、敵キャラとなるSphereにキャラクタが接触したらゲームオーバーになる処理を作りましょう。これは、Sphereの衝突処理を行う「SphereHit」関数に処理を追加します。SphereHitを開き、ノードを追加して処理の最後に追加をしていきましょう。

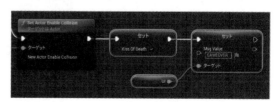

図7-120 SphereHit関数の末尾にゲーム終了のための処理を追加する。

●作成するノード

「セット(Kiss Of Death)」	変数KissOfDeathの「Set Kiss Of Death」メニューで作成
「セット(Msg Value)」	変数MsgValueの「Set Msg Value」メニューで作成
「UI」	変数UIの「Get UI」メニューで作成

●実行ピンの接続

◆～「Set Actor Enable Collision」→「セット（Kiss Of Death）」→「セット（Msg Value）」

●値ピンの接続

◆「セット」（Kiss Of Death）の「Kiss Of Death」ピンをONに変更
◆「UI」→「セット（Msg Value）」（ターゲット）

●ピンの値設定

◆「セット（Msg Value）」（Msg Value）を「GAMEOVER」と入力

これで、Sphereに接触したら変数KissOfDeathをONにし、MsgValueに「GAMEOVER」と設定する処理ができました。これで「触れたらゲームオーバー」になります。

実際にレベルを実行して動作を確認しましょう。配置されたSphereに触れると、「GAMEOVER」と表示されゲーム終了になります。終了すると経過時間も更新されなくなりますし、Coneに触れてもアイテム数は増えなくなります。

図7-121 Sphereに触れるとゲームオーバーになる。

⑪ GetGameItem関数を作成する

次は、Coneに触れるとアイテムをゲットする処理を作ります。まず、マイブループリントの「関数」にある「＋」をクリックして新しい関数を作成しましょう。名前は「Get Game Item」としておきます。

図7-122 「Get Game Item」関数を作成する。

Get Game Item関数を作る

作成した「Get Game Item」関数をダブルクリックして開き、プログラムを作りましょう。以下のようにノードを用意し接続してください。

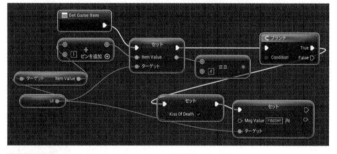

図7-123 新たに「Get Game Item」関数を作成する。

●作成するノード

「Item Value」	変数ItemValueの「Get Item Value」メニューで作成
「セット(Kiss Of Death)」	変数KissOfDeathの「Set Kiss Of Death」メニューで作成
「セット(Item Value)」	変数ItemValueの「Set Item Value」メニューで作成
「セット(Msg Value)」	変数MsgValueの「Set Msg Value」メニューで作成
「＋」「＝＝」	いずれも「＋」「＝＝」で検索する
「ブランチ」	「if」で検索する

●実行ピンの接続

- 「Get Game Item」→「セット（Item Value）」→「ブランチ」→「セット（Kiss Of Death）」→「セット（Msg Value）」

●値ピンの接続

- ◆「UI」→「Item Value」（ターゲット）
- ◆「UI」→「セット」（Item Value）
- ◆「UI」→「セット」（Msg Value）
- ◆「Item Value」→「＋」の１つ目のピン
- ◆「＋」の２つ目のピンを「1」と入力
- ◆「＋」→「セット（Item Value）」（Item Value）
- ◆「セット（Item Value）」（Item Value）→「＝＝」の１つ目の入力ピン
- ◆「セット（Item Value）」（Item Value）の２つ目の入力ピンを、配置したCone数に設定
- ◆「＝＝」→「ブランチ」（Condition」

●ピンの値設定

- ◆「Kiss Of Death」（Kiss Of Death）の値をONに設定
- ◆「セット（Msg Value）」（Msg Value）を「FINISHED!!」と入力
- ◆「＝＝」の２つ目の入力ピンに敵キャラのConeの数（ここでは４）を入力

ConeBeginOverlap関数に処理を追加

では、作成したGetGameItem関数を利用しましょう。「ConeBeginOverlap」関数を開いて下さい。そして「Set Actor Enable Collision」ノードと「GetGameItem」ノードを作り、処理の最後にある「Set Actor Hidden In Game」ノードの後に接続をして実行

図7-124 ConeBeginOverlapの最後にGetGameItemを実行させる。

されるようにします。なお、「Set Actor Enable Collision」のターゲットは、「Set Actor Hidden In Game」と同じく「Cone Begin Overlap」の「Actor」を接続しておきます。

ConeEndOverlapを実行させない

設定できたら、「ConeEndOverlap」関数を開いてください。そして、「Cone End Overlap」と「Is Finished?」ノードの間の接続を切ります。これで、Coneから離れるときにConeEndOverlapの処理が実行されないようになります。

図7-125 ConeEndOverlapの処理が実行されないようにする。

⑪ 動作を確認しよう

これでConeに触れたらアイテムをゲットできるようになりました。では、実際にレベルを実行して確かめましょう。キャラクタを動かしConeに触れると、Coneが消え、表示されているアイテム数が1増えます。

図7-126 Coneに触れると消えてアイテム数が増える。

そのまますべてのConeを取得すると、「FINISHED!!」と表示されゲーム終了になります。終了すると、経過時間は停止し、Sphereに触れても消えなくなります。

図7-127 すべてのConeを取得するとゲーム終了。

ゲームの途中で、すべてのConeを取る前にSphereに触れてしまうと、その場でゲームオーバーになり終了します。その後でキャラクタを動かしてConeに触れても、もうアイテムは取得されなくなります。

図7-128 途中でSphereにつかまるとゲームオーバーになる。

ゲームを改良していこう

これで、とりあえず簡単なゲームが動くようになりました。一通り動くようになったら、細かな調整をしましょう。

例えば、Sphere Move関数で、「×」ノードの掛け算する値を変更すると、Sphereの転がるスピードが変わります。これまではVectorの3つの値をいずれも「10.0」にしていましたが、これを「100.0」にするとそれなりのスピードで近づいてくるようになります。

また、アイテムのConeや敵キャラのSphereの数を増やしたり、もっと広い範囲にConeを散らばるようにすれば、よりゲームの難易度も上がるでしょう。Sphere以外の敵キャラを考えてもいいですし、特殊な働きをするアイテムを考えてもいいですね。

図7-129 Sphere Move関数のVector値を掛け算するノードの値を増やすとSphereのスピードが増す。

後は自分次第！

そうやって、少しずつ独自の機能を追加し、より遊べるゲームにアップグレードしていきましょう。さまざまな新しい機能を考え、どうやったら実装できるか試行錯誤していくことで、少しずつゲーム作成のテクニックが身についていきます。

本書で取り上げたUnreal Engineの機能は、全体のごく一部でしかありません。Unreal Engineにはまだまだ多くの機能が眠っています。とりあえず、もっとも基本的な部分は使えるようになりました。後はそれぞれで自分なりに使いたい機能を調べ、少しずつ自分のものにしていってください。

あとがき

これから先はどうするの？

　長らく説明してきたUnreal Engine超入門も、これで終わりです。「えっ、まだ自分じゃ何にも作れないよ？」と思った人。その通り、今の状態ではまともなゲームはとても作れないでしょう。なにしろ、この本で説明したのは、Unreal Engine全体の1割にも満たない程度なのですから。

　が、「まだ何も作れない」のは間違いではないけれど、でも「今すぐに何か作れる」のも確かなんです。だって、ここまでの間に、迷路ゲームとアドベンチャーを作ったでしょう？「でも、ゲームの初歩の初歩だけじゃないか」って？　まぁ、確かにそうですね。

　でも、ゲームです。ちゃんと遊ぶことのできるゲームなんです。例えば、ボールを転がしてゴールに運ぶ、迷路。ものすごくシンプルです。でも、その昔、大ヒットしたゲームセンターのゲーム「マーブルマッドネス」は、基本的にこれと同じ考え方です。また、転がすんじゃなくて空中に打ち出すようにすれば、「アングリーバード」の原型ができあがります。

　要するに、「クールなゲーム」は、アイデアとセンスなのです。単純に「これができれば作れる」といった「知識」の問題じゃないんです。

　知識は、時間と努力で解決できます。本当にいいセンスを持っていて、「あの迷路ゲームを、こうアレンジすればものすごく面白くなるはず」というアイデアを持っているなら、それを実現するために必要な知識は、この先Unreal Engineをやり続けていれば必ず身につくものなのです。

　作りたいものをきっちりと思い描けるなら、もうあなたにはゲームは作れます。必ず。後は、必要な知識や技術をどうやって身につけるか、それさえわかれば大丈夫。じゃ、どうやってそれらを手に入れるのか？　その近道を簡単にまとめておきましょう。

まずは、もう一度頭からやり直す！

　新しい技術を一番確実にマスターする方法は、「たくさんの入門書を次々と読む」ことじゃありません。「一冊の解説書を、何度もしっかりと読みこなす」ことです。この本を、もう一度最初から読み返してください。「これは忘れてOK」ということも、なるべく後回しにしないで理解していきましょう。

　大事なのは、ただ読むだけでなく、「手を動かす」ということ。Unreal Engineを起動して、同じように作業しながら読んでください。実際に手を動かしてみないと、大事なことは理解できません。頭でなく、「体で理解する」ということは、実はとても大切なのです。

サンプルをアレンジしよう！

　ひと通りわかったら、この本で作ったミニゲームにオリジナルの機能を組み込んでみま

しょう。例えば、サンプルでは敵キャラの球は自分に向かって転がってくるだけでしたが、アニメーション機能を使って一定ルートで動き回るようなものも作そうですね。また円錐のアイテムを改良して、パワーアップやスピードアップのアイテムなどを作ることもできるでしょう。

そうやって、ちょっとした機能を1つ1つ作っていくことで、「テクニックの引き出し」の中に少しずつ部品がたまっていくのです。

技術というのは、「自分だけの引き出しに部品を蓄えていくこと」なんです。何かを作ろうとしたとき、その引き出しから必要なものを取り出し組み立てていく、それがプログラミングなのです。そしてその引き出しの中身は、実際に自分で何かを作ってみないと、増えてはいかないのです。

オリジナルゲームに挑戦！

いろいろとアレンジして、自分の引き出しに知識もだいぶたまってきた。そう思えるようになったら、オリジナルのゲーム作りに挑戦してみましょう。既にあるゲームではなくて、新しいゲーム。それを考えるところから始めてみましょう。

新しいものを作る場合は、既にあるものの寄せ集めではすまなくなります。どうやって作ればいいか想像がつかないものもあるでしょう。が、さまざまな問題を自力で解決していくことで、ゲーム作りのレベルは飛躍的に高まるはずです。

——いかがですか。これから先、どうやって勉強していけばいいか、なんとなくわかってきたでしょうか。

大切なのは、この通りに進んでいくことではありません。さまざまな経験を通して、あなたの「引き出し」の中身を着実に増やしていくことです。既に、あなたの中に十分な技術が蓄えられていれば、この先、困難に出会っても必ず乗り越えられます。

もし「無理だ」と思ったら、それは「引き出しの中身が足りない」ということ。更に引き出しの中身を充実させて、それからもう一度挑戦すればいいだけ。諦める必要はないんです。壁にぶち当たって、「ダメだ」と思ったら、どうぞ思い出してください。それは、「自分には不可能」ということではない、ってことを。「『今の』自分には、まだ早い」だけだ、ということを。

この世に、本当に不可能なことなんてそんなにたくさんありません。ただ、時間と労力がうんとかかる、ってだけです。そのことさえ知っていれば、あなたの前途は洋々たるものですよ。

2022. 9 掌田津耶乃

プロフィール

掌田　津耶乃（しょうだ　つやの）

　日本初のMac専門月刊誌「Mac+」の頃から主にMac系雑誌に寄稿する。ハイパーカードの登場により「ビギナーのためのプログラミング」に開眼。以後、Mac、Windows、Web、Android、iOSとあらゆるプラットフォームのプログラミングビギナーに向けた書籍を執筆し続ける。

最近の著作

「AWS Amplify Studioではじめるフロントエンド＋バックエンド統合開発」（ラトルズ）

「もっと思い通りに使うための Notion データベース・API活用入門」（マイナビ）

「Node.jsフレームワーク超入門」（秀和システム）

「Swift PlaygroundsではじめるiPhoneアプリ開発入門」（ラトルズ）

「Power Automate for Desktop RPA開発 超入門」（秀和システム）

「Colaboratoryでやさしく学ぶJavaScript入門」（マイナビ）

「Power Automateではじめる ノーコードiPaaS開発入門」（ラトルズ）

著書一覧

http://www.amazon.co.jp/-/e/B004L5AED8/

ご意見・ご感想

syoda@tuyano.com

カバーデザイン：ツヨシ＊グラフィックス　下野ツヨシ

見てわかる
Unreal Engine 5 超入門

発行日	2022年 10月15日	第1版第1刷
	2024年 3月 1日	第1版第3刷

著　者　掌田　津耶乃

発行者　斉藤　和邦
発行所　株式会社　秀和システム
　　　　〒135-0016
　　　　東京都江東区東陽2-4-2　新宮ビル2F
　　　　Tel 03-6264-3105（販売）Fax 03-6264-3094
印刷所　三松堂印刷株式会社

©2022 SYODA Tuyano　　　　　　　　　Printed in Japan

ISBN978-4-7980-6803-9 C3055